黑龙江建筑职业技术学院
国家示范性高职院校建设项目成果

国家示范性高职院校工学结合系列教材

建筑装饰工程经济标编制

（建筑装饰工程技术专业）

王华欣　　主　编
王　松　李晓嵩　副主编
王　钢　李　宏　主　审

中国建筑工业出版社

图书在版编目（CIP）数据

建筑装饰工程经济标编制/王华欣主编．—北京：中国建筑工业出版社，2010
国家示范性高职院校工学结合系列教材（建筑装饰工程技术专业）
ISBN 978-7-112-11920-2

Ⅰ．建…　Ⅱ．王…　Ⅲ．①建筑装饰-工程施工-招标-文件-编制-高等学校：技术学校-教材②建筑装饰-工程施工-投标-文件-编制-高等学校：技术学校-教材　Ⅳ．TU723

中国版本图书馆CIP数据核字（2010）第044433号

国家示范性高职院校工学结合系列教材
建筑装饰工程经济标编制
（建筑装饰工程技术专业）
王华欣　主　编
王　松　李晓嵩　副主编
王　钢　李　宏　主　审
*
中国建筑工业出版社出版、发行（北京西郊百万庄）
各地新华书店、建筑书店经销
北京嘉泰利德公司制版
廊坊市海涛印刷有限公司印刷
*
开本：787×1092毫米　1/16　印张：$17^1/_2$　字数：450千字
2010年7月第一版　2016年12月第三次印刷
定价：38.00元
ISBN 978-7-112-11920-2
（19150）

本书是按高职高专建筑装饰工程技术专业为“工学结合”教学大纲而编写的教材，该书在编写时强调以“工作过程”为导向，注重项目化实践教学；强调培养学习者树立终身学习的理念，提高学习能力。注重交流沟通和团队协作，以提高实践能力、创造能力、就业能力和创业能力。

本书分基础技术、工程项目两篇。基础部分阐述了建筑装饰工程招标与投标、工程量清单概述、工程量清单编制、装饰装修工程消耗量定额、工程量清单计价及其编制，工程量清单计价软件等内容。工程项目篇分为招标项目和投标项目两大项目的经济标编制，在工程项目的编排上强调由浅入深，以逐步提高学习者的专业能力、方法能力和社会能力。

本书既可作为高职建筑装饰工程技术专业教材，也可供从事建筑设计、室内设计及建筑装饰的工程技术人员参考使用。

* * *

责任编辑：朱首明　杨　虹
责任设计：张　虹
责任校对：刘　钰

前　　言

建筑装饰业是集文化、艺术和技术于一体的综合性行业，它是基本建设中的重要组成部分。准确合理地进行建筑装饰工程经济标的编制，对于搞好基本建设计划和投资管理，合理使用工程建设资金，提高投资效益，深化建筑业的发展，全面推行招标投标制，将有直接的影响。

随着我国加入WTO，建设市场进一步对外开放，在我国工程建设中推行工程量清单计价，逐步与国际惯例接轨十分必要。2008年《建设工程工程量清单计价规范》GB 50500—2008的实施，就是为适应建设工程市场定价机制、规范建设市场计价行为的需要，深化工程造价管理改革的重要措施。

为推动工程量清单计价方法的切实实施，确保工程造价改革顺利进行，作者组织编写了《建筑装饰工程经济标编制》。本书以2008年7月由中华人民共和国住房和城乡建设部主编的《建设工程工程量清单计价规范》GB 50500—2008和2002年1月原建设部发布的《全国统一建筑装饰装修工程消耗量定额》，以及相关工程建设法规为基准，结合作者多年从事教学和实践的经验编写而成。

全书由基础技术篇、工程项目篇两篇构成。基础部分阐述了建筑装饰工程招标与投标、工程量清单概述、工程量清单编制、装饰装修工程消耗量定额、工程量清单计价及其编制，工程量清单计价软件等内容。工程项目篇有两个项目，即某活动中心装饰工程招标、投标项目经济标编制。在工程项目的编排上强调工作过程，逐步提高学习者的专业能力、方法能力和社会能力。

本书是在黑龙江建筑职业技术学院和黑龙江省高技建筑装饰工程公司共同努力下完成的。其中第一篇基础技术篇的基础知识三、五、六部分由王华欣编写、第二篇工程项目篇由王华欣、王松编写；第一篇基础技术篇的基础知识一部分由李晓嵩编写；第一篇基础技术篇的基础知识两部分由贾超编写；第一篇基础技术篇的基础知识四部分由鲍立梁编写。全书由王华欣主编和统稿，王钢、李宏对全书进行主审。

目　　录

第一篇　基础技术篇

基础知识一　建筑装饰工程招标与投标

建筑装饰工程是建筑项目的重要组成部分，为了加强建筑市场的管理，确保建筑装饰市场的公平、公正、统一、健康而有序地发展，维护建设单位、施工单位的合法权益，加强经营管理，提高经济效益，缩短工期，保证建筑装饰工程质量，降低工程造价。目前，建筑装饰工程领域广泛实行招标投标制度，我国在1999年制定并发布的《中华人民共和国招标投标法》，自2001年1月1日起执行。

建筑装饰工程施工招标是指招标单位将确定的建筑装饰施工任务发包，鼓励建筑装饰施工企业投标竞争，并从中选出技术能力强、管理水平高、信誉可靠且报价合理的施工单位，并以签订合同的方式约束双方在建筑装饰工程施工过程中的行为的经济活动。

建筑装饰工程施工投标是指各建筑装饰施工企业根据招标人的招标文件，向招标人提交其依照招标文件的要求所编制的投标文件，以期承包到该招标项目的行为。

建筑装饰工程施工招标、投标活动应当遵循公开、公平、公正和诚实信用的原则，以技术水平、管理水平、社会信誉和合理报价等情况开展竞争，不受地区、部门限制。建筑装饰工程施工招标投标是双方当事人依法进行的经济活动，受国家法律保护和约束。凡具备条件的建设单位和相应资质的施工单位均可参加施工招标投标。

一、建设单位招标应当具备的基本条件

1992年12月30日原建设部第23号文件《工程建设施工招标投标管理办法》第十条规定，建设单位招标应当具备以下条件：

（1）是法人、依法成立的其他组织；

（2）有与招标工程相适应的经济、技术管理人员；

（3）有组织编制招标文件的能力；

（4）有审查投标单位资质的能力；

（5）有组织开标、评标、定标的能力。

不具备上述2~5项条件的建设单位，须委托具有相应资质的中介机构（咨询、监理等单位）代理招标，建设单位与中介机构签订委托代理招标的协议，并报招

标管理机构备案。

从我国的实际情况来看，我国招标工作机构主要有以下三种形式：

（1）由建设单位的基本建设主管部门或实行建设项目业主责任制的业主单位负责有关招标的全部工作。

（2）由政府主管部门设立“招标领导小组”或“招标办公室”之类的机构，统一处理招标工作。

（3）交建设单位委托的专业咨询机构承办招标的技术性与事务性工作，而决策仍由建设单位作出。

二、施工单位投标应具备的基本条件

投标人是响应招标、参加投标竞争的法人或者其他组织。投标人应当是符合招标文件的规定或国家有关规定所要求的条件的，具有相应的人力、物力、财力、资质、业绩工作经验的法人或其他组织。有关施工单位投标应具备的基本条件如下：

1）参加投标的施工单位至少应满足该工程所要求的资质等级。

2）参加投标的施工单位必须具有独立法人资格和相应的施工资质，非本国注册的施工单位应按建设行政主管部门有关管理规定取得施工资质。

3）为具有被授予合同的资格，投标的施工单位提供令招标单位满意的资格文件，以证明其符合投标合格条件和具有履行合同的能力。因此，所提交的投标文件中应包括下列资料：

（1）有关确立投标的施工单位法律地位的原始文件的副本（包括营业执照、资质等级证书及非中国注册的施工单位经建设行政主管部门核准的资质证件）。

（2）施工单位在过去三年完成的工程的情况和现在正在履行的合同情况。

（3）提供按规定的格式填写的项目经理简历，及拟在施工现场或不在施工现场的管理和主要施工人员情况。

（4）提供按规定格式填写完成的该合同拟采用的主要施工机械设备情况。

（5）提供按规定格式填写的拟分包的工程项目及拟承担分包工程项目的施工单位情况。

（6）施工单位提供财务状况情况，包括最近两年经过审计的财务报表，下一年度财务预测报告和施工单位向开户银行开具的，由该银行提供财务情况证明的授权书。

（7）有关施工单位目前和过去两年参与或涉及诉讼案的资料。

4）两个以上法人或者其他组织可以组成一个联合体，以一个投标人的身份共同投标。联合体各方均应当具备承担招标项目的相应能力；国家有关规定或者招标文件对投标人资格条件有规定的，联合体各方均应当具备规定的相应资格条件。由同一专业的单位组成的联合体，应当按照资质等级较低的单位确定资质等级。

联合体各方应当签订共同投标协议，明确约定各方拟承担的工作和责任，并将共同投标协议连同投标文件一并提交招标人。联合体中标的，联合体各方应当共同与招标人签订合同，就中标项目向招标人承担连带责任。

5）投标人不得相互串通投标报价，不得排挤其他投标人的公平竞争，损害招标人或者其他投标人的合法权益。投标人不得与招标人串通投标，损害国家利益、社会公共利益或者他人的合法权益。禁止投标人以向招标人或者评标委员会成员行贿的手段谋取中标。投标人不得以低于成本的报价竞标，也不得以他人名义投标或者以其他方式弄虚作假，骗取中标。

三、投标报价的程序

投标报价应遵循一定的程序来进行，如图 1–1 所示。

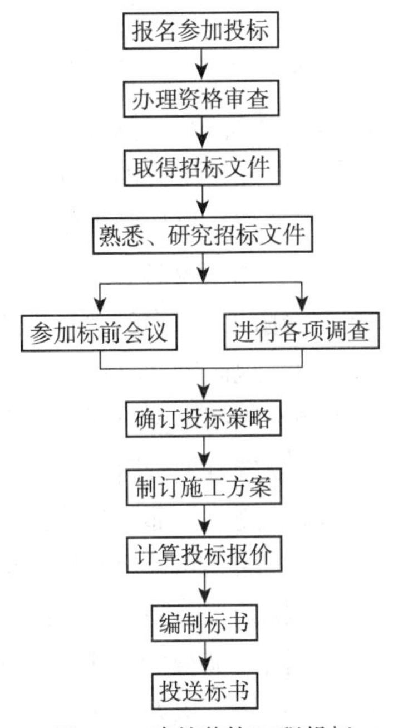

图 1–1　建筑装饰工程投标报价程序

（一）熟悉、研究招标文件

投标单位报名参加或接受邀请参加某工程的投标，在通过了资格审查并取得了招标文件之后，下一步的工作就是应认真仔细地研究招标文件，熟悉并研究其内容组成和所规定的要求，弄清承包责任和报价范围，避免遗漏。

（二）进行各项调查

所谓调查是指投标中环境的调查，它包括招标施工现场的自然环境以及市场经济和社会条件的调查等。因这些内容的不同势必影响工程的成本，所以在投标报价前必须对此内容作调查并详细了解。

（三）确定投标策略

投标策略是指一项工程投标时报价的决策。投标策略的正确选用对投标单位提高中标率并获得较高利润起着重要作用。常用的投标策略有以信誉取胜、以低价取胜、以改进设计取胜、以缩短工期取胜，同时也可采取以退为进、以长远发展为目标策略等。投标报价的基本出发点是使报价决策能够达到经济性和时效性。经济性是指能合理利用施工企业的有限资源，发挥优势，积极地承揽工程，使施工企业实际施工能力与工程任务相均衡，获得经济效益。有效性是指综合考虑企业目标、竞争对手情况以及投标的各种因素，合理可行地作出报价决策方案。

（四）制订施工方案

通过对各项调查的掌握，投标单位的技术负责人制订施工方案，主要包括施工方法、主要施工机具的配备、各工种劳动力的安排及施工现场人员的平衡、施工进度及相应竣工的安排、安全措施等内容，并进行技术经济比较，选择出最优施工方案，使投标更有竞争力。

（五）计算投标报价

投标计算是指投标单位对承建的招标工程所要发生的各种费用的计算。首先必须根据招标文件复核或计算工程量，工程量的计算要求准确，不能出现漏项或重复。费用的计算要合理，同时还必须与所采用的合同形式相协调，报价是投标的关键工作，它的合理性直接影响投标的成败。

（六）编制、投送标书

编制标书前，应仔细研究投标须知，按招标文件要求认真填写，不允许擅自改动其内容，以编制合理的、符合要求的正式投标书。投标文件编制完备之后，投标人即应在投标书上依规定加盖公章和法人代表印章，并按规定密封妥当，在规定时间内将投标文件投送到指定地点。

四、投标报价的编制方法

（一）标价的计算依据

（1）建设单位即招标单位所提供的招标文件。

（2）招标单位所提供的设计施工图纸以及与工程有关的各项说明。

（3）国家及各省、市、地区所颁发的现行建筑装饰工程预算定额及与之相配套而使用的费用定额、各项规定标准等。

（4）地区现行材料价格、供应方式及采购地点等。

（5）因招标文件及设计施工图等内容不清楚，经汇报咨询后由招标单位进行书面答复的有关资料。

（6）企业内部制定的相应定额及规定和标准等。

（7）国家和省规定的与报价计算有关的政策性调整费用及其他相关费用。

建筑装饰工程项目的标价组成较为复杂，特别是对于不可预见费用的计算，一定要给予充分的考虑，避免出现任何的失误和疏漏。投标人为了加大利润，任意提高标价，以及为了中标，不切实际地降低标价，以低于成本的报价参与投标竞争，都是不可取的，导致围绕投标所做的一切工作都将前功尽弃。所以慎重确定投标报价是十分必要的。

（二）标价的计算方法

在充分熟悉、研究招标文件和设计施工图纸，掌握施工现场各项调查情况，并审核招标单位在招标文件中所提供的工程量清单后，工程量一经计算确定，即可进行标价的计算。标价的计算方法有如下两种：

（1）工料单价法。即根据已确定的工程量，按照现行规定的定额或市场行情的单价，逐项计算每个项目的价格，分别填入到招标单位提供的工程量清单相应位置内，汇总计算出全部工程直接费。再根据规定的各项费率和标准等依次计算出其他直接费、间接费、利润和税金等，最后得出工程总造价。

（2）综合单价法。即填入招标单位、工程量清单中的单价，包括人工费、材料费、施工机械使用费、其他直接费、间接费、利润、税金以及材料价差及风险费用等全部费用。算出每项工程的价格，汇总得出工程总造价。

五、投标报价的决策、策略与技巧

（一）投标报价的决策

计算出标价后，召集算标人、决策人、高级咨询顾问人员对计算的结果进行必要的研究和分析，分析标价的合理性、赢利性和风险性。

对标价的分析可采用静态分析和动态分析两种方法。静态分析是指对所计算的工程项目标价进行数据分析，分析各项费用的实际消耗量、总费用成本和单位费用成本之间的有机构成及其结构比重。首先是分析各费用项目的实际消耗在总费用成本中所占的比例指标；其次是对各类指标及比例，分析标价结构的合理性；另外还可分析劳动生产率，即参照同类工程项目建设的经验，分析单位最终产品价格，用工、用料的合理性。标价的动态分析，是将所计算的标价进行横向和纵向比较。所谓横向比较，是将此标价与同类工程项目的标价相比较，分析标价的高低及其合理性，对不合理的工程项目单价进行重新调整和确定。所谓纵向比较，即将该项目标价与以前年度所承接的同类工程项目标价作比较，比较各费用项目的构成、项目单价及其变动趋势，分析研究工期延误、物价上涨、工资上涨、外汇汇率的变化等主客观因素对工程项目标价的影响。

只有充分、认真地进行了上述的分析、研究，才能作出最后的报价决策。

（二）投标的策略

凡是参加投标的单位都希望自己能够中标，以取得工程承包权。为了中标，各投标单位都将根据本企业的实际情况，作出相应的投标策略。投标策略是指参与投标的施工单位在投标竞争中的指导思想和系统的工作部署以及参与投标竞争的方式、方法和手段。投标策略所涉及的范围较广泛，例如是否投标、投标项目的选择、投标报价等方面，均包含投标策略，并贯穿于投标竞争的始终。一般投标策略有以下几种。

1. 以信取胜

它是指根据施工单位长期形成的良好的社会信誉、技术水平和管理水平的优势、优良的工程质量、合理的报价和工期，以及良好的服务措施等因素而争取中标。

2. 以快取胜

它是指通过采取有效、可行的措施缩短工期，以吸引招标单位而争取中标的一种策略。

3. 以廉取胜

它是指通过扩大任务来源，从而降低固定成本在各个工程上的摊销比例，既降低工程成本，又为降低新投标工程的标价创造了条件。采取这一策略的前提必须是保证施工质量。

4. 以改进设计方案取胜

它是指在对原设计施工图纸的设计方案进行仔细研究后，发现了明显的不合理之处，通过认真分析，提出合理的改进设计方案建议和切实可行的降低造价的措施。若采用此策略进行投标，一般先按原设计进行报价，再按新的建议另外报价。

5. 以退为进取胜

在研究招标文件时，发现确实有不明确的内容，并有可能据此索赔时，可先报低价以争取中标，然后再寻找索赔机会。但是采用此策略要求投标单位有相当成熟的索赔经验。

6. 以长远发展而取胜

是指投标单位不以暂时的赢利为目的，而把目光放得更远，如：为开辟新市场、为掌握新的施工技术等，投标单位都可采用微利甚至无利的报价方式而参与竞争。

以上的投标策略各投标单位一定要根据实际情况加以利用，切忌盲目跟从。

（三）报价技巧

报价技巧是指投标单位在投标报价中采用一定的手法或技巧以提高中标率，同时中标后又能获得更多的利润。报价技巧一般有以下几种。

1. 根据招标项目的不同特点采取不同的报价

投标单位投标报价时，综合考虑各种因素，既要认清自己的优势和劣势，同时也应根据工程项目的不同特点、类别、施工现场等选择相应的报价技巧。

1）报价可稍高一些的工程项目

对于专业性强的工程、施工条件差的工程、总价低的小工程、特殊工程、工期紧的工程、投标对手少的工程、支付条件不理想的工程，投标单位可适当提高报价。

2）报价稍低一些的工程项目

对于施工条件好、工程量大且技术难度小，任何施工单位都可以进行施工的工程；施工单位目前急于打入某一市场或地区的领域，或在该地区面临其他工程的结束，而机械和设备等无工地转移时的工程；施工单位有条件在短期内尽快完成的工程；工期要求不急的工程；投标对手多，竞争相对激烈的工程；支付条件好的工程，投标单位应适当降低报价。

2. 活口报价

是指投标单位对工程报价留下一些活口，这样在表面上看来报价较低，但在投标报价时附加多项备注，留在施工过程中另行处理。所以，表面的低标其最后结果却是高标。

3. 多方案报价法

对于一些招标文件，如发现工程范围不明确、某些条款不清楚等问题或本身就有多方案存在，则投标单位可采用多方案报价法。先按原投标文件报一个价，然后再提出，如某些条款作了变动，报价可降低多少，由此再报告一个较低的价，最后与招标单位协商处理。

4. 不平衡报价法

它是指在一个工程项目总报价基本确定后，调整内部各个项目的报价。例如对于预计今后工程量会增加的项目，单价可适当提高；对于能够早日结账收款的项目（如土石方工程、基础工程、桩基工程等）可适当降低。这样既不改变总价，不影响中标，同时在结算时又会取得很好的经济效益。

5. 突然降价法

在投标报价中各竞争对手往往会通过各种渠道来刺探对方的情况。为此，先按一般情况报价或表现出对该投标工程兴趣不大，到快投标截止时，再突然降价，为中标打下基础。此种方法最好与不平衡报价法相结合，在结算时以期取得更高的效益。

6. 无利润报价

它是指投标单位根本不考虑利润而报价，对于缺乏竞争优势的承包商，常在以下几种情况下采用此报价方法：

（1）企业较长时间无施工任务，吃国家贷款，为了减少吃国家贷款，而争取中标，以维持公司的正常运转。

（2）企业为了创牌子，先以低价获得首期工程，而后赢得机会去争取二期工程，并在以后的投标报价中获得利润。

（3）可将大部分工程分包给索价更低的分包商。

六、开标

开标是招标人按照招标公告或者投标邀请函规定的时间、地点，当众开启所有投标人的投标文件，宣读投标人名称、投标价格和投标文件的其他主要内容的过程。通常开标有两种形式。第一种是公开开标，即招标单位在公证部门的监证下，由投标人参加将所有参加投标单位的标书当众启封揭晓。第二种是秘密开标，即主要由招标单位和有关专家秘密进行开标，不通知投标人参加开标仪式。在特殊情况下，例如建设项目涉及国家安全、机密等方面时，可采用秘密开标的方法。

开标一般按以下程序进行：

（1）招标委员会负责人宣布开标开始，宣布参加开标人员名单，包括招标方代表、投标方代表、公证员、法律顾问、拆封人、唱标人、监标人以及记录人员等名单；并宣布评标原则和注意事项；宣布本次招标项目的评标委员会名单。

（2）宣布开标后日程安排。

（3）在评标委员会和投标单位及公证人员参与的情况下，验证投标文件的完整性和密封性，确认无误，并由双方在登记表上签字后，方可开标。

（4）招标委员会负责人，依据投标单位递交标书的日期先后顺序，交由拆封员当众开启标书，唱标员当众宣读投标单位名称、投标价格和投标文件的其他主要内容，由记标员予以记录，记标后由投标单位当场签字。

（5）公证部门公证开标结果，宣布是否符合法律程序。

（6）唱标结束后，记录表由负责人、唱标人、公证人签名，并保留存档。

七、评标的原则、程序及指标设置

评标是招标人根据招标文件的要求，对投标单位所报送的投标文件进行审查和评议的过程。评标的目的在于从技术、经济、组织、管理和法律等方面对每份投标书进行筛选和评估，以选择最佳的标书发出单位作为合格的中标候选单位。

评标是一项重要同时又很复杂的综合性工作。要求遵循如下原则和程序。

（一）评标的原则

（1）体现竞争，择优选取。

（2）公平、公正、平等。

（3）信誉高、质量好、工期适当、费用合理、施工方案先进且可行。

（4）保密性。

（5）反对不正当的竞争。

（6）规范性与灵活性相结合。

（二）评标的程序

1. 阅标

是指评标委员会成员全面、充分地审阅研究所有投标文件，以确定各投标书对招标文件的响应程度。评阅标书的主要内容有：

（1）审查投标书对招标文件所列的条件和规定有无实质性的偏离。

（2）审查投标书的完整性。

2. 询标

阅标后，评标委员会将对投标书中不明确的问题和内容，拟出清单要求各投标单位对清单中的问题作解释和说明。可以将问题清单分别寄送各投标单位，要求作出书面答复；也可以举行澄清会，由各投标单位派代表参加，当面解决问题。

在澄清会上，评标委员会的工作人员不得泄露任何评审情况，其活动只限于提出问题和听取答案，不得进行任何评论和表态。

要以书面的形式作解释和说明，并将其作为投标文件的一部分。

3. 技术评审

包括方案可行性评审和关键工序评审，劳务、材料、机械设备、质量控制措施评审，以及对施工现场周围环境污染的保护措施的评审。技术评审的目的是进一步确认投标单位完成本工程项目的技术能力，为定标提供依据，大致内容如下：

（1）对投标文件是否包括招标文件所要求提交的各项技术文件，以及它们同招标文件中的技术说明和图纸是否一致进行评审。

（2）对施工方案的可行性进行评审。

（3）对施工进度计划的可靠性进行评审。

（4）对供应的材料和机械设备的技术性是否符合设计技术要求进行评审。

（5）对施工质量的控制与保证及相应的管理措施是否可行进行评审。

（6）对提出的技术建议和替代方案进行评审。

（7）对施工现场周围环境污染的保护措施进行评审。

（8）对施工中可能遇到的问题是否作出了充分估计和妥善预备处置方案进行评审。

4. 商务评审

包括投标报价的校核；审查报价计算是否正确；分析报价的构成是否合理，并与标底价格进行对比分析。其目的是从成本、财务和经济分析等方面评定投标报价的合理性和可靠性。

5. 评标报告

评标委员会评标结束后，应向招标人提出书面评标报告，然后招标人报招标管理机构审查。评标报告的主要内容应包括：

（1）叙述招标过程简况；

（2）开标情况；

（3）评标情况；

（4）推荐中标候选人意见；

（5）附件，包括评标委员会人员名单、投标单位资格审查情况表、投标文件符合性鉴定表、投标报价评比表、投标文件咨询澄清的问题等。

如果评标报告被批准，即可确定中标单位。

6. 意外情况的处理

如发生下述任一情况，经招标管理机构同意可以拒绝所有投标，宣布招标失败。

（1）最低投标报价高于或低于一定幅度时；

（2）所有投标文件实质上均不符合招标文件要求。

若发生招标失败，则招标单位应认真审查招标文件及标底，作出合理的修改，经招标管理机构同意后方可重新再办理招标。

（三）评标指标的设置

1. 施工方案

此项评价应适当突出关键部位施工方法或特殊技术措施是否科学、合理、可靠，以及保证质量、工期的措施是否可行。

2. 质量

应符合国家施工验收规范合格或优良标准，同时应满足招标文件的要求。

3. 工期

应满足招标文件的要求。

4. 信誉和业绩

为了贯彻信誉好、业绩高的企业多中标、中好标的原则，使用评审指标时，可适当侧重施工方案、质量和信誉。

八、中标

经过评标，最后确定出中标单位，根据中华人民共和国《招标投标法》中标人的投标应当符合下列条件之一：

（1）能够最大限度地满足招标文件中规定的各项综合评价标准；

（2）能够满足招标文件的实质性要求，并且经评审的投标价格最低，但是投标价格低于成本的除外。

《招标投标法》中还规定，中标人确定后，招标人应当向中标人发出中标通知书，并同时将中标结果通知所有未中标的投标人。中标通知书对招标人和中标人具有法律效力。中标通知书发出后，招标人改变中标结果的，或者中标人放弃中标项目的，应当依法承担法律责任。招标人和中标人应当自中标通知书发出之日起30日内，按照招标文件和中标人的投标文件订立书面合同。招标人和中标人不得再行订立背离合同实质性内容的其他协议。招标文件要求中标人提交履约保证金的，中标人应当提交。

思考题与习题

（1）投标的策略和技巧有哪些？

（2）评标的程序是什么？

（3）评标指标是如何进行设置的？

（4）施工单位投标应具备的基本条件是什么？

（5）投标报价的程序是什么？

基础知识二　工程量清单概述

一、建设工程工程量清单计价规范

建设工程造价，是指进行某项工程建设自开始直至竣工，到形成固定资产为止的全部费用。平时我们所说的建安费用，是指某单项工程的建筑及设备安装费用。一般采用定额管理计价方式计算确定的费用就是指建安费用。建筑工程计价是整个建设工程程序中非常重要的一环，计价方式的正确与否，从小处讲，关系到一个企业的兴衰，从大处讲，则关系到整个建筑工程行业的发展。因此，建设工程计价一直是建筑工程各方最为重视的工作之一。

长期以来，我国的工程造价计算方法，一直采用定额加取费的模式，即使经过20多年的改革开放，这一模式也没有根本改变。中国加入WTO后，这一计算模式应该进行重大的改革。为了进行计价模式的改革，必须首先进行工程造价依据的改革。

我国加入WTO后，WTO的自由贸易准则将促使我国尽快纳入全球经济一体化轨道，放开我国的建筑市场，大量国外建筑承包企业进入我国市场后，将以其采用的先进计价模式与我国企业竞争。这样，我们被迫引进并遵循工程造价管理的国际惯例，所以我国工程造价管理改革的最终目标是建立适合市场经济的计价模式。

那么，市场经济的计价模式是什么呢？简言之，就是全国制定统一的工程量计算规则，在招标时，由招标方提供工程量清单，各投标单位（承包商）根据自己的实力，按照竞争策略的要求自主报价，业主择优定标，以工程合同使报价法定化，施工中出现与招标文件或合同规定不符合的情况或工程量发生变化时据实索赔，调整支付。

这种模式其实是一种国际惯例，它的具体内容是："控制量，放开价，由企业自主报价，最终由市场形成价格"。市场化、国际化，使工程量清单计价法势在必行。在国外，许多国家在工程招标投标中采用工程量清单计价，不少国家还为此制定了统一的规则。我国加入 WTO 以来，建设市场将进一步对外开放，国外的企业以及投资的项目越来越多地进入国内市场，我国企业走出国门在海外投资的项目也会增加。为了适应这种对外开放建设市场的形势，在我国工程建设中推行工程量清单计价，逐步与国际惯例接轨已十分必要。

因此，一场国家取消定价，把定价权交还给企业和市场，实行量价分离，由市场形成价格的造价改革势在必行。其主导原则就是"确定量、市场价、竞争费"，具体改革措施就是在工程施工发、承包过程中采用工程量清单计价法。

工程量清单计价，从名称来看，只表现出这种计价方式与传统计价方式在形式上的区别。但实质上，工程量清单计价模式是一种与市场经济相适应的、允许承包单位自主报价的、通过市场竞争确定价格的、与国际惯例接轨的计价模式。

工程量清单计价是建设工程招标投标工作中，由招标人按照国家统一的工程量计算规则提供工程数量，由投标人根据企业的定额合理确定人工、材料、施工机械等要素的投入与配置，优化组合，合理控制现场费用和施工技术措施费用，确定投标价。改变过去过分依赖国家发布定额的状况，企业根据自身的条件编制出自己的企业定额及市场价格进行自主报价，并按照经专家评审低价中标的工程造价计价模式。

近几年，广东、吉林、天津等地相继开展了工程量清单计价的试点，在有些省市和行业的世界银行贷款项目也都实行国际通用的工程量清单投标报价，工程量清单计价法已得到各级工程造价管理部门和各有关方面的赞同，也得到了工程建设主管部门的认可。根据建设部 2002 年工作部署和建设部标准定额司工程造价管理工作要点，为改革工程造价计价方法，推行工程量清单计价，建设部标准定额研究所受建设部标准定额司的委托，于 2002 年 2 月 28 日开始组织有关部门和地区工程造价专家编制《全国统一工程量清单计价办法》。为了增强工程量清单计价办法的权威性和强制性，最后改为《建设工程工程量清单计价规范》，在 2008 年 7 月 9 日中华人民共和国住房和城乡建设部重新进行编制，现批准的《建设工程工程量清单计价规范》（简称《计价规范》）为国家标准，编号为 GB 50500—2008，自 2008 年 12 月 1 日起实施。

（一）实行《计价规范》的意义

清单计价法意义深远。

1. 实行工程量清单计价，有利于我国工程造价管理政府职能的转变

由过去政府控制的指令性定额转变为制定适应市场经济规律需要的工程量清单计价方法，由过 去行政直接干预转变为对工程造价依法监督，政府部门真正履行起“经济调节、市场监管、社会管理和公共服务”职能的要求。政府对工程造价的管理模式要相应改变，推行政府宏观调控、企业自主报价、市场竞争形成价格、社会全面监督的工程造价管理思路已势在必行。实行工程量清单计价，将有利于我国工程造价管理政府职能的转变，由过去政府控制的指令性定额转变为制定适应市场经济规律需要的工程量清单计价方法，有效地强化政府对工程造价的宏观调控。

2. 实行工程量清单计价，是工程造价深化改革的产物，将改革以工程预算定额为计价依据的计价模式

长期以来，工程预算定额是我国承发包计价、定价的主要依据。现预算定额中规定的消耗量和有关施工措施性费用是按社会平均水平编制的，以此为依据形成的工程造价基本上也属于社会平均价格。这种平均价格可作为市场竞争的参考价格，但不能反映参与竞争企业的实际消耗和技术管理水平，在一定程度上限制了企业的公平竞争。针对工程预算定额编制和使用中存在的问题，提出了“控制量、指导价、竞争费”的改革措施，主要思路和原则是：将工程预算定额中的人工、材料、机械的消耗量和相应的单价分离。人、材、机的消耗量是国家根据有关规范、标准以及社会的平均水平来确定的，控制量的目的就是保证工程质量，指导价就是要逐步走向市场形成价格，这一措施在我国实行社会主义市场经济初期起到了积极的作用。但是，这种做法难以改变工程预算定额中国家指令性内容较多的状况，难以满足招标投标竞争定价和经评审的合理低价中标的要求。因为，国家定额的控制量是社会平均消耗量，不能反映企业的实际消耗量，不能全面体现企业的技术装备水平、管理水平和劳动生产率，不能体现公平竞争的原则，社会平均水平不能代表社会先进水平，改变以往的工程预算定额的计价模式，适应招标投标的需要而推行工程量清单计价办法是十分必要的。工程量清单计价是建设工程招标投标中，按照国家统一的工程量清单计价规范，由招标人提供工程数量，投标人自主报价，经评审低价中标的工程造价计价模式。采用工程量清单计价能反映工程个别成本，有利于企业自主报价和公平竞争。

3. 实行工程量清单计价，有利于规范建设市场计价行为，规范建设市场秩序，促进建设市场有序竞争

《建设工程工程量清单计价规范》出台以后，各部门在建设工程施工招、投标过程中，都应执行计价规范的工程量清单编制和计价方法。在招标时，工程量清单是招标文件中的一项主要内容。由业主或业主委托有资质的咨询单位，根据拟建工程实际情况及其执行的施工验收规范标准，依据计价规范的规定编制工程量清单。各投标单位根据自己的实力，按照竞争策略的需要自主报价，业主根据合理低价的原则定标。在其他条件相同的前提下，主要看报价。合理低价是在所有的投标人中报价最低，这是最理想的报价。

4. 实行工程量清单计价，有利于降低工程造价，合理节约投资

这主要是指国有投资和国有控股的投资项目，在充分竞争的基础上确定的工程造价，本身就带有合理性，可防止国有资产流失，使投资效益得到最大的发挥。

5. 实行工程量清单计价，有利于公开、公平、公正竞争

工程造价是工程建设的核心问题，也是建设市场运行的核心内容，建设市场上存在许多不规范行为，大多与工程造价有关。实现建设市场的良性发展除了法律法规和行政监管以外，发挥市场规律中“竞争”和“价格”的作用是治本之策。过去的工程预算定额在工程发包与承包工程计价中调节双方利益，反映市场价格等方面显得滞后，特别是在公开、公平、公正竞争方面，缺乏合理完善的机制。工程量清单计价是市场形成工程造价的主要形式，工程量清单计价有利于发挥企业自主报价的能力，实现政府定价到市场定价的转变；有利于改变招标单位在招标中盲目压价的行为，从而真正体现公开、公平、公正的原则，反映市场经济规律。它增加了招标、投标透明度，防止暗箱操作，有利于遏制腐败的产生。这就促使施工企业采取一切手段提高自身竞争能力，如在施工中采用新技术、新工艺、新材料，努力降低成本、增加利润，以便在同行业中永远保持领先地位。

6. 实行工程量清单计价，有利于提高国内建设各方参与国际化竞争的能力，适应我国加入世界贸易组织（WTO）、融入世界大市场的需要

我国加入世界贸易组织（WTO）后，行业壁垒下降，建设市场将进一步对外开放。国外的建筑企业越来越多地进入我国市场，我国建筑企业走出国门在海外承包的工程项目也在增加。为增强我国建筑企业国际竞争能力，就必须与国际通行的计价方法相适应。工程量清单计价是目前国际上通行的做法，一些发达国家和地区，如我国香港地区基本采用这种方法，在国内的世界银行等国外金融机构、政府机构贷款项目在招标中大多也采用工程量清单计价办法。只有在我国实行工程量清单计价，为建设市场主体创造一个与国际惯例接轨的市场竞争环境，才能有利于提高国内建设各方主体参与国际化竞争的能力，有利于提高工程建设的管理水平。

（二）《建设工程工程量清单计价规范》的原则

根据住房和城乡建设部令第107号《建筑工程施工发包与承包计价管理办法》，结合我国工程造价管理现状，总结有关省市工程量清单试点的经验，参照国际上有关工程量清单计价通行的做法，《建设工程工程量清单计价规范》编制工作主要坚持以下原则。

1. 政府宏观调控、企业自主报价、市场竞争形成价格

按照政府宏观调控的指导思想，确定了工程量清单计价的原则、方法和必须遵守的规则，包括统一项目编码、项目名称、计量单位、工程量计算规则等。留给企业自主报价，参与市场竞争的空间，企业能自主选择的施工方法、施工措施和人工、材料、机械的消耗量水平、取费等应该由企业来确定，给企业留有充分选择的权利，以促进企业之间的自由竞争，以促进企业提高生产力水平。

2. 与现行预算定额既有机结合又有所区别的原则

预算定额是我国经过几十年实践的总结，有些内容具有一定的科学性和实用性。《建设工程工程量清单计价规范》在编制过程中，以现行的全国统一工程预算定额为基础，特别是项目划分、计量单位、工程量计算规则等方面，尽可能多地与定额衔接。但由于预算定额是按照计划经济的要求制定发布贯彻执行的，其中有许多不适应《建设工程工程量清单计价规范》编制指导思想之处，主要表现在：

（1）定额项目是国家规定以工序为划分原则的项目；

（2）施工工艺、施工方法是根据大多数企业的施工方法综合取定的；

（3）工、料、机消耗量是根据“社会平均水平”综合测定的；

（4）取费标准是根据不同地区平均测算的。因此企业报价时就会表现出平均主义，企业不能结合项目具体情况、自身技术管理水平自主报价，同时也不能充分调动企业加强自身管理的积极性。

因此，《建设工程工程量清单计价规范》编制既要与现行预算定额有机结合又要有所区别。

3. 既考虑我国工程造价管理的现状，又要尽可能与国际惯例接轨的原则

《建设工程工程量清单计价规范》在编制中，借鉴了世界银行、英联邦国家及香港等的一些做法，同时也结合了我国现阶段的一些具体情况。有关名词尽量沿用国内习惯，如措施项目就是国内习惯叫法，措施项目的内容借鉴了部分国外的做法。实体项目的设置方面结合了当前按专业设置的一些情况等。《建设工程工程量清单计价规范》根据我国当前工程建设市场发展的形势，逐步解决定额计价中与当前工程建设市场不相适应的因素，为适应我国社会主义市场经济发展的需要，与国际接轨的需要，积极稳妥地推行工程量清单计价。

（三）《建设工程工程量清单计价规范》的特点

工程量清单计价文件必须做到统一项目编码、统一项目名称、统一工程量计算单位、统一工程量计算规则等四统一，达到清单项目工程量统一的目的。工程量清单计价是指投标人完成由招标人提供的工程量清单所需的全部费用，包括分部分项工程费、措施项目费、其他项目费和规费、税金。《建设工程工程量清单计价规范》中工程量清单综合单价是指完成规定计量单位项目所需的人工费、材料费、机械使用费、管理费、利润，并考虑风险因素。其特点如下。

1. 规定性

制定统一的建设工程工程量清单计价方法，这些规则和办法是强制性的。主要表现在：①全部使用国有资金或国有资金投资为主的大中型建设项目应按计价规范规定执行。②明确工程量清单是招标文件的组成部分，并规定了招标人在编制工程量清单时必须做到项目编码、项目名称、计量单位、工程量计算规则四统一，并且要用规定的标准格式来表述。在清单编码上，《建设工程工程量清单计价规范》规定，分部分项工程量清单编码以12位阿拉伯数字表示，前9位为全国统一编码，编制分部分项工程量清单时应按附录中的相应编码设置，不得变动，后3位是清

单项目名称编码，由清单编制人根据设置的清单项目编制。

2. 实用性

附录中工程量清单项目及计算规则的项目名称明确清晰、工程量计算规则简洁明了，同时列有项目特征和工程内容，便于编制工程量清单时确定项目名称和进行投标报价。

3. 竞争性

《建设工程工程量清单计价规范》中的措施项目，在工程量清单中只列“措施项目”一栏，而采用何种措施，如模板、脚手架、临时设施、施工排水等详细内容由投标人根据企业的施工组织设计，依具体情况报价，因为这些项目在各个企业的施工方案中会各有不同，是企业竞争项目，留给企业以施展才华的空间。另外，《建设工程工程量清单计价规范》中人工、材料和施工机械没有消耗量，将工程消耗量定额中的工、料、机价格和利润、管理费全面放开，根据市场的供求关系由企业自行确定价格。投标企业可以依据企业的定额和市场价格信息，同时也可参照建设行政主管部门发布的社会平均消耗量定额进行报价，《建设工程工程量清单计价规范》将定价权交给了企业。

4. 通用性

将工程量清单计价与国际惯例接轨，实现了工程量计算方法标准化、工程量计算规则统一化、工程造价确定市场化的要求。

工程量清单计价的特点具体体现为：统一计价规则、有效控制消耗量、彻底放开价格、企业自主进行报价、市场有序竞争而形成价格。

（四）《建设工程工程量清单计价规范》的组成内容

《建设工程工程量清单计价规范》体现了政府宏观调控、市场竞争形成价格的指导思想，规定全部使用国有资金或国有资金投资为主的大中型建设工程要严格执行《计价规范》，这与招标投标法规定的政府投资要进行公开招标是相适应的；统一了分部分项工程项目名称，统一了计量单位，统一了工程量计算规则，统一了项目编码，为建立全国统一建设市场和规范计价行为提供了依据；没有人、材、机的消耗量，必然促使企业提高管理水平，引导企业学会编制自己的消耗量定额，从而增强竞争能力。由于《计价规范》不规定人工、材料、机械消耗量，从而为企业报价提供了自主空间，投标企业可以结合自身的生产效率、消耗水平和管理能力等，按照《计价规范》规定的原则和方法进行投标报价。工程造价的最终确定，由承发包双方在市场竞争中按价值规律通过合同进行。

《计价规范》包括正文和附录两大部分。两者具有同等效力。

正文共五章，包括：总则、术语、工程量清单编制、工程量清单计价、工程量清单及其计价格式，分别就《计价规范》的适用范围、遵循的原则、编制工程量清单应遵循的规则、工程量清单计价活动的规则、工程量清单及其计价格式作了明确规定。

附录共五条，包括：附录A，建筑工程工程量清单项目及计算规则；附录B，装饰装修工程量清单项目及计算规则；附录C，安装工程工程量清单项目及计算规则；附录 D，市政工程工程量清单项目及计算规则；附录 E，园林绿化工程工程量清单项目及计算规则。附录中包括项目编码、项目名称、计量单位、工程量计算规则作为统一的内容，要求招标人在编制工程量清单时必须执行。

1. 正文部分

1）总则

总则共六条，规定了本规范制定的目的、依据、相应的适用范围、工程量清单计价活动应遵循的基本原则和附录的作用等。

（1）本规范的目的是规范建设工程工程量清单计价行为，统一建设工程工程量清单的编制和计价方法。

随着我国社会主义市场经济的深化，“定额”计价的弊端越来越明显，如不能充分发挥市场竞争机制的作用；不能体现企业个别成本，市场缺乏竞争力；约束了企业自主报价，达不到合理低价中标，不能形成投标人与招标人双赢结果；同时也与国际通用做法相距很远。因此，在认真总结“定额”计价的基础上，研究并借鉴国外招标投标实行工程量清单计价的做法，制定了我国建设工程工程量清单计价规范，从而确定我国招标投标实行工程量清单计价应遵循的原则，要求参与招标投标的各方必须一致遵循，以保证工程量清单计价方式在我国的顺利实施。

（2）本规范适用于建设工程工程量清单计价活动。

本规范所称建设工程是指建筑工程、装饰装修工程、安装工程、市政工程和园林绿化工程等。凡是建设工程在招标投标过程中实行工程量清单计价的，不论招标主体是政府机构，还是国有企事业单位、集体企业、私有企业及外商投资企业，还是资金来源为国有资金、外国政府贷款及援助资金或私有资金等都应遵守本规范。目前工程量清单计价与现行“定额”计价方式共存于招标投标计价活动中。但随着时间的推移，“定额”计价逐渐要被工程量清单计价方式所取代。

（3）本规范在资金来源上，规定了强制实行工程量清单计价的范围。“国有资金”是指国家财政性的预算内或预算外资金，国家机关、国有企事业单位和社会团体的自由资金及借贷资金；国家通过对内发行政府债券或向外国政府及国际金融机构举借主权外债所筹集的资金也称为国有资金。“以国有资金投资为主”的工程是指国有资金占投资总额 50% 以上，或虽不足 50% 但国有资产投资占主要控股权的工程。“大中型建设项目”按国家有关部门的规定执行。

（4）工程量清单计价活动除遵循本规范外，还应符合国家有关法律、法规及标准规范的规定。主要指《建筑法》、《合同法》、《价格法》、《招标投标法》和住房和城乡建设部令第 107 号《建筑工程施工发包与承包计价管理办法》及工程质量、安全及环境保护等方面的和工程造价有关联的工程建设强制性标准规范。

（5）工程量清单计价必须遵循市场经济活动的客观、公正、公平的原则。就是要求工程量清单计价活动要高度透明，招标编制时要实事求是、机会均等地对待投标。投标人要根据本企业的实际情况，不串通报价，不能同时低于成本报价，双方都应本着互相诚实、相互守信的态度。

（6）附录与正文具有同等法律效力，是本规范的组成部分。附录是编制工程量清单的依据，主要体现在：①工程量清单中的数量应按附录中的工程量的计算规则规定计算；②工程量清单中的计量单位应按附录中的计量单位确定；③工程量清单中的项目名称应按附录中的项目名称和项目特征而设置；④工程量清单中的 12 位编码的前 9 位应按附录中的编码来确定。

2）基本概念

（1）工程量清单：是表现拟建工程的分部分项工程项目、措施项目、其他项目名称和相应数量的明细清单，由招标人按照《建设工程工程量清单计价规范》附录中统一的项目编码、项目名称、计量单位和工程量计算规则进行编制，包括分部分项工程量清单、措施项目清单、其他项目清单等。

（2）工程量清单计价：是指投标人完成由招标人提供的工程量清单所需的全部费用，包括分部分项工程费、措施项目费、其他项目费和规费、税金。

（3）工程量清单计价方法：是建设工程招标投标中，招标人按照国家标准统一的工程量计算规则提供工程数量，由投标人依据工程量清单自主报价，并按照经评审低价中标的工程造价计价方式。

（4）项目编码：采用 12 位阿拉伯数字表示。1 ~ 9 位为统一编码，其中，1、2 位为附录顺序码，3、4 位为专业工程顺序码，5、6 位为分部工程顺序码，7、8、9 位为分项工程项目名称顺序码，10 ~ 12 位为清单项目名称顺序码。

（5）项目特征：构成分部分项工程量清单项目、措施项目自身价值的本质特征。

（6）工程量清单计价采用综合单价计价：综合单价是指完成规定计量单位项目所需的人工费、材料费、机械使用费、管理费、利润，并考虑风险因素。

（7）暂列金额：招标人在工程量清单中暂定并包括在合同价款中的一笔款项。用于施工合同签订时尚未确定或者不可预见的所需材料、设备、服务的采购，施工中可能发生的工程变更、合同约定调整因素出现时的工程价款调整以及发生的索赔、现场签证确认等的费用。

（8）暂估价：招标人在工程量清单中提供的用于支付必然发生但暂时不能确定价格的材料的单价以及专业工程的金额。

（9）计日工：在施工过程中，完成发包人提出的施工图纸以外的零星项目或工作，按合同中约定的综合单价计价。

（10）总承包服务费：总承包人为配合协调发包人进行的工程分包自行采购的设备、材料等进行管理、服务以及施工现场管理、竣工资料汇总整理等服务所需的费用。

（11）消耗量定额：由建设行政主管部门根据合理的施工组织设计，按照正常施工条件下制定的，生产一个规定计量单位工程合格产品所需人工、材料、机械台班的社会平均消耗量。

（12）企业定额：施工企业根据本企业的施工技术和管理水平，以及有关工程造价资料制定的，并供本企业使用的人工、材料和机械台班消耗量。

（13）索赔：在合同履行过程中，对于非己方的过错而应由对方承担责任的情况造成的损失，向对方提出补偿的要求。

（14）现场签证：发包人现场代表与承包人现场代表就施工过程中涉及的责任事件所作的签认证明。

（15）规费：根据省级政府或省级有关权力部门规定必须缴纳的，应计入建筑安装工程造价的费用。

（16）税金：国家税法规定的应计入建筑安装工程造价内的营业税、城市维护建设税及教育费附加等。

（17）发包人：具有工程发包主体资格和支付工程价款能力的当事人以及取得该当事人资格的合法继承人。

（18）承包人：被发包人接受的具有工程施工承包主体资格的当事人以及取得该当事人资格的合法继承人。

（19）造价工程师：取得《造价工程师注册证书》，在一个单位注册从事建设工程造价活动的专业人员。

（20）造价员：取得《全国建设工程造价员资格证书》，在一个单位注册从事建设工程造价活动的专业人员。

（21）工程造价咨询人：取得工程造价咨询资质等级证书，接受委托从事建设工程造价咨询活动的企业。

（22）招标控制价：招标人根据国家或省级、行业建设主管部门颁发的有关计价依据和办法，按设计施工图纸计算的，对招标工程限定的最高工程造价。

（23）投标价：投标人投标时报出的工程造价。

（24）合同价：发、承包双方在施工合同中约定的工程造价。

（25）竣工结算价：发、承包双方依据国家有关法律、法规和标准规定，按照合同约定确定的最终工程造价。

2. 附录部分

1）附录的组成

（1）附录A为建筑工程工程量清单项目及计算规则，适用于工业与民用建筑物和构筑物工程。

（2）附录B为装饰装修工程工程量清单项目及计算规则，适用于工业与民用建筑物和构筑物的装饰装修工程。

（3）附录C为安装工程工程量清单项目及计算规则，适用于工业与民用安装工程。

（4）附录D为市政工程工程量清单项目及计算规则，适用于城市市政建设工程。

（5）附录E为园林绿化工程工程量清单项目及计算规则，适用于园林绿化工程。

附录中包括项目编码、项目名称、项目特征、计量单位、工程量计算规则和工程内容，其中项目编码、项目名称、计量单位、工程量计算规则作为四统一的内容，要求招标人在编制工程量清单时必须严格执行。

2）附录的内容

附录的具体内容是以表格形式而体现的，具体包括：

（1）项目编码：编码要求全国统一，共设置12位数字，规范统一到前9位，后3位由编制人进行确定。

第1、2位表示附录，即工程类别，如01为附录A，建筑工程；02为附录B，装饰装修工程；03为附录C，安装工程；04为附录D，市政工程；05为附录E，园林绿化工程。

第3、4位表示附录的章，即专业工程，如：0201为附录B，装饰装修工程的第一章“楼地面工程”。

第5、6位表示各章的节，如：020102为附录B，装饰装修工程的第一章“楼地面工程”的第二节“块材面层”。

第7、8、9位表示清单项目，如：020102001为附录B，装饰装修工程的第一章“楼地面工程”的第二节“块材面层”的石材楼地面项目。

（2）项目名称：项目名称以工程实体命名。实体是指：形成生产或工艺作用的主要实体部分，对附属或次要部分均不设置项目。项目必须包括完成或形成实体部分的全部内容。项目设置不能重复。完全相同的项目，只能相加后列一项。即一个项目只有一个编码，只有一个对应的综合单价。

（3）项目特征：项目特征是用来表述项目名称的，它直接影响实体价格。另外，施工方法不同也影响该项目的价格。

（4）计量单位：工程量的计量单位采用基本单位计量，它与国际惯例相吻合。它与定额的计量单位不一样，编制清单或报价时一定要以本附录规定的计量单位计量。

长度计量采用“m”为单位；

面积计量采用“m^2”为单位；

质量计量采用“kg”为单位；

体积和容积计量采用“m^3”为单位；

自然计量单位有台、套、个、组……。

（5）工程量计算规则：附录每一个清单项目都有一个相应的工程量计算规则，这个规则全国统一，全国各省市的工程清单，均要按本附录的计算规则计算工程量。清单项目的计算原则与国际通用做法相一致。

（6）工程内容：清单项目是按实体设置的，应包括完成该实体的全部内容。安装工程的实体往往是由多个工程综合而成的，因此对各清单可能发生的工程项目均列在“工程内容”一栏内，供清单编制人对项目描述时参考。清单项目的描述很重要，它是报价人计算综合单价的主要依据。以楼梯装饰为例，020106001石材楼梯面层，此项的“工程内容”有：①基层清理；②抹找平层；③面层铺贴；④贴嵌防滑条；⑤勾缝；⑥刷防护材料；⑦酸洗、打蜡；⑧材料运输。

如果发生了附录工程内容中没有列到的，在清单项目描述中应予以补充。以防因描述不清而引起投标人报价（综合单价）不一致，给评标工作带来麻烦。

二、工程量清单计价表格

(一) 计价表格的组成

1. 封面

（1）工程量清单：封 1。

（2）招标控制价：封 2。

（3）投标总价：封 3。

（4）竣工结算总价：封 4。

2. 总说明表 01。

3. 汇总表

（1）工程项目招标控制价 / 投标报价汇总表：表 02。

（2）单项工程招标控制价 / 投标报价汇总表：表 03。

（3）单位工程招标控制价 / 投标报价汇总表：表 04。

（4）工程项目竣工结算汇总表：表 05。

（5）单项工程竣工结算汇总表：表 06。

（6）单位工程竣工结算汇总表：表 07。

4. 分部分项工程量清单表

（1）分部分项工程量清单与计价表：表 08。

（2）工程量清单综合单价分析表：表 09。

5. 措施项目清单表

（1）措施项目清单与计价表（一）：表 10。

（2）措施项目清单与计价表（二）：表 11。

6. 其他项目清单表

（1）其他项目清单与计价汇总表：表 12。

（2）暂列金额明细表：表 12–1。

（3）材料暂估单价表：表 12–2。

（4）专业工程暂估价表：表 12–3。

（5）计日工表：表 12–4。

（6）总承包服务费计价表：表 12–5。

（7）索赔与现场签证计价汇总表：表 12–6。

（8）费用索赔申请（核准）表：表 12–7。

（9）现场签证表：表 12–8。

7. 规费、税金项目清单与计价表

表 13。

8. 工程款支付申请（核准）表

表 14。

____________________工程

工 程 量 清 单

招　标　人：____________________________

（单位盖章）

工程造价
咨 询 人：____________________________

（单位资质专用章）

法定代表人
或其授权人：____________________________

（签字或盖章）

法定代表人
或其授权人：____________________________

（签字或盖章）

编　制　人：____________________________

（造价人员签字盖专用章）

复　核　人：____________________________

（造价工程师签字盖专用章）

编制时间：　　年　　月　　日

复核时间：　　年　　月　　日

封1

＿＿＿＿＿＿＿＿工程

招 标 控 制 价

招标控制价（小写）：＿＿＿＿＿＿＿＿＿＿＿＿＿＿＿＿

（大写）：＿＿＿＿＿＿＿＿＿＿＿＿＿＿＿＿

招　标　人：＿＿＿＿＿＿＿＿＿＿

（单位盖章）

工程造价
咨 询 人：＿＿＿＿＿＿＿＿＿＿

（单位资质专用章）

法定代表人
或其授权人：＿＿＿＿＿＿＿＿＿＿

（签字或盖章）

法定代表人
或其授权人：＿＿＿＿＿＿＿＿＿＿

（签字或盖章）

编　制　人：＿＿＿＿＿＿＿＿＿＿

（造价人员签字盖专用章）

复　核　人：＿＿＿＿＿＿＿＿＿＿

（造价工程师签字盖专用章）

编 制 时 间：　　年　　月　　日

复 核 时 间：　　年　　月　　日

封 2

投 标 总 价

招 标 人：________________

工 程 名 称：________________

投 标 总 价（小写）：________________

（大写）：________________

招 标 人：________________

（单位盖章）

法定代表人

或其授权人：________________

（签字或盖章）

编 制 人：________________

（造价人员签字盖专用章）

编 制 时 间： 年 月 日

封 3

________________工程

竣工结算总价

中标价（小写）：________________　（大写）：________________

结算价（小写）：________________　（大写）：________________

发　包　人：__________　　承　包　人：__________　　工程造价咨　询　人：__________

（单位盖章）　　（单位盖章）　　（单位资质专用章）

法定代表人或其授权人：__________　　法定代表人或其授权人：__________　　法定代表人或其授权人：__________

（签字或盖章）　　（签字或盖章）　　（签字或盖章）

编　制　人：________________　　核　对　人：________________

（造价人员签字盖专用章）　　（造价工程师签字盖专用章）

编制时间：　年　月　日　　核对时间：　年　月　日

封4

总 说 明

工程名称:　　　　　　　　　　　　　　　　　　　　　　　第　　页 共　　页

表01

工程项目招标控制价/投标报价汇总表

工程名称：　　　　　　　　　　　　　　　　　　　　　　　　　第　页共　页

序号	单项工程名称	金额（元）	其中		
			暂估价（元）	安全文明施工费（元）	规费（元）
合计					

注：本表适用于工程项目招标控制价或投标报价的汇总。

表02

单项工程招标控制价 / 投标报价汇总表

工程名称：　　　　　　　　　　　　　　　　　　　　　　　　第　页 共　页

序号	单位工程名称	金额（元）	其中		
			暂估价（元）	安全文明施工费（元）	规费（元）
合　计					

注：本表适用于单项工程项目招标控制价或投标报价的汇总。暂估价包括分部分项工程中的暂估价和专业工程暂估价。

表03

单位工程招标控制价 / 投标报价汇总表

工程名称： 标段： 第 页 共 页

序号	汇总内容	金额（元）	其中：暂估价（元）
1	分部分项工程		
1.1			
1.2			
1.3			
1.4			
1.5			
2	措施项目		
2.1	安全文明施工费		
3	其他项目		
3.1	暂列金额		
3.2	专业工程暂估价		
3.3	计工日		
3.4	总承包服务费		
4	规费		
5	税金		
招标控制价合计 =1+2+3+4+5			

注：本表适用于单位工程招标控制价或投标报价的汇总，如无单位工程划分，单项工程也使用本表汇总。

表 04

工程项目竣工结算汇总表

工程名称：　　　　　　　　　　　　　　　　　　　　　　　　　　　　第　　页 共　　页

序号	单项工程名称	金额（元）	其中	
			安全文明施工费（元）	规费（元）
合计				

表05

单项工程竣工结算汇总表

工程名称：　　　　　　　　　　　　　　　　　　　　　　　　第　页共　页

序号	单位工程名称	金额（元）	其中	
			安全文明施工费（元）	规费（元）
合计				

表06

单位工程竣工结算汇总表

工程名称：　　　　　　　　　　　　　　标段：　　　　　　　　　　　　　　第　页共　页

序号	汇 总 内 容	金额（元）
1	分部分项工程	
1.1		
1.2		
1.3		
1.4		
1.5		
2	措施项目	
2.1	安全文明施工费	
3	其他项目	
3.1	专业工程结算价	
3.2	计工日	
3.3	总承包服务费	
3.4	索赔与现场签证	
4	规费	
5	税金	
招标控制价合计 =1+2+3+4+5		

注：如无单位工程划分，单项工程也使用本表汇总。

表 07

分部分项工程量清单与计价表

序号	项目编码	项目名称	项目特征描述	计量单位	工程量	金额（元）		
						综合单价	合价	其中：暂估价

工程名称：　　　　标段：　　　　第　　页共　　页

注：根据建设部、财政部发布的《建筑安装工程费用组成》（建标[2003]206号）的规定，为计取规费等的使用，可在表中增设“直接费”、“人工费”或“人工费＋机械费”。

表08

工程量清单综合单价分析表

工程名称：　　　　　　　　　　　　　　标段：　　　　　　　　　　　　第　　页 共　　页

<table>
<tr><td colspan="2">项目编码</td><td colspan="2"></td><td colspan="2">项目名称</td><td colspan="2"></td><td colspan="2">计量单位</td><td colspan="2"></td></tr>
<tr><td colspan="12">清单综合单价组成明细</td></tr>
<tr><td rowspan="2">定额编号</td><td rowspan="2">定额名称</td><td rowspan="2">定额单位</td><td rowspan="2">数量</td><td colspan="4">单 价</td><td colspan="4">合 价</td></tr>
<tr><td>人工费</td><td>材料费</td><td>机械费</td><td>管理费和利润</td><td>人工费</td><td>材料费</td><td>机械费</td><td>管理费和利润</td></tr>
<tr><td></td><td></td><td></td><td></td><td></td><td></td><td></td><td></td><td></td><td></td><td></td><td></td></tr>
<tr><td></td><td></td><td></td><td></td><td></td><td></td><td></td><td></td><td></td><td></td><td></td><td></td></tr>
<tr><td></td><td></td><td></td><td></td><td></td><td></td><td></td><td></td><td></td><td></td><td></td><td></td></tr>
<tr><td></td><td></td><td></td><td></td><td></td><td></td><td></td><td></td><td></td><td></td><td></td><td></td></tr>
<tr><td></td><td></td><td></td><td></td><td></td><td></td><td></td><td></td><td></td><td></td><td></td><td></td></tr>
<tr><td></td><td></td><td></td><td></td><td></td><td></td><td></td><td></td><td></td><td></td><td></td><td></td></tr>
<tr><td></td><td></td><td></td><td></td><td></td><td></td><td></td><td></td><td></td><td></td><td></td><td></td></tr>
<tr><td colspan="2">人工单价</td><td colspan="6">小 计</td><td></td><td></td><td></td><td></td></tr>
<tr><td colspan="2">元/工日</td><td colspan="6">未计价材料费</td><td colspan="4"></td></tr>
<tr><td colspan="8">清单项目综合单价</td><td colspan="4"></td></tr>
<tr><td rowspan="10">材料费明细</td><td colspan="5">主要材料名称、规格、型号</td><td>单位</td><td>数量</td><td>单价（元）</td><td>合价（元）</td><td>暂估单价（元）</td><td>暂估合价（元）</td></tr>
<tr><td colspan="5"></td><td></td><td></td><td></td><td></td><td></td><td></td></tr>
<tr><td colspan="5"></td><td></td><td></td><td></td><td></td><td></td><td></td></tr>
<tr><td colspan="5"></td><td></td><td></td><td></td><td></td><td></td><td></td></tr>
<tr><td colspan="5"></td><td></td><td></td><td></td><td></td><td></td><td></td></tr>
<tr><td colspan="5"></td><td></td><td></td><td></td><td></td><td></td><td></td></tr>
<tr><td colspan="5"></td><td></td><td></td><td></td><td></td><td></td><td></td></tr>
<tr><td colspan="5"></td><td></td><td></td><td></td><td></td><td></td><td></td></tr>
<tr><td colspan="7">其他材料费</td><td>—</td><td></td><td>—</td><td></td></tr>
<tr><td colspan="7">材料费小计</td><td>—</td><td></td><td>—</td><td></td></tr>
</table>

注：1. 如不使用省级或行业建设主管部门发布的计价依据，可不填定额项目、编号等。
2. 招标文件提供了暂估单价的材料，按暂估的单价填入表内“暂估单价”栏及“暂估合价”栏。

表 09

措施项目清单与计价表（一）

工程名称：　　　　　　　　　　　　　标段：　　　　　　　　　　　　第　　页共　　页

序号	项目名称	计算基础	费率（%）	金 额（元）
1	安全文明施工费			
2	夜间施工费			
3	二次搬运费			
4	冬雨期施工			
5	大型机械设备 进出场及安拆费			
6	施工排水			
7	施工降水			
8	地上、地下设施、建筑物的临时保护措施			
9	已完工程及设备保护			
10	各专业工程的措施项目			
11				
12				
合计				

注：1. 本表适用于以“项”计价的措施项目。

2. 根据建设部、财政部发布的《建筑安装工程费用组成》（建标[2003]206号）的规定，“计算基础”可为“直接费”、“人工费”或“人工费＋机械费”。

表10

措施项目清单与计价表（二）

工程名称：　　　　　　　　　　　　　标段：　　　　　　　　　　　　第　　页共　　页

序号	项目编码	项目名称	项目特征描述	计量单位	工程量	金 额（元）	
						综合单价	合价
本页小计							
合计							

注：本表适用于以综合单价形式计价的措施项目。

表11

其他项目清单与计价汇总表

工程名称： 标段： 第 页 共 页

序号	项目名称	计量单位	金额（元）	备 注
1	暂列金额			明细详见表 12-1
2	暂估价			
2.1	材料暂估			明细详见表 12-2
2.2	专业工程暂估价			明细详见表 12-3
3	计工日			明细详见表 12-4
4	总承包服务费			明细详见表 12-5
5				
合 计				

注：材料暂估单价进入清单项目综合单价，此处不汇总。

表 12

暂列金额明细表

工程名称：　　　　　　　　　　　　　　　　标段：　　　　　　　　　　　　第　　页 共　　页

序号	项目名称	计量单位	暂定金额（元）	备注
1				
2				
3				
4				
5				
6				
7				
8				
9				
10				
11				
12				
13				
……				
合 计				—

注：此表由招标人填写，如不能详细列，也可只列暂定金额总额，投标人应将上述暂列金额计入投标总价中。

表 12-1

材料暂估单价表

工程名称：　　　　　　　　　　　　　　标段：　　　　　　　　　　第　页共　页

序号	材料名称、规格、型号	计量单位	单价（元）	备注

注：1. 此表由招标人填写，并在备注栏说明暂估价的材料拟用在哪些清单项目上，投标人应将上述材料暂估单价计入工程量清单综合单价报价中。

2. 材料包括原材料、燃料、构配件以及按规定应计入建筑安装工程造价的设备。

表 12–2

专业工程暂估价表

工程名称：　　　　　　　　　　　　　　　标段：　　　　　　　　　　　　　第　页 共　页

序号	工 程 名 称	工程内容	金额（元）	备注
合 计				—

注：此表由招标人填写，投标人应将上述专业工程暂估价计入投标总价中。

表 12-3

计工日表

工程名称：　　　　　　　　　　　　　　　　　标段：　　　　　　　　　　　　　第　　页　共　　页

<table>
<tr><th>序号</th><th>项目名称</th><th>单位</th><th>暂定数量</th><th>综合单价</th><th>合价</th></tr>
<tr><td>一</td><td>人工</td><td></td><td></td><td></td><td></td></tr>
<tr><td>1</td><td></td><td></td><td></td><td></td><td></td></tr>
<tr><td>2</td><td></td><td></td><td></td><td></td><td></td></tr>
<tr><td>3</td><td></td><td></td><td></td><td></td><td></td></tr>
<tr><td>4</td><td></td><td></td><td></td><td></td><td></td></tr>
<tr><td>5</td><td></td><td></td><td></td><td></td><td></td></tr>
<tr><td colspan="6">人工小计</td></tr>
<tr><td>二</td><td>材料</td><td></td><td></td><td></td><td></td></tr>
<tr><td>1</td><td></td><td></td><td></td><td></td><td></td></tr>
<tr><td>2</td><td></td><td></td><td></td><td></td><td></td></tr>
<tr><td>3</td><td></td><td></td><td></td><td></td><td></td></tr>
<tr><td>4</td><td></td><td></td><td></td><td></td><td></td></tr>
<tr><td>5</td><td></td><td></td><td></td><td></td><td></td></tr>
<tr><td>6</td><td></td><td></td><td></td><td></td><td></td></tr>
<tr><td colspan="6">材料小计</td></tr>
<tr><td>三</td><td>施工机械</td><td></td><td></td><td></td><td></td></tr>
<tr><td>1</td><td></td><td></td><td></td><td></td><td></td></tr>
<tr><td>2</td><td></td><td></td><td></td><td></td><td></td></tr>
<tr><td>3</td><td></td><td></td><td></td><td></td><td></td></tr>
<tr><td>4</td><td></td><td></td><td></td><td></td><td></td></tr>
<tr><td colspan="6">施工机械小计</td></tr>
<tr><td colspan="6">总　计</td></tr>
</table>

注：此表项目名称、数量由招标人填写，编制招标控制价时，单价由招标人按有关计价规定确定；投标时，单价由投标人自主报价，计入投标总价中。

表 12-4

总承包服务费计价表

工程名称：　　　　　　　　　　　　　　　　　　标段：　　　　　　　　　　　　　　　　　第　　页 共　　页

序号	项目名称	项目价值（元）	服务内容	费率（%）	金额（元）
1	发包人发包专业工程				
2	发包人供应材料				
合计					

表 12-5

索赔与现场签证计价汇总表

工程名称：　　　　　　　　　　　　　　　　标段：　　　　　　　　　　　　　第　　页 共　　页

序号	签证及索赔项目名称	计量单位	数量	单价（元）	合价（元）	索赔及签证依据
本页小计						—
合　计						—

注：签证及索赔依据是指经双方认可的签证单和索赔依据的编号。

表 12-6

费用索赔申请（核准）表

工程名称： 标段： 编号：

<table>
<tr><td colspan="2">致：＿＿＿＿＿＿＿＿＿＿＿＿＿＿＿＿＿＿＿＿＿＿＿＿（发包人全称）
根据施工合同条款第＿＿＿＿＿＿条的约定，由于＿＿＿＿＿＿原因，我方要求索赔金额（大写）＿＿＿＿＿＿元，（小写）＿＿＿＿＿＿元，请予核准。
附：1. 费用索赔的详细理由和依据：
2. 索赔金额的计算：
3. 证明材料：
承包人（章）
承包人代表＿＿＿＿＿
日　　期＿＿＿＿＿</td></tr>
<tr><td>复核意见：
根据施工合同条款第＿＿＿条的约定，你方提出的费用索赔申请经复核：
□不同意此项索赔，具体意见见附件。
□同意此项索赔，索赔金额的计算，由造价工程师复核。
监理工程师＿＿＿＿＿
日　　期＿＿＿＿＿</td><td>复核意见：
根据施工合同条款第＿＿＿条的约定，你方提出的费用索赔申请经复核，索赔金额为（大写）＿＿＿＿＿元，（小写）＿＿＿元。
造价工程师＿＿＿＿＿
日　　期＿＿＿＿＿</td></tr>
<tr><td colspan="2">审核意见：
□不同意此项索赔。
□同意此项索赔，与本期进度款同期支付。
发包人（章）
发包人代表＿＿＿＿＿
日　　期＿＿＿＿＿</td></tr>
</table>

注：1. 在选择栏中的“□”内作标志“√”。

2. 本表一式四份，由承包人填报，发包人、监理人、造价咨询人、承包人各存一份。

表 12–7

现场签证表

工程名称：　　　　　　　　　　　　　　标段：　　　　　　　　　　　　　　编号：

<table>
<tr><td>施工部位</td><td></td><td>日期</td><td></td></tr>
<tr><td colspan="4">致：________________________________（发包人全称）
根据________（指令人姓名）　年　月　日的口头指令或你方________（或监理人）　年　月　日的书面通知，我方要求完成此项工作应支付价款金额为（大写）________元，（小写）________元，请予审核。
附：1. 签证事由及原因：
2. 附图及计算式：
承包人（章）
承包人代表________
日　　期________</td></tr>
<tr><td colspan="2">复核意见：
你方提出的此项签证申请经复核：
□不同意此项签证，具体意见见附件。
□同意此项索赔，签证金额的计算，由造价工程师复核。
监理工程师________
日　　期________</td><td colspan="2">复核意见：
□此项签证按承包人中标的计日工单价计算，金额为（大写）______元，（小写）______元。
□此项签证因无计日工单价，金额为（大写）______元，（小写）______元。
造价工程师________
日　　期________</td></tr>
<tr><td colspan="4">审核意见：
□不同意此项签证。
□同意此项签证，价款与本期进度款同期支付。
发包人（章）
发包人代表________
日　　期________</td></tr>
</table>

注：1. 在选择栏中的“□”内作标志“√”。

2. 本表一式四份，由承包人在收到发包人（监理人）的口头或书面通知后填写，发包人、监理人、造价咨询人、承包人各存一份。

表 12–8

规费、税金项目清单与计价表

工程名称：　　　　　　　　　　　　　　　　标段：　　　　　　　　　　　　　第　页 共　页

序号	项目名称	计算基础	费率（%）	金额（元）
1	规费			
1.1	工程排污费			
1.2	社会保障费			
（1）	养老保险费			
（2）	失业保险费			
（3）	医疗保险费			
1.3	住房公积金			
1.4	危险作业意外伤害保险			
1.5	工程定额测定费			
2	税金	分部分项工程费＋措施项目费＋其他项目费＋规费		
合计				

注：根据建设部、财政部发布的《建筑安装工程费用组成》（建标［2003］206号）的规定，“计算基础”可为“直接费”、“人工费”或“人工费＋机械费”。

表13

工程款支付申请（核准）表

工程名称：　　　　　　　　　　　　　　标段：　　　　　　　　　　　　　　编号：

致：________________________________（发包人全称）

我方于________至________期间已完成了________工作，根据施工合同的约定，现申请支付本期的工程款额为（大写）________元，（小写）________元，请予审核。

序号	名称	金额（元）	备注
1	累计已完成的工程价款		
2	累计已实际支付的工程价款		
3	本周期已完成的工程价款		
4	本周期完成的计日工金额		
5	本周期应增加和扣减的变更金额		
6	本周期应增加和扣减的索赔金额		
7	本周期应抵扣的预付款		
8	本周期应扣减的质保金		
9	本周期应增加或扣减的其他金额		
10	本周期实际应支付的工程价款		

承包人（章）

承包人代表________

日　　期________

复核意见：

□与实际施工情况不相符，修改意见见附件。

□与实际施工情况相符，具体金额由造价工程师复核

监理工程师________

日　　期________

复核意见：

你方提出的支付申请经复核，本期间已完成工程款额为（大写）____元，（小写）____元，本期间应支付金额为（大写）____元，（小写）____元。

造价工程师________

日　　期________

审核意见：

□不同意。

□同意，支付时间为本表签发后的15天内。

发包人（章）

发包人代表________

日　　期________

注：1. 在选择栏中的“□”内作标志“√”。

2. 本表一式四份，由承包人填报，发包人、监理人、造价咨询人、承包人各存一份。

表14

（二）计价表格使用规定

1）工程量清单与计价宜采用统一格式。各省、自治区、直辖市建设行政主管部门和行业建设主管部门可根据本地区、本行业的实际情况，在本规范计价表格的基础上补充完善。

2）工程量清单的编制应符合下列规定：.

（1）工程量清单编制使用表格包括：封 1、表 01、表 08、表 10、表 11、表 12（不含表 12–6~ 表 12–8）、表 13。

（2）封面应按规定的内容填写、签字、盖章，造价员编制的工程量清单应有负责审核的造价工程师签字、盖章。

（3）总说明应按下列内容填写：

①工程概况：建设规模、工程特征、计划工期、施工现场实际情况、自然地理条件、环境保护要求等。

②工程招标和分包范围。

③工程量清单编制依据。

④工程质量、材料、施工等的特殊要求。

⑤其他需要说明的问题。

3）招标控制价、投标报价、竣工结算的编制应符合下列规定：

（1）使用表格：

①招标控制价使用表格包括：封 2、表 01、表 02、表 03、表 04、表 08、表 09、表 10、表 11、表 12（不含表 12–6 ~ 表 12–8）、表 13。

②投标报价使用的表格包括：封 3、表 01、表 02、表 03、表 04、表 08、表 09、表 10、表 11、表 12（不含表 12–6 ~ 表 12–8）、表 13。

③竣工结算使用的表格包括：封 4、表 01、表 05、表 06、表 07、表 08、表 09、表 10、表 11、表 12、表 13、表 14。

（2）封面应按规定的内容填写、签字、盖章，除承包人自行编制的投标报价和竣工结算外，受委托编制的招标控制价、投标报价、竣工结算若为造价员编制的，应有负责审核的造价工程师签字、盖章以及工程造价咨询人盖章。

（3）总说明应按下列内容填写：

①工程概况：建设规模、工程特征、计划工期、合同工期、实际工期、施工现场及变化情况、施工组织设计的特点、自然地理条件、环境保护要求等。

②编制依据等。

4）投标人应按招标文件的要求，附工程量清单综合单价分析表。

5）工程量清单与计价表中列明的所有需要填写的单价和合价，投标人均应填写，未填写的单价和合价，视为此项费用已包含在工程量清单的其他单价和合价中。

三、工程量清单计价与预算定额计价比较

（一）清单计价和预算定额计价的不同点

1. 编制工程量的单位不同

传统的定额计价，建设工程的工程量分别由招标单位和投标单位分别按图计算。而工程量清单计价，工程量由招标单位统一计算或委托有工程造价咨询资质的单位统一计算。“工程量清单”是招标文件的重要组成部分，各投标单位根据招标人提供的“工程量清单”，根据企业自身的特点自主填写报价单。

2. 编制工程量清单时间不同

传统的预算定额计价法是在发出招标文件后编制，而工程量清单计价必须在发出招标文件前编制。

3. 采用的单价方法不同

传统的预算定额计价，采用工料单价法，工料单价是指分部分项工程量的单价为直接费，间接费、利润和税金按照有关规定计算。而工程量清单计价，采用综合单价法，综合单价是指完成规定计量单位项目所需的人工费、材料费、施工机械使用费、管理费、利润，并考虑风险因素，是除规费和税金的全费用单价。

4. 编制的依据不同

传统的预算定额计价，编制的依据是施工图纸；人工、材料、机械台班消耗量依据建设行政主管部门颁发的预算定额；人工、材料、机械台班单价依据工程造价管理部门发布的价格信息进行计算。而工程量清单计价法，标底的编制依据为招标文件中的工程量清单和有关要求、施工现场情况、合理的施工方法以及按建设行政主管部门制定的有关工程造价计价办法。企业的投标报价则根据企业定额和市场价格信息，或参照建设行政主管部门发布的社会平均消耗量定额编制。

5. 费用的组成不同

传统预算定额计价的工程造价由直接工程费、现场经费、间接费、利润、税金组成。而工程量清单计价法工程造价包括分部分项工程费、措施项目费、其他项目费、规费、税金；包括完成每项工程包含的全部工程内容的费用；包括完成每项工程内容所需的费用（规费、税金除外）；包括工程量清单中没有体现的，而施工中又必须发生的工程内容所需的费用；包括因风险因素而增加的费用。

6. 项目的划分不同

传统的预算定额计价法，项目划分按施工工序列项，采取实体和措施相结合，不能充分发挥市场竞争作用。而工程量清单计价，项目按工程实体划分，实体和措施项目分离，加大了承包企业的竞争力度，鼓励企业充分发挥自身的优势。

7. 工程量的计算规则不同

传统的预算定额计价，工程量是按实物加上人为规定的预留量等因素计算的。而工程量清单计价，清单项目的工程量是按实体的净值计算。

8. 项目的编码不同

全国统一《建筑工程基础定额》、《全国统一建筑装饰装修工程消耗量定额》与各省、市的有关定额都采用不同的定额子目编号。而对于工程量清单计价办法，全国实行统一编号，项目编码采用 12 位数码表示。1 到 9 位为统一编码，其中，1、

2 位为附录顺序码，3、4 位为专业工程顺序码，5、6 位为分部工程顺序码，7、8、9 位为分项工程项目名称顺序码，后三位数码为清单项目名称顺序码。由清单编制人根据清单项目的项目设置，自行编码。

9. 合同价的调整方式不同

采用传统的预算定额计价方式时，合同价调整方式通常有：变更签证、定额解释、政策性调整。在工程实际中，工程结算经常有定额解释与定额补充规定和政策性文件调整。而采用工程量清单计价法时，合同价调整方式主要是工程索赔。工程量清单的综合单价，投标人一旦中标，报价作为签订工程施工承包合同的依据相对固定下来，工程结算按承包商实际完成工程量乘以工程量清单报价中的综合单价计算。工程量由变更签证可以调整，但综合单价不能随意调整。

10. 评标采用的办法不同

传统的预算定额，评标一般采用百分制评分法。而采用工程量清单计价，评标一般采用合理低报价中标法。

11. 索赔事件增加

因承包人对工程量清单综合单价包含的工作内容了解明确而具体，故凡业主不按清单内容要求施工的，任意修改清单的，都会增加施工索赔事件的发生。

（二）清单计价和预算定额计价的相同点

预算定额是我国经过几十年实践的总结，有些内容具有一定的科学性和实用性，清单计价在编制过程中，以现行的全国统一工程预算定额为基础，特别是在项目划分、计量单位、工程计算规则等方面，尽可能多地与定额相衔接。

（三）清单计价的优点

（1）有利于贯彻“公开、公平、公正”的原则。

业主与承包商在统一的工程量清单基础上进行招标和投标，承发包工作易于操作，从而有利于防止建筑领域的腐败行为。

（2）工程量清单报价可在设计阶段中期进行，从而缩短了建设周期，为业主带来显著的经济效益。

（3）有利于引导承包商编制企业定额，进行项目成本核算，从而提高其管理水平和企业竞争力。

（4）工程量清单条目简单明了，便于计算，从而加快结算速度。

（5）对业主和承包商之间所承担的工程风险进行了明确的划分，业主承担工程量变动风险，承包商承担工程价格波动的风险，从而使双方的利益在一定程度上均有保障。

（四）预算定额计价的缺点

（1）预算定额计价，政府行政直接干预太强，不利于企业自主报价。

（2）预算定额计价体现了社会平均水平，不能反映企业实际消耗量，不利于企业之间的自由竞争。

（3）工程量清单计价是国际上的通行做法，预算定额不利于与国际接轨，不利于我国建筑企业参与国际化竞争。

（4）预算定额计价，企业报价时表现出平均主义，企业不能结合项目具体情况、自身技术管理水平自主报价，同时也不能充分调动企业加强自身管理的积极性。

思考题与习题

（1）《计价规范》的特点有哪些？

（2）《计价规范》的组成内容包括哪些？

（3）清单计价与预算定额计价的不同点有哪些？

（4）清单计价的优点是什么？

（5）工程量清单及其计价的格式是什么？使用规定是什么？

基础知识三　工程量清单编制

一、一般规定

1）工程量清单应由具有编制能力的招标人或受其委托，具有相应资质的工程造价咨询人编制。

2）采用工程量清单方式招标，工程量清单必须作为招标文件的组成部分，其准确性和完整性由招标人负责。

3）工程量清单是工程量清单计价的基础，应作为编制招标控制价、投标报价、计算工程量、支付工程款、调整合同价款、办理竣工结算以及工程索赔等的依据之一。

4）工程量清单应由分部分项工程量清单、措施项目清单、其他项目清单、规费项目清单、税金项目清单组成。

5）编制工程量清单应依据：

（1）《建设工程工程量清单计价规范》；

（2）国家或省级、行业建设主管部门颁发的计价依据和办法；

（3）建设工程设计文件；

（4）与建设工程项目有关的标准、规范、技术资料；

（5）招标文件及其补充通知、答疑纪要；

（6）施工现场情况、工程特点及常规施工方案；

（7）其他相关资料。

二、工程量清单的作用

工程量清单是按照招标文件、施工图纸和技术资料的要求，将拟建招标工程的全部项目内容，依据《装饰装修工程量清单计价规范》的规定，计算拟招标工程项目的全部分部分项的实物工程量和措施项目清单，技术性措施项目，并以统一的计量单位和表式列出的工程量表。

其作用如下：

（1）是招标人编制标底的依据；

（2）是投标人策划投标方案，编制投标报价的依据；

（3）是招标人与投标人签订施工合同的依据；

（4）是工程进行竣工结算的依据。

三、工程量清单的组成内容

工程量清单是编制施工设计图纸内各个工程项目，按照《计价规范》规定模式和表格，列出一套计算工程项目内容的明细清单。这套清单是《计价规范》的核心内容，故在招标投标工作中，常把按《计价规范》的规定，计算某专业工程总造价的汇总结果，简称为 ××× 工程工程量清单，如建筑工程工程量清单、装饰装修工程工程量清单、市政工程工程量清单等。

工程量清单应反映拟建工程的全部工程内容及为实现这些工程内容而进行的其他工作。借鉴国外工程量清单计价的做法，结合我国当前的实际情况，我国的工程量清单由分部分项工程量清单、措施项目清单、其他项目清单、规费项目清单和税金项目清单组成。工程量清单是招标文件的组成部分，是编制招标标底、投标报价的依据。工程量清单应由具有编制招标文件能力的招标人，或受其委托具有相应资质的中介机构进行编制。

（一）分部分项工程量清单

分部分项工程是“分部工程”和“分项工程”的统称。“分部工程”是单位工程的一个组成部分，它是为了便于对单位工程进行分解核算和计划施工，按照工程的结构特征和施工方法而划分的工程部位名称，如装饰装修工程中的楼地面工程、墙柱面工程、门窗工程等。“分项工程”是分部工程的一个组成部分，它是为了便于确定工程项目单价和考察工料消耗，按照施工过程和材料品种规格而命名的基本产品名称，如装饰装修工程中的楼地面大理石面层、花岗石台阶面层等。分部工程由多项分项工程所构成，故在计算工程量时，必须在同一表内列出分部工程名称及其所包含的分项工程名称，因此，这份表统称为“分部分项工程量清单”。

1）分部分项工程量清单包括项目编码、项目名称、计量单位和工程数量。分部分项工程量清单应满足规范管理和计价的要求。招标人必须按规范要求满足四个统一，即项目编码统一、项目名称统一、计量单位统一、工程量计算规则统一。

2）分部分项工程量清单的项目编码采用 12 位数码表示，1 至 9 位应按附录 A、附录 B、附录 C、附录 D、附录 E 的规定设置；10 至 12 位应根据拟建工程的工程量清单项目名称由编制人设置，并应自 001 起顺序编制，如图 1–2 所示。

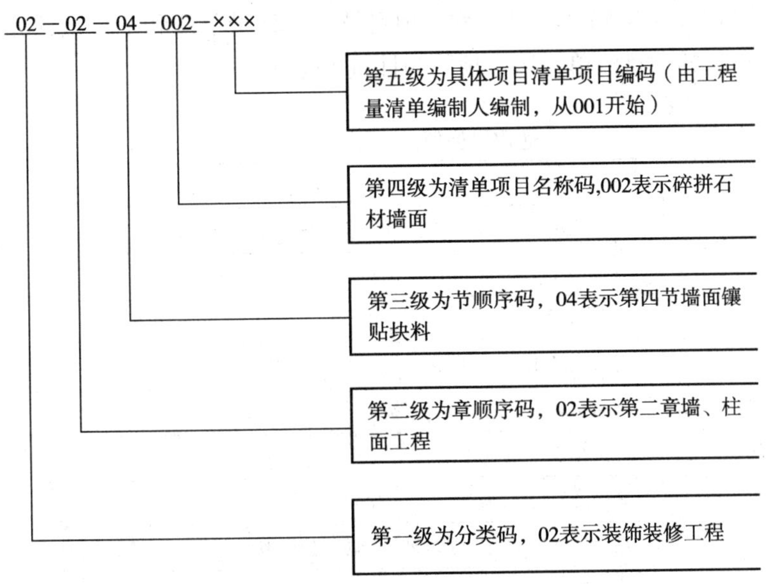

图 1-2　工程量清单项目编码结构

3）分部分项工程量清单的项目名称应按下列规定确定：

（1）项目名称应按附录 A、附录 B、附录 C、附录 D、附录 E 的项目名称与项目特征并结合拟建工程的实际确定。结合装饰装修工程消耗量定额，依次列出各分部分项子目的名称，这些项目名称就称为工程量清单项目。

（2）编制工程量清单，如出现附录 A、附录 B、附录 C、附录 D、附录 E 中未包括的项目，编制人可作相应补充，补充项目应填写在工程量清单相应分部工程项目之后，并在“项目编码”栏中以“补”字示之。

4）分部分项工程量清单的计量单位应按附录 A、附录 B、附录 C、附录 D、附录 E 中规定的计量单位确定。

5）工程量应按下列规定进行计算：

（1）工程数量应按附录 A、附录 B、附录 C、附录 D、附录 E 中规定的工程量计算规则计算。

（2）工程数量的有效位数按下列规定执行：

以“t”为单位，应保留小数点后三位数字，第四位四舍五入；

以“m^3”、“m^2”、“m”为单位，应保留小数点后两位数字，第三位四舍五入；

以“个”、“项”等为单位，应取整数。

（二）措施项目清单

（1）措施项目清单应根据拟建工程的实际情况列项。通用措施项目可按表 1-1 选择列项，专业工程的措施项目可按附录中规定的项目选择列项。若出现《建设工程工程量清单计价规范》未列的项目，可根据工程实际情况补充。

（2）措施项目中可以计算工程量的项目清单宜采用分部分项工程量清单的方

式编制，列出项目编码、项目名称、项目特征、计量单位和工程量计算规则；不能计算工程量的项目清单，以“项”为计量单位。

通用措施项目一览表　　表 1–1

序号	项目名称
1	安全文明施工（含环境保护、文明施工、安全施工、临时设施）
2	夜间施工
3	二次搬运
4	冬雨期施工
5	大型机械设备进出场及安拆
6	施工排水
7	施工降水
8	地上、地下设施，建筑物的临时保护设施
9	已完工程及设备保护

（三）其他项目清单

其他项目是指除上述项目外，因工程需要而发生的有关内容，其他项目清单应根据拟建工程的具体情况，参照下列内容列项：暂列金额、暂估价（材料暂估单价、专业工程暂估价）、计日工、总承包服务费。

其中：暂列金额是招标人在工程量清单中暂定并包括在合同价款中的一笔款项。用于施工合同签订时尚未确定或者不可预见的所需材料、设备、服务的采购，施工中可能发生的工程变更、合同约定调整因素出现时的工程价款调整以及发生的索赔、现场签证确认等的费用。

暂估价是招标人在工程量清单中提供的用于支付必然发生但暂时不能确定价格的材料的单价以及专业工程的金额。

总承包服务费是指投标人“为配合协调招标人进行的工程分包和材料采购所需的费用”。也就是说，因特殊专业或投标人无能力承担的分部分项工程，由招标人分包给另外单位施工而又需要投标人在施工中予以配合时，投标人应收取的配合服务费。

计日工是指在施工过程中，完成发包人提出的施工图纸以外的零星项目或工作，按合同中约定的综合单价计价。

（四）规费项目清单

1）规费项目清单包括以下内容：

（1）工程排污费；

（2）工程定额测定费；

（3）社会保障费：包括养老保险费、失业保险费、医疗保险费；

（4）住房公积金；

（5）危险作业意外伤害保险。

2）出现《建设工程工程量清单计价规范》未列的项目，应根据省级政府或省级有关权力部门的规定列项。

（五）税金项目清单

1）税金项目清单应包括以下内容：

（1）营业税；

（2）城市维护建设税；

（3）教育费附加。

2）出现《建设工程工程量清单计价规范》未列的项目时，应根据税务部门的规定列项。

四、工程量清单的填写

（一）填写分部分项工程量清单

在各分部分项工程的工程量计算完毕后，将结果填入工程量清单。清单项目应包括项目编码、项目名称、计量单位和数量。见表 1–2。

工程名称：装饰工程　　**分部分项工程量清单**　　**表 1–2**

序号	项目编码	项目名称	计量单位	工程数量
1	020102002001	地砖楼面，1∶3 水泥砂浆找平层，厚 20mm，地砖 600mm × 600mm	m^2	138.66
2	020302001001	吊顶顶棚，方木 40mm × 60mm 龙骨，塑料扣板面层	m^2	52.92

（二）填写措施项目清单

措施项目是指为完成工程项目施工，发生于该工程施工前和施工过程中技术、生活、安全等方面的非工程实体项目。

1. 措施项目清单构成

装饰装修工程的措施项目主要包括两大类：通用项目及装饰装修工程特有项目。

1）通用项目

（1）环境保护

是指为保护施工现场周围环境，防止对自然环境造成不应有的破坏，防止和减轻粉尘、噪声、振动对周围环境的污染和危害，竣工后修整和恢复在工程施工中受到破坏的环境等所需的费用。

（2）文明施工

是指按照政府有关规定，设置现场文明施工的措施所需要的费用。

（3）安全施工

是指按照政府有关规定，设置现场安全施工的措施所需要的费用。

（4）临时措施

指企业为进行工程施工所必需的生产和生活用的临时建筑物、构筑物和其他临时设施的搭设、维修、拆除费用或摊销费用。

临时设施包括临时宿舍、文化福利及公用事业房屋与构筑物、仓库、办公室、加工厂以及规定范围内的道路、水、电、管线等临时设施和小型临时设施。

（5）夜间施工

是指为确保工期和工程质量，需要在夜间连续施工或在白天施工须增加照明设施（如在炉窑、烟囱、地下室等处施工）及加入夜餐补助等发生的费用。

（6）二次搬运

是指因施工场地狭小等特殊情况而发生的材料二次倒运支出的费用。

（7）冬雨期施工

是指在冬期、雨期期间施工所须增加的费用。

（8）大型机械设备进出场及安拆

是指特大型施工机械的路基摊销、安装、拆卸及场外运输费。中小型施工机械的进出场及安拆费用已包括在台班单价内。

（9）施工排水、降水

是指依据水文地质资料，拟建工程的地下施工深度低于地下水位，为了保证工程的正常施工，排出地下水或降低地下水位所需的费用。

（10）地上、地下设施，建筑物的临时保护设施

（11）已完工程及设备的保护

是指进行施工时，为了防止对已完工工程设备产生破坏、损伤而对其采取保护措施所需的费用。

2）装饰装修工程特有项目

（1）垂直运输机械：建筑物垂直运输，是指檐高 20m 以内卷扬机和檐高 20m 以上卷扬机、塔式起重机、施工电梯等垂直运输方式。发生垂直运输的建筑物有住宅、教学楼、办公楼、医院、宾馆、图书馆、商场、厂房及其他工程构筑物；有烟囱、水塔、筒仓等工程。

（2）室内空气污染测试

是指在施工中使用含挥发性有害物质的材料，为了保证室内空气品质，对室内空气污染进行测试所需的费用，是装饰装修工程特有的措施项目。

（3）脚手架

脚手架是专为高空施工操作、堆放和运送材料，并保证施工过程工人安全要求而设置的架设工具或操作平台。脚手架虽不是工程的实体，但也是施工中不可缺少的设施之一，其费用也是构成工程造价的一个组成部分。

常见脚手架类型如下：

①综合脚手架：综合脚手架一般是指沿建筑物外墙外围搭设的脚手架，它综合了外墙砌筑、勾缝、捣制外轴线柱以及外墙的外部装饰等所用脚手架，包括脚

手架、平桥、斜桥、平台、护栏、挡脚板、安全网等。高层脚手架（50.5 ~ 200.5m）还包括托架和拉杆等。建筑工程综合脚手架为钢管脚手架。装饰装修工程综合脚手架包括钢管脚手架及电动吊篮。

②满堂脚手架：满堂脚手架是指为完成满堂基础和室内顶棚的安装、装饰抹灰等施工而在整个工作范围内搭设的脚手架。

③单排脚手架：单排脚手架是指为完成外墙局部的个别部位和个别构件、构筑物的施工（砌筑、混凝土墙浇捣、柱浇捣、装修等）及安全而搭设的脚手架。

④里脚手架：里脚手架又称内墙脚手架，是沿室内墙面搭设的脚手架。

⑤活动脚手架：活动脚手架是便于墙柱面装饰及顶棚装饰的可搭拆架子及桥板的一种脚手架。

⑥靠脚手架安全挡板：靠脚手架安全挡板是指在多层或高层建筑施工及装饰装修时为了施工操作安全及行人交通安全，以及立体交叉作业等要求而需沿外墙脚手架搭设的安全挡板。

⑦独立挡板：独立挡板也称独立安全防护挡板，是指脚手架以外单独搭设的，用于车辆通道、人行通道、临街防护和施工现场与其他危险场所隔离等防护，分为水平防护挡板和垂直防护架。

⑧电梯井脚手架：电梯井脚手架是考虑电梯井内各种预埋件安装定位、内层必须的施工处理、安全等因素而搭设的脚手架。

⑨烟囱脚手架：烟囱脚手架是用于烟囱施工所需的脚手架，综合了垂直运输架、斜桥、风揽、地锚等内容。

2. 措施项目设置

措施项目清单以“项”为计量单位，相应数量为“1”。

填写措施项目清单时，应根据拟建工程的具体情况，参照以上项目列取。若因情况不同而出现以上未列的措施项目时，工程量清单编制人可作补充。

（三）填写其他项目清单

其他项目清单设置：

工程建设标准的高低、工程的复杂程度、工程的工期长短、工程的组成内容等直接影响其他项目清单的具体内容。《计价规范》提供了暂列金额、暂估价（材料暂估单价、专业工程暂估价）、计日工、总承包服务费作为列项的参考。不足部分，清单编制人可作补充。

（1）暂列金额：是招标人在工程量清单中暂定并包括在合同价款中的一笔款项。用于施工合同签订时尚未确定或者不可预见的所需材料、设备、服务的采购，施工中可能发生的工程变更、合同约定调整因素出现时的工程价款调整以及发生的索赔、现场签证确认等的费用。

（2）暂估价：是招标人在工程量清单中提供的用于支付必然发生但暂时不能确定价格的材料的单价以及专业工程的金额。

（3）总承包服务费：总承包人为配合协调发包人进行的工程分包自行采购的

设备、材料等进行管理、服务以及施工现场管理、竣工资料汇总整理等服务所需的费用。

（4）计日工：是指在施工过程中，完成发包人提出的施工图纸以外的零星项目或工作，按合同中约定的综合单价计价。

（四）填写规费项目清单、税金项目清单、填表须知、总说明及封面

分部分项工程量清单、措施项目清单、其他项目清单表填制完成后，还须填写规费项目清单、税金项目清单、填表须知、总说明及封面。

五、工程量清单文件的编制步骤

工程量清单是表现拟建工程的分部分项工程项目、措施项目、其他项目名称和相应数量的明细清单。工程量清单是招标文件的组成部分，是编制标底和投标报价的依据，是签订工程合同、调整工程量和办理竣工结算的基础。工程量清单编制的主要步骤如下。

（一）准备与收集资料

需要准备与收集的资料主要有以下几个方面：

1. 设计施工图及标准图集

完整的建筑装饰工程图纸说明，以及图纸上注明采用的全部标准图是编制工程量清单的重要依据之一。主要包括：装饰工程施工图纸说明，总平面布置图，平面图，立面图，剖面图，梁、柱、地面、楼梯、屋顶和门窗等各种详图以及门窗明细表等。这些资料表明了装饰工程的主要工作对象的主要工作内容，结构、构造、零配件等尺寸，材料的品种、规格和数量。

2.《建设工程工程量清单计价规范》

《计价规范》是工程量清单文件编制的最关键的依据，是编制工程量清单所须参照的统一工程量计算规则。分部分项工程的项目划分、计量单位等都在其中有明确表述，应严格按照其中的规定执行。尤其需要强调的是，《计价规范》中的工程量计算规则与定额中的工程量计算规则是有区别的，招标人编制招标文件中的工程量清单应按《计价规范》中的全国统一规则计算工程量，不得按照各地的定额计算，以免造成口径不一致的现象。

3. 施工现场的情况

由于工程量清单通常在招投标阶段由招标人编制，而后由投标单位根据清单报价。编制清单时并无施工组织设计或施工方案可以参考，因而招标人在编制措施项目清单时便须收集施工现场情况，以此来进行措施项目的列项。当然，对于招标人未列而投标人认为需要的项目，也可补充列入。

4. 招标文件规定的相关内容

招标文件同样是编制工程量清单的主要依据，一些设计施工图纸中没有说清楚或说不清楚的问题会在其中有所表述。如其他项目清单中预留金的数额、材料购置费的组成、总承包服务费的比例及零星工作项目的构成等。

5. 相关手册

在计算工程量时，通常需要进行各类单位换算，此时便需要各类相关手册。如墙面干挂石材的钢骨架以“t”计，便需要五金手册进行换算。

6. 其他资料

其他资料一般是指国家或地区主管部门以及工程所在地区的工程造价管理部门所颁布的编制工程量清单的补充规定（如上海市对措施项目的补充规定）、文件和说明等资料。

（二）熟悉图纸

设计施工图纸是编制建筑装饰工程量清单的主要依据，编制人员在编制工程量清单之前，充分、全面地熟悉图纸，了解设计意图，掌握工程全貌，是准确、迅速地编制工程量清单的关键。

（三）列取分部分项工程名称

前面已经提到，只有对设计图纸进行了全面详细的了解，按照《计价规范》的工程量计算规则进行分析以后，才能准确无误地对工程项目进行划分。只有准确地划分项目，正确地列取分部分项工程名称，才能保证正确计算工程量和工程造价。列项时，还须将项目特征描述清楚。

（四）填写分部分项工程量清单

分部分项工程名称列取后，接下来按照《计价规范》规定的计算规则计算工程量。主要有以下步骤：

1. 计算分部分项工程量

1）工程量计算的步骤

（1）根据一定的计算顺序和计算规则，列出计算式。

（2）根据施工图示尺寸及有关数据，代入计算式进行数学计算。

（3）按照《计价规范》中的分部分项工程的计算单位对相应的计算结果的计量单位进行调整，使之一致。

2）工程量计算的顺序

工程量按照一定的顺序计算，既可以节省时间加快计算进度，又可以避免漏算或重复计算。常见的有以下几种方法：

（1）顺时针计算法：这种方法可以从图纸左上角开始，从左向右逐项进行，循环一周后又回到左上角原开始点为止。一般在计算外装饰、楼地面、顶棚等分部（项）工程时，均可按此计算法进行工程量计算。

（2）横竖分割计算法：是从平面图左上角开始，按照先横后竖、先上后下、先左后右的顺序进行工程量计算的方法。

（3）轴线计算法：是按照图纸上的轴线的编号进行工程量计算的方法，如大厅、舞池、酒吧等造型较复杂的工程多采用此法进行计算。

3）工程量计算的注意事项

（1）在熟悉施工图纸的前提下，要严格按照《计价规范》规定的工程量计算规则，以图纸或图集中所规定尺寸为依据进行计算，不得随意加大或缩小各部位尺寸。如，不可把轴线间距作为内墙面装饰长度。

（2）为了便于核对和检查，计算工程量时，必须注明层数、部位、轴线编号、截面符号等。如，注明：五层 C－D 轴内墙裙装饰造型。

（3）工程量计算公式中的数字应按相同的次序排列，如长 × 宽，以利校核。且工程量计算的精确度应按规定：以“t”为单位，应保留小数点后三位数字；以“m^3”、“m^3”、“m”为单位，应保留小数点后两位数字，第三位四舍五入；以“个”、“项”为单位，应取整数。

（4）为提高效率，减少重复劳动，应尽量利用图纸中的各种明细表。如门窗明细表、灯具明细表。

（5）为避免重算或漏算，应按照一定的顺序进行计算。如按照先水平面（如楼地面和顶棚面）、后垂直面（如墙面装饰）的顺序进行计算。

（6）工程量的计量单位，必须与规范中规定的计量单位相一致。有时由于所采用的制作方法和施工要求不同，其计算工程量的计量单位是有区别的，应予以注意。

（7）工程量计算完毕后，必须进行自我复核，检查其项目、算式、数据及小数点等有无错误和遗漏，以避免预算审查时返工重算。

2. 填写分部分项工程量清单

工程量计算完毕之后，将项目编码、项目名称、计量单位、工程数量等填入分部分项工程量清单内，并且注意项目名称后须跟上项目特征，以使其与项目编码一一对应。

分部分项工程量清单为不可调整的闭口清单，投标人对投标文件提供的分部分项工程量清单必须逐一计价，对清单所列内容不允许作任何更改变动。投标人如果认为清单内容有不妥或遗漏，只能通过质疑的方式由清单编制人作统一的修改更正，并将修正后的工程量清单发往所有投标人。

（五）填写措施项目清单

措施项目清单是招标人考虑工地现场情况，参照《计价规范》中措施项目一览表以及各地的补充措施项目列取的，填入措施项目清单中，以“项”为计量单位。

措施项目清单为可调整清单，投标人对招标文件中所列项目，可根据企业自身特点作适当的变更增减。投标人要对拟建工程可能发生的措施项目和措施费用作通盘考虑。清单一经报出，即被认为是包括了所有应该发生的措施项目的全部费用。如果报出的清单中没有列项，且施工中又必须发生的项目，业主有权认为，其已经综合在分部分项工程量清单的综合单价中。将来措施项目发生时，投标人不得以任何借口提出索赔与调整。

（六）填写其他项目清单

招标人填写的内容随招标文件发至投标人或标底编制人，其项目、数量、金额等投标人或标底编制人不得随意改动。由投标人填写的部分中，招标人填写的项目名称与数量，投标人不得随意更改，且必须进行报价。如果不报价，招标人有权认为投标人就未报价内容无偿为自己服务。当投标人认为招标人列项不全时，投标人可自行增加列项并确定本项目的工程数量及计价。

思考题与习题

（1）工程量清单的组成内容包括哪些？

（2）措施项目清单的组成内容包括哪些？

（3）其他项目清单的组成内容包括哪些？如何填写？

（4）工程量清单的作用是什么？

（5）措施项目的定义是什么？通用项目包括哪几类？装饰装修工程的特有项目包括哪几类？

（6）其他项目包括哪两大类？每一类包含哪些费用？

（7）工程量清单文件编制时，需要准备与收集的资料有哪些？

（8）工程量清单文件的编制步骤是什么？

基础知识四 装饰装修工程消耗量定额

一、装饰装修工程消耗量定额的性质及分类

消耗量定额是指在一定的生产条件下，完成单位合格产品所须消耗的资源（人工、材料、机械台班）的额度，消耗量定额反映出在一定的社会生产力水平条件下，完成单位合格产品与各种生产资源消耗之间特定的数量关系。

随着社会经济的发展，人们的生活水平和人们对生活环境要求的不断提高，建筑装饰工程的标准也随之提升。建筑装饰工程已从建筑安装工程中分离出来，成为一个独立的建筑装饰工程设计与施工行业，具备进行独立招标投标的条件。

装饰装修工程消耗量定额是指在一定的施工技术与建筑艺术创作条件下，为完成规定计量单位、质量合格的装饰装修分项工程产品，所需的人工、材料和施工机械台班消耗量的数量标准。在装饰装修中，常用的计量单位为m、m^2、m^3等。

（一）装饰装修工程消耗量定额的性质

1. 装饰装修工程消耗量定额的科学性

装饰装修工程消耗量定额反映一定的社会生产水平，与一定时期的工人操作技术水平、机械化程度以及新材料、新工艺、新技术和企业组织管理水平等有着密切的联系，它必须与生产力发展相适应，能够正确反映劳动消耗的客观需要量。同时在理论、方法上达到科学化，以适应当今社会经济建设迅速发展的需要。它的科学性，表现在装饰装修工程消耗量定额是在认真研究工程建设

中生产消耗的客观规律前提下，自觉遵循客观规律的要求，用科学方法而确定的。同时它的科学性还表现在它考虑了社会主义市场经济规律、价值规律和时间节约规律的作用，经过长期严谨的观测、广泛搜集有关合理的经验数据和资料，并在指定技术方面上吸取现代科学管理的成就来研究工时、材料、机械的利用状况和消耗情况，形成一套科学的、严密的、行之有效的制定装饰装修工程消耗量定额的技术方法。

2. 装饰装修工程消耗量定额的权威性和指导性

装饰装修工程消耗量定额的权威性是指消耗量定额一经国家、地方主管部门或授权单位或者生产单位制定颁发，即具有相应的权威性和调控功能，对产品生产过程的消耗量具有实际指导意义。在市场经济条件下，消耗量定额体现市场经济的特征，反映市场经济条件下的生产规律，具备一定范围内的可调整性，以利于根据市场供求状况，合理确定工程造价。装饰装修工程消耗量定额的权威性保证了建筑装饰工程有统一计算的尺度。

3. 装饰装修工程消耗量定额的群众性

首先，从编制人员来说，除从下属各省、市、行署建设行政主管部门抽调定额主管人员外，还从建设单位、施工单位、设计单位、监理单位中邀请从事定额工作多年的专家，组成专业小组，负责编制消耗量定额工作。所以说，消耗量定额的编制，是在企业职工等的直接参与下而进行的，他们所观测出的一些数据和经验的交流资料，使消耗量定额的编制能从实际出发，真实地、实事求是地反映群众的愿望。其次，消耗量定额的水平不是代表少数先进生产者的生产效率，也不是代表落后生产者的生产效率，消耗量定额水平的高低主要来源于大多数生产者所能够创造的生产力水平的高低。所以，要求消耗量定额反映社会生产力的水平和发展方向，通过确定消耗量定额水平推动社会生产力向更高的水平发展。因此，它具有雄厚的群众基础。另外，消耗量定额的执行是依靠广大群众的亲身实践，使消耗量定额的应用易于为人们所掌握。

4. 装饰装修工程消耗量定额的时效性

装饰装修工程消耗量定额具有时效性，表示消耗量定额并不是固定不变的。因为一定时期的消耗量定额只能代表一定时期施工企业管理的水平、工人的技术水平、施工机械化水平以及新材料、新工艺等建筑技术发展水平。而随着我国社会主义经济建设的迅速发展，企业经营管理水平等各方面不断提高以及层出不穷的新材料、新技术和新工艺，促使消耗量定额水平也要提高。这就要求必须重新编制新的消耗量定额，以满足一定时期内产品生产和生产消耗之间特定的数量关系，来符合新的生产技术水平。

以上消耗量定额的四种性质具有紧密的联系，消耗量定额的科学性是消耗量定额权威性及指导性的客观依据，消耗量定额的时效性是消耗量定额执行的前提，消耗量定额的权威性是消耗量定额执行的保证，而消耗量定额的群众性是消耗量定额执行的坚实基础。

（二）消耗量定额的分类

消耗量定额，按照不同的划分方式具有很多种类，现介绍消耗量定额的几种分类方法。

1. 按生产要素划分

物质生产的三大要素是劳动者、劳动手段和劳动对象，按三要素进行编制是最基本的分类，具体表现为劳动定额、材料消耗定额和机械台班使用定额。它直接反映出了生产某种合格产品所必须具备的基本因素，如图 1–3 所示。

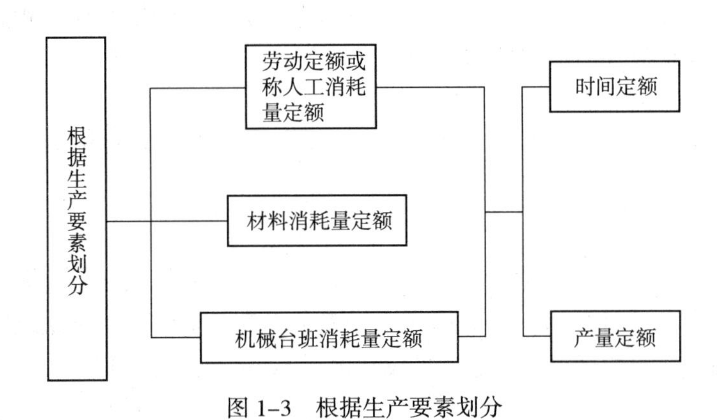

图 1–3　根据生产要素划分

劳动定额是指在合理的劳动组织和合理使用材料的条件下，完成单位合格产品所必需劳动力消耗的数量标准。

1）劳动定额

劳动定额的表现形式为以下两种。

（1）时间定额

时间定额是指某专业班组或个人在正常的施工条件下，为完成质量合格的单位产品所需要的工作时间。包括准备与结束工作时间、基本工作时间、辅助工作时间、不可避免的中断时间及工人必须的休息时间。时间定额以“工日”或“工时”为单位，每工日为 8h。

$$单位产品时间定额=\frac{1}{每工产量}$$

或

$$单位产品时间定额=\frac{小组成员工日数的总和}{小组班产量}$$

（2）产量定额

产量定额是指某专业班组或个人在正常的施工条件下，单位时间（工日）完成质量合格的产品数量。产量定额以物理或自然单位作为计量单位。

$$产品定额=\frac{1}{单位产品时间定额}$$

或

$$台班产量 = \frac{小组成员工日数的总和}{单位产品时间定额}$$

时间定额和产量定额都表示同一劳动定额，时间定额便于计算劳动量，产量定额便于给施工班组下达施工任务。它们之间互为倒数关系。

2）材料消耗量定额

材料消耗量定额是指在节约与合理使用材料的条件下，生产单位合格产品所必须消耗的一定规格材料数量的标准。包括直接消耗在装饰装修工程材料中的净用量和不可避免的场内材料装卸堆放、运输及施工操作的损耗量。

材料消耗量定额的计算公式如下：

$$材料消耗量 = 材料净用量 \times（1+ 材料损耗率）$$

$$材料损耗率 = \frac{损耗量}{净用量} \times 100\%$$

材料损耗率是指在正常条件下，形成的合理的材料损耗。各地区、部门应通过合理的测定和统计分析，确定损耗率。表 1–3 为《全国统一建筑装饰装修工程消耗量定额》规定的材料、成品、半成品损耗率表，便于查用。

装饰装修材料损耗率表 表 1–3

序号	材料名称	适用范围	损耗率（%）	序号	材料名称	适用范围	损耗率（%）
1	普通水泥		2.0	15	瓷片	墙、地、柱面	3.5
2	白水泥		3.0	16	瓷片	零星项目	6.0
3	砂		3.0	17	石料块料	地面、墙面	2.0
4	白石子	干粘石	5.0	18	石料块料	成品	1.0
5	水泥砂浆	顶棚、梁、柱、零星	2.5	19	石料块料	柱、零星项目	6.0
6	水泥砂浆	墙面及墙裙	2.0	20	石料块料	成品图案	2.0
7	水泥砂浆	地面、屋面	1.0	21	石料块料	现场做图案	待定
8	素水泥砂		1.0	22	预制水磨石板		2.0
9	混合砂浆	顶棚	3.0	23	瓷质面砖，周长 800mm 以内	地面	2.0
10	混合砂浆	墙面及墙裙	2.0	24	瓷质面砖，周长 800mm 以内	墙面、墙裙	
11	石灰砂浆	顶棚	3.0	25	瓷质面砖，周长 800mm 以内	柱、零星项目	6.0
12	石灰砂浆	墙面及墙裙	2.0	26	瓷质面砖，周长 2400mm 以内	地面	2.0
13	水泥石子浆	水刷石	3.0	27	瓷质面砖，周长 2400mm 以内	墙面、墙裙	4.0
14	水泥石子浆	水磨石	2.0	28	瓷质面砖，周长 2400mm 以内	柱、零星项目	6.0

续表

序号	材料名称	适用范围	损耗率（%）	序号	材料名称	适用范围	损耗率（%）
29	瓷质面砖，周长2400mm以内	地面	4.0	50	特种玻璃	成品安装	3.0
30	广场砖	拼图案	6.0	51	陶瓷锦砖	墙、柱面	1.5
31	广场砖	不拼图案	1.5	52	陶瓷锦砖	零星项目	4.0
32	缸砖	地面	1.5	53	玻璃锦砖	墙、柱面	1.50
33	缸砖	零星项目	6.0	54	玻璃锦砖	零星项目	4.0
34	镭射玻璃	墙、柱面	3.0	55	钢板网		5.0
35	镭射玻璃	地面砖	2.0	56	石膏板		5.0
36	橡胶板		2.0	57	竹片		5.0
37	塑料板		2.0	58	人造革		10.0
38	塑料卷材	包括搭接	10.0	59	丝绒面料、墙纸	对花	12.0
39	地毯		3.0	60	胶合板、饰面板	基层	5.0
40	地毯胶垫	包括搭接	10.0	61	胶合板、饰面板	面层（不锯裁）	5.0
41	木地板（企口制作）		22.0	62	胶合板、饰面板	面层（锯裁）	10.0
42	木地板（平口制作）		4.4	63	胶合板、饰面板	曲线形	15.0
43	木地板安装	包括成品项目	5.0	64	胶合板、饰面板	弧线形	30.0
44	木材		5.0	65	各种装饰线条		6.0
45	防静电地板		2.0	66	各种水质涂料、油漆	手刷	5.0
46	金属型材、条管板	须锯裁	6.0	67	各种水质涂料、油漆	机喷	10.0
47	金属型材、条管板	不须锯裁	2.0	68	各种五金配件	成品	2.0
48	玻璃	制作	18.0	69	各种五金配件	须加工	5.0
49	玻璃	安装	3.0	70	各种辅助材料	以上未列的	5.0

注：按经验数据、产品介绍等计取的油漆、涂料等不计算损耗。

3）机械台班消耗量定额

机械台班消耗量定额是指在正常的施工条件下，某种施工机械完成单位合格产品所必须消耗的机械台班数量标准。

（1）机械时间定额

机械时间定额是指在正常的施工条件下，某种机械设备完成单位合格产品所必须消耗的工作时间。以台班为单位。

$$单位产品时间定额=\frac{1}{每台班产量}$$

（2）机械产量定额

机械产量定额是指在正常的施工条件下，某种机械设备在单位时间内完成的合格产品数量，其计算公式如下：

$$机械产量定额=\frac{1}{机械时间定额}$$

或

$$机械产量定额=\frac{小组成员工日数总和}{人工时间定额}$$

2. 按消耗量定额编制程序与用途划分

消耗量定额编制按程序和用途不同可划分为：施工消耗量定额、预算消耗量定额、概算消耗量定额、概算指标和估算指标。同时又都包括根据生产要素划分的劳动定额、材料消耗量定额和机械台班消耗量定额。如图 1–4 所示。

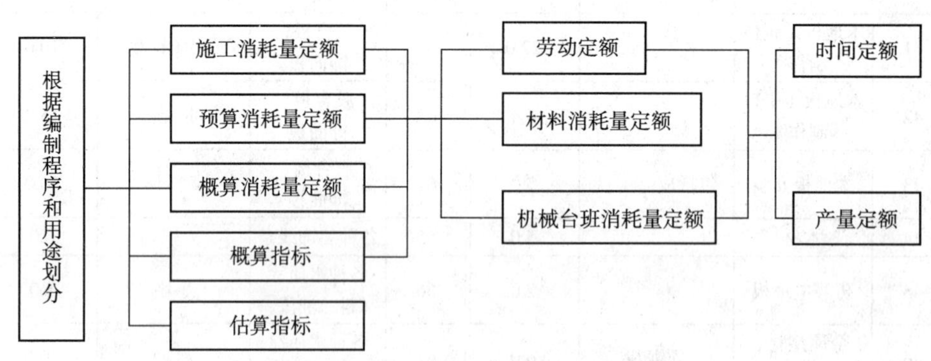

图 1–4 消耗量定额根据编制程序和用途划分

1）施工消耗量定额

（1）施工消耗量定额的含义

施工消耗量定额是装饰施工企业内部直接用于装饰工程施工管理的一种定额，它是确定施工工人或小组在正常的施工条件下，完成单位产品所必需的人工、材料、机械台班消耗的数量标准。

（2）施工消耗量定额的组成

施工消耗量定额由劳动定额、材料消耗量定额和机械台班消耗量定额组成。施工定额考虑了劳动定额分工种的做法。其工作的内容比劳动定额有适当的综合扩充。

2）预算消耗量定额

预算消耗量定额是指在正常的施工条件下，完成装饰工程基本构造要素所需人工、材料、机械台班消耗数量的标准。

预算消耗量定额是一种计价性的消耗量定额，是计算工程招标标底和确定投标报价的主要依据。《全国统一建筑装饰装修工程消耗量定额》就属于预算消耗量定额，它是计算建筑装饰装修工程预算造价的主要依据。

3）概算消耗量定额

概算消耗量定额是根据装饰工程扩大初步设计阶段或技术设计阶段编制工程概算的需要而编制的。概算消耗量定额是确定生产一定计量单位的建筑工程扩大结构构件或扩大分项工程所需人工、材料和机械台班消耗数量的标准。

4）概算指标

概算指标是在装饰工程初步设计阶段，为编制工程概算，计算和确定工程初步设计造价，计算人工、材料和机械台班需要量而制定的一种定额。

概算指标是以整个建筑物为编制对象，以建筑结构装饰面积或体积为计量单位，规定所需人工、材料和机械台班消耗量和造价指标的。因此，概算指标比概算定额更加综合扩大，更具有综合性。

5）估算指标

估算指标是以概算消耗量定额和概算指标为基础，综合各类装饰工程结构类型和各项费用所占投资比重，规定不同用途、不同结构、不同部位的建筑产品，所含装饰工程投资费用而编制的。

3. 按制定单位和执行范围不同划分

消耗量定额按制定单位及执行范围不同可分为：全国统一消耗量定额，地方统一消耗量定额，专业专用消耗量定额，企业消耗量定额。如图 1–5 所示。

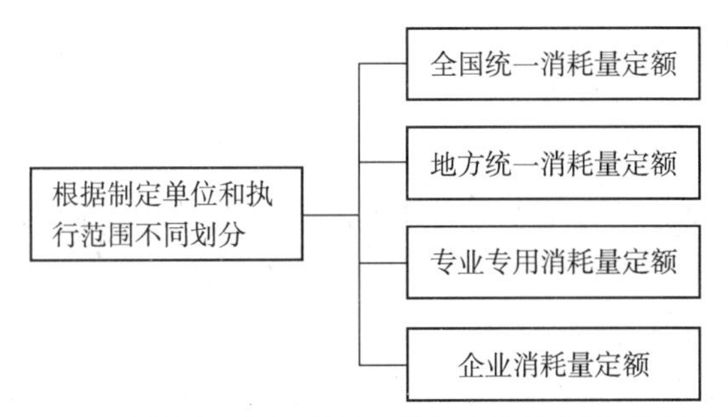

图 1–5　消耗量定额根据制定单位和执行范围不同划分

1）全国统一消耗量定额

全国统一消耗量定额由国家主管部门制定和颁发，并在全国范围内使用。它是综合全国各地的装饰施工技术、物耗劳动生产率和施工管理等情况而编制的。

2）地方统一消耗量定额

地方统一消耗量定额由各省、自治区、直辖市主管部门制定和颁布，只允许在规定的地区范围内使用。它是在全国统一消耗量定额水平的基础上，考虑了各地区的生产技术、气候、地方资源和交通运输的特定性而编制的。规定凡在本地区范围内的装饰装修工程，都必须执行本地定额，具有“地方统一”的性质。

3）专业专用消耗量定额

专业专用消耗量定额是由国家授权各专业主管部门，根据本专业生产技术特点，结合基本建设的特点，参照全国统一消耗量定额的水平编制的，在本专业范围内执行的消耗量定额。如水利水电工程消耗量定额、公路工程消耗量定额、矿山建筑工程消耗量定额等。

4）企业消耗量定额

企业消耗量定额由装饰施工企业自行编制并限于内部使用。它是因为装饰施工企业间施工技术和企业资质水平的不同，现行的消耗量定额在应用中与实际存在一定的差距，已不能满足本企业的需要，故企业可以根据实际情况来编制企业消耗量定额。

企业消耗量定额充分反映生产企业的技术应用与经营管理水平的实际情况，其消耗量标准更切合工程施工过程的实际状况，更有利于推动企业生产力的发展。在市场经济条件下，推行企业消耗量定额意义尤为重大。住房和城乡建设部颁布的《建筑工程工程量清单计价规范》的“工程量清单计价”条款中明确规定：企业定额作为投标单位编制建设工程投标报价的依据。

4. 按工程费用性质划分

消耗量定额按费用性质可分为：直接费消耗量定额、间接费消耗量定额、其他费用消耗量定额。

1）直接费消耗量定额

直接费消耗量定额实质就是消耗量定额，可表述为用来计算分部分项工程项目和施工措施项目直接工程费的消耗量标准。在工程计价过程中，利用消耗量标准计算确定人工、材料、机械台班的消耗量，计算分部分项工程项目和施工措施项目直接工程费以及分项人工费、分项材料费、分项机械使用费。如《全国统一建筑装饰装修工程消耗量定额》为直接费消耗量定额。

2）间接费消耗量定额

间接费消耗量定额又称间接费取费标准，是指用来计算工程项目直接工程费以外的有关工程费用的费率标准。直接工程费和施工技术措施项目费是根据分部分项工程项目和施工措施项目的分项人工、材料、机械消耗量标准计算而得的。而工程其他的有关费用（如规费等）则不能，此类费用通常都采用规定的计算基数乘以相应的费率来确定。

3）其他费用消耗量定额

其他费用消耗量定额又称其他费用取费标准，是指用来确定各项工程建设其他费用的计费标准。其他费用包括：工具、器具和生产用家具、土地征用和建设单位管理费等。

二、装饰装修工程消耗量定额的组成和应用

（一）装饰装修工程消耗量定额的组成及应用

1. 装饰装修工程消耗量定额的组成

《全国统一建筑装饰装修工程消耗量定额》的组成内容包括：总说明、目录表、分章说明及分部分项工程量计算规则、消耗量定额项目表和附图、附录等。其构成如图 1–6 所示。

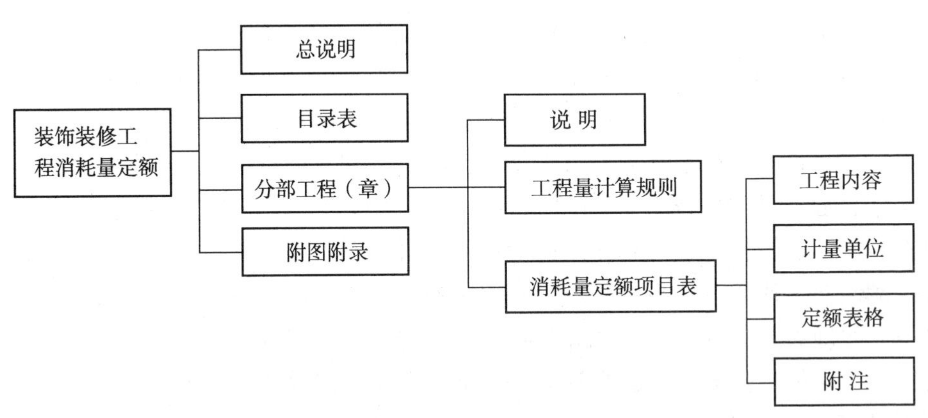

图 1–6 装饰装修工程消耗量定额构成框图

1）总说明

总说明，主要概述为如下内容：

（1）编制装饰装修工程消耗量定额的目的、指导思想，以及适用范围和作用。

（2）装饰装修工程消耗量定额的编制原则和编制依据。

（3）应用该装饰装修工程消耗量定额时必须遵守的规则。

（4）装饰装修工程消耗量定额中有关问题的说明和使用方法。

（5）装饰装修工程消耗量定额中的主要项目考虑和未考虑的因素。

（6）对装饰装修工程消耗量定额中所采用的材料规格、材质的确定以及允许换算的原则。

2）目录表

为便于更快捷地查找装饰装修工程消耗量定额，把各章、节以及说明、工程量计算规则及附表（附录）等按各分部（项）的顺序注明所在页码。

3）分章说明及分部分项工程量计算规则

《全国统一建筑装饰装修工程消耗量定额》将单位装饰工程按其不同性质、不同部位、不同工种和不同材料等因素，划分为八章（分部工程）：楼地面工程、墙柱面工程、顶棚工程、门窗工程、油漆、涂料、裱糊工程、其他工程、装饰装修脚手架及项目成品保护费、垂直运输及超高增加费。分部以下按工程性质、工作

内容及施工方法、使用材料不同等，划分成若干节。如墙、柱面工程分为装饰抹灰面层、镶贴块料面层、墙柱面装饰、幕墙等四节。在节以下按材料类别、规格等不同分成若干分项工程项目或子项目。如墙、柱面镶贴块料面层分为大理石，花岗石，大理石、花岗石包圆柱饰面，钢骨架上干挂石板等项目。大理石项目又分列砖墙面、混凝土墙面、砖柱面、混凝土柱面、零星项目等子项目。

分章说明，主要说明消耗量定额中各分部（章）所包含的主要分项工程，及使用消耗量定额的相关规定，并对各分部分项工程的工程量计算规则作叙述。

4）消耗量定额项目表

消耗量定额项目表是装饰装修工程消耗量定额的主要构成部分。在消耗量定额项目表表头部位，即消耗量定额项目表的左上方列有工作内容，它主要说明定额项目的施工工艺和主要工序。在消耗量定额项目表右上方列出建筑装饰产品的定额计量单位。消耗量定额项目表是按分项工程的子项目进行排列的，并注明定额编号、项目名称等内容；子项目栏内列有完成定额计量单位装饰产品所需的人工、材料和施工机械消耗量。有的消耗量定额项目表下面还列有与本章节消耗量定额有关的附注，注明设计与消耗量定额规定不符时如何进行调整和换算，以及说明其他应明确的但在消耗量定额总说明和章说明中未包括的问题。

表 1–4 是《全国统一建筑装饰装修工程消耗量定额》中分项工程的消耗量定额项目表。

工作内容：（1）清理基层、调运砂浆、打底刷浆；

（2）镶贴块料面层、刷胶粘剂、切割面料；

（3）磨光、擦缝、打蜡养护。

墙面镶贴大理石板（计量单位：m^2）　　**表 1–4**

定额编号				2–041	2–042	2–043	2–044	2–045
项　目				粘贴大理石（水泥砂浆粘贴）			粘贴大理石（干粉型粘结剂粘贴）	
				砖墙面	混凝土墙　面	零星项目	墙　面	零星项目
	名称	单位	代码	数量				
人工	综合人工	工日	000001	0.5710	0.6110	0.6328	0.5904	0.6540
材料	白水泥	kg	AA0050	0.1500	0.1500	0.1750	0.1550	0.1750
	大理石板（综合）	m^2	AG0201	1.0200	1.0200	1.0600	1.0200	1.0600
	石料切割锯片	片	AN5900	0.0269	0.0269	0.0269	0.0269	0.0269
	棉纱头	kg	AQ1180	0.0100	0.0100	0.0111	0.0100	0.0111
	水	m^2	AV0280	0.0070	0.0066	0.0078	0.0059	0.0065
	水泥砂浆 1∶2.5	m^2	AX0683	0.0067	0.0067	0.0075	—	—
	水泥砂浆 1∶3	m^3	AX0684	0.0135	0.0112	0.0149	0.0134	0.0149
	清油	kg	HA1000	0.0053	0.0053	0.0059	0.0053	0.0059
	煤油	kg	JA0470	0.0400	0.0400	0.0444	0.0400	0.0444

续表

定额编号				2-041	2-042	2-043	2-044	2-045
项　目				粘贴大理石（水泥砂浆粘贴）			粘贴大理石（干粉型粘结剂粘贴）	
				砖墙面	混凝土墙　面	零星项目	墙　面	零星项目
	名称	单位	代码	数量				
材料	松节油	kg	JA0660	0.0060	0.0060	0.0067	0.0060	0.0067
	草酸	kg	JA0770	0.0100	0.0100	0.0111	0.0100	0.0111
	硬白蜡	kg	JA2930	0.0265	0.0265	0.0294	0.0265	0.0294
	YJ-302 粘结剂	kg	JB0350	—	0.1580	0.1170	—	—
	干粉型粘结剂	kg	JB0850	—	—	—	6.8420	8.4300
	YJ- Ⅲ粘结剂	kg	JB1200	0.4210	0.4210	0.4670	—	—
机械	灰浆搅拌机 200L	台班	TM0200	0.0033	0.0031	0.0037	0.0033	0.0037
	石料切割机	台班	TM0640	0.0408	0.0408	0.0449	0.0408	0.0449

注：柱按零星项目定额执行。

现以表 1-4 墙面镶贴大理石板为例，说明表式的构成。

消耗量定额项目费的左上方为“工作内容”，表示完成该分项工程所必须做的工作。右上方“计量单位”，表示该分项工程的工程量单位。消耗量定额项目表下方的“注”为该表中相关项目的说明或注意事项等。

消耗量定额项目表的第一行为“定额编号”，如“2-042”，为混凝土墙面上粘贴（水泥砂浆粘贴）大理石分项工程，同时消耗量定额项目表中还包括人工、材料和机械台班消耗量。人工为综合人工，以工日为单位，“2-042”定额编号的分项工程，其综合人工消耗量为 0.6110 工日 /m^2，其人工代码为 0000010。材料栏中列出了主要材料、次要材料和零星材料（指用量很少，占材料费比重很小的材料，一般不详细列出，而合并在“其他材料费”中，以 % 表示）的名称、规格（配合比）、单位、用量和代码等。如“2-042”定额编号的分项工程用到白水泥，消耗量为 0.1500kg/ m^2，其对应材料代码为 AA0050；用到石料切割机消耗量为 0.0408 台班 / m^2，对应机械代码为 TM0640。编制统一的人工、材料、机械代码，其目的是便于计算机的操作。

5）附图、附录

消耗量定额的附图、附录，本身并不属于消耗量定额的内容，而是消耗量定额的应用参考资料。附图、附录通常列在消耗量定额的最后，作为消耗量定额换算和编制补充消耗量定额的基本参考资料。

2. 装饰装修工程消耗量定额的编号

为便于装饰装修工程消耗量定额的应用和规范排版，在编制消耗量定额时，对消耗量定额的分部分项工程项目进行了编号。其编号的表达形式为“△ - △”，例如“4-054”，前面的数字表示章（分部）工程的顺序号，后面的一组数据表示该分部（章）工程中某分项工程项目或子项目的顺序号，中间由一短线相隔。这种编号方法俗称“二符号”编号法。查《全国统一建筑装饰装修工程消耗量定额》

得：定额编号为“4-054”的分项工程名称为实木门框制作安装。

（二）装饰装修工程消耗量定额的应用

装饰装修工程消耗量定额是确定装饰工程预算造价，办理结算及处理承发包双方经济关系的主要依据。消耗量定额应用得正确与否，将直接影响到建筑装饰装修工程造价的准确性。因此，工程造价工作人员必须熟练掌握装饰装修工程消耗量定额的应用方法。

装饰装修工程消耗量定额的应用包括两个方面：一是根据清单项目所列分项工程，利用消耗量定额查出相应的人工、材料、机械台班消耗量，依据此消耗量及其各自单价计算分项工程的综合单价，并依次完成预算造价。二是利用消耗量定额求出各分项工程所消耗的人工、材料及机械台班数量，汇总后得出单位工程的人、材、机消耗总量，以此作为装饰装修工程组织人力和备料及机械的依据。

1. 使用装饰装修工程消耗量定额注意事项

要想正确应用装饰装修工程消耗量定额，要注意如下事项：

（1）熟悉消耗量定额的总说明、各分部工程说明、消耗量定额的使用范围、编制原则和编制依据，了解消耗量定额考虑和未考虑的因素，熟悉掌握附注说明以及当施工图纸与消耗量定额项目不符时，哪些项目消耗量定额允许换算和如何进行换算等。

（2）应正确理解、掌握各分项工程量计算规则，以便正确计算工程量。同时要掌握常用的分项工程的工程内容、消耗量定额项目表内容等。

（3）了解消耗量定额项目的排序。装饰装修工程消耗量定额项目，依据建筑结构的特征和施工程序等，按章、节、项目、子项目等顺序进行排列。在熟悉施工图的基础上，正确套用消耗量定额项目，工程项目内容应与套用的消耗量定额项目相符。

（4）注意分项工程的工程量计算单位应与消耗量定额计量单位相一致，做到准确无误地套用消耗量定额项目。

2.《全国统一建筑装饰装修工程消耗量定额》总说明

1）《全国统一建筑装饰装修工程消耗量定额》（以下简称本定额）是完成规定计量单位装饰装修分项工程所需的人工、材料、施工机械台班消耗量的计量标准。

2）本定额可与《全国统一建筑装饰装修工程量清单计量规则》配合使用。是编制装饰装修工程单位估价表、招标工程标底、施工图预算、确定工程造价的依据；是编制装饰装修工程概算定额（指标）、估算指标的基础；是编制企业定额、投标报价的参考。

3）本定额适用于新建、扩建和改建工程的建筑装饰装修。

4）本定额是依据国家有关现行产品标准、设计规范、施工及验收规范、技术操作规程、质量评定标准和安全操作规程编制的，并参考了有关地区标准和有代表性的工程设计、施工资料和其他资料。

5）本定额是按照正常施工条件、目前多数企业具备的机械装备程度、施工中常用的施工方法、施工工艺和劳动组织，以及合理工期进行编制的。

6）本定额人工消耗量的确定：工人不分工种、技术等级，以综合工日表示。内容包括基本用工、超运距用工、人工幅度差、辅助用工。

7）本定额材料消耗量的确定：

（1）本定额采用的建筑装饰装修材料、半成品、成品均按符合国家质量标准和相应设计要求的合格产品考虑。

（2）本定额中的材料消耗量包括施工中消耗的主要材料、辅助材料和零星材料等，并计算了相应的施工场内运输及施工操作的损耗。

（3）用量很少、占材料费比量很小的零星材料合并为其他材料费，以材料费的百分比表示。

（4）施工工具等用具性消耗材料，未列出定额消耗量，在建筑安装工程费用定额中工具用具使用费内考虑。

（5）主要材料、半成品、成品损耗率见表1–3。

8）本定额机械台班消耗量的确定：

（1）本定额的机械台班消耗量是按正常合理的机械配备、机械施工工效测算确定的。

（2）机械原值在2000元以内、使用年限在2年以内、不构成固定资产的低值易耗的小型机械，未列入定额，作为工具用具在建筑安装工程费用定额中考虑。

9）本定额均已综合了搭拆3.6m简易脚手架用工及脚手架摊销材料，3.6m以上须搭设的装饰装修脚手架按装修脚手架工程相应子目执行。

10）本定额木材不分板材与方材，均以××（指硬木、杉木或松木）锯材取定。即：经过加工的称锯材，未经加工的称圆木。木种分类规定如下：

第一、二类：红松、水桐木、樟木松、白松（云杉、冷杉）、杉木、杨木、柳木、椴木。

第三、四类：青松、黄花松、秋子木、马尾松、东北榆木、柏木、苦楝木、梓木、黄菠萝、椿木、楠木、柚木、樟木、栎木（柞木）、檀木、色木、槐木、荔木、麻栗木（麻栎、青刚）、桦木、荷木、水曲柳、华北榆木、榉木、橡木、枫木、核桃木、樱桃木。

11）本定额所采用的材料、半成品、成品的品种、规格型号与设计不符时，可按各章规定调整。如定额中以饰面夹板、实木（以锯材取定）、装饰线条表示的，其材质包括榉木、橡木、柚木、枫木、核桃木、樱桃木、桦木、水曲柳等；部分列有榉木或者橡木、枫木的项目，如实际使用的材质与取定的不符时，可以换算，但其消耗量不变。

12）本定额与《全国统一建筑工程基础定额》相同的项目，均以本定额项目为准；本定额未列项目（如找平层、垫层等），则按《全国统一建筑工程基础定额》相应项目执行。

13）卫生洁具、装饰灯具、给水排水、电气等安装工程按《全国统一安装工程预算定额》相应项目执行。

14）本定额中的工作内容已说明了主要的施工工序，次要工序虽未说明，但均已包括在内。

15）本定额注有“××以内”或“××以下”者，均包括××本身；“××

以外”或“××以上”者，则不包括××本身。

16）本定额中编制了材机代码，以便于计算操作。

消耗量定额各分部工程说明及工程量计算规则将在本章第五节中详细讲述。

3. 装饰装修工程消耗量定额的使用方法

1）装饰装修工程消耗量定额的使用方法分类

应用消耗量定额的方法可归纳为直接套用、套用换算后的消耗量定额，以及编制补充消耗量定额三种情况。

（1）直接套用消耗量定额

当施工图纸的分部分项工程工作内容与所套用的相应消耗量定额规定的工程内容相符（或虽然不符，但消耗量定额规定不允许换算）时，则可直接套用相应消耗量定额项目。

（2）套用换算后的消耗量定额

当设计施工图纸的分部分项工程工作内容与消耗量定额规定的内容不相符，消耗量定额规定允许换算时，则应按消耗量定额的相应规定进行换算。因换算后的消耗量定额项目与原消耗量定额项目数值发生改变，故应在原消耗量定额项目的定额编号前或后注明“换”字，以示不同。

（3）套用补充消耗量定额

如果设计施工图纸的某些分部分项工程内容，采用的是更新和改进的新材料、新技术、新工艺、新结构，在消耗量定额的项目中尚未列入或缺少某类项目，为了计算出整个建筑装饰装修工程总造价，则必须由甲、乙双方共同编制消耗量补充定额，并在所套用的补充消耗量定额的定额编号前后注明“补”字，以示不同。

2）直接套用消耗量定额应用的主要步骤

先介绍直接套用消耗量定额的应用（也称简单应用）。套用换算后的消耗量定额将在定额消耗量换算部分详细论述。其直接套用法的主要步骤如下：

（1）根据建筑装饰装修工程设计施工图纸，列分项工程名称，并从消耗量定额目录中查出该分项工程所在消耗量定额中的排序，确定该分项工程的定额编号。

（2）明确装饰装修工程项目与消耗量定额子目所规定的工作内容是否一致。当完全一致或虽然不一致，但消耗量定额规定不允许换算时，即可直接套用消耗量定额。

（3）根据选套的消耗量定额编号查得消耗量定额中该分项工程的人工、材料和机械台班消耗量标准，列入建筑装饰装修工程资源消耗量计算表内。

（4）计算建筑装饰装修工程项目所需人工、材料、机械台班的消耗量。其计算公式如下：

分项工程人工需用量 = 分项工程工程量 × 相应分项工程计量单位下人工消耗指标

分项工程某种材料需用量 = 分项工程工程量 × 相应分项工程计量单位下某种材料消耗指标

分项工程某种机械台班需用量 = 分项工程工程量 × 相应分项工程计量单位下某种机械台班消耗指标

【例 1–1】某办公楼地面铺企口硬木拼花地板（铺在单层木楞上），工程量为 1366m²，计算该分项工程所需人工、材料和机械的需用量。

【解】：根据本例题的已知条件，按照《全国统一建筑装饰装修工程消耗量定额》，其具体计算步骤如下：

（1）从《全国统一建筑装饰装修工程消耗量定额》目录中查得：地面铺企口硬木拼花地板（铺在单层木楞上）的分项工程在第一章第十二节，分部分项排序为：该分部的第 140 子项目。

（2）分项工程的工作内容分析：查《全国统一建筑装饰装修工程消耗量定额》，并核实设计施工图纸及设计说明等，该地面铺设企口硬木拼花地板（铺在单层木楞上）分项工程与消耗量定额分部分项工程的工作内容完全符合，故可直接套用消耗量定额。

（3）从《全国统一建筑装饰装修工程消耗量定额》项目表中查得：该分项工程消耗量定额编号为 1–140，其每平方米各消耗指标见表 1–5。

工作内容：（1）刷胶、铺设、净面。

（2）龙骨、毛地板制作安装、刷防腐油、打磨、净面。

竹、木地板（计量单位：m²）　　**表 1–5**

定额编号				1–137	1–138	1–139	1–140	1–141	1–142
项目				硬木拼花地板					
				铺在水泥地面上		铺在木棱上（单层）		铺在毛地板上（双层）	
				平口	企口	平口	企口	平口	企口
名称		单位	代码	数量					
人工	综合人工	工日	000001	0.5110	0.6120	0.6730	0.7760	0.7550	0.8580
材料	硬木拼花地板（平口）成品	m²	AG0904	1.0500	—	1.0500	—	1.0500	—
	硬木拼花地板（企口）地板	m²	AG0905	—	1.0500	—	1.0500	-	1.0500
	铁钉（圆钉）	kg	AN0580	—	—	0.1587	0.1587	0.2678	0.2678
	镀锌钢丝 10 号	kg	AN2340	—	—	0.3013	0.3013	0.3013	0.3013
	预埋铁件	kg	AN5391	—	—	0.5001	0.5001	0.5001	0.5001
	棉纱头	kg	AQ1180	0.0100	0.0100	0.0100	0.0100	0.0100	0.0100
	水	m³	AV0280	0.0520	0.0520	—	—	—	—
	杉木锯材	m³	CB0010	—	—	0.0158	0.0158	0.0158	0.0158
	松木锯材	m³	CB0020	—	—	—	—	0.0263	0.0263
	油毡（油纸）	m²	HB1561	—	—	—	—	1.0800	1.0800
	煤油	kg	JA0470	—	—	0.0316	0.0316	0.0562	0.0562
	氟化钠	kg	JA0851	—	—	—	—	0.2450	0.2450
	臭油水	kg	JA1640	—	—	0.2842	0.2842	0.2842	0.2842
	水胶粉	kg	JB0700	0.1600	0.1600	—	—	—	—
	XY401 胶	kg	JB1190	0.7000	0.7000	—	—	—	—
机械	木工圆锯机 ϕ 500mm	台班	TM0310	—	—	0.0021	0.0021	0.0024	0.0024
	电动打磨机	台班	TM0710	—	—	—	—	0.1765	0.2094

（4）计算该分项工程人工、材料、机械台班等的需用量。

综合人工需用量 =1366 × 0.7760=1060.016 工日

硬木拼花地板（企口）成品需用量 =1366 × 1.0500=1343.3m^2

铁钉（圆钉）需用量 =1366 × 0.1587=216.784kg

镀锌钢丝 10 号需用量 =1366 × 0.3013=411.576kg

预埋铁件需用量 =1366 × 0.5001=683.137kg

棉纱头需用量 =1366 × 0.0100=13.66kg

杉木锯材需用量 =1366 × 0.0158=21.583m^3

煤油需用量 =1366 × 0.0316=43.166kg

臭油水需用量 =1366 × 0.2842=388.217kg

木工圆锯机 ϕ 500mm 需用量 =1366 × 0.0021=2.869 台班

通常编制工、料、机分析计算表，如表 1–6 所示。

分项工程工、料、机分析计算表　　　　表 1–6

序号	定额编号		1–140		楼地面企口硬木拼花地板铺在木棱上（单层）	
	工、料、机名称	工程量	单位	代码	定额含量	分项工程需用量
1	综合人工	1366	工日	000001	0.7760	1060.016
2.1	硬木拼花地板（企口成品）	1366	m^2	AG0905	1.0500	1434.3
2.2	铁钉（圆钉）		kg	AN0580	0.1587	216.784
2.3	镀锌钢丝 10 号		kg	AN2340	0.3013	411.576
2.4	预埋铁件		kg	AN5391	0.5001	683.137
2.5	棉纱头		kg	AQ1180	0.0100	13.66
2.6	杉木锯材		m^3	CB0010	0.0158	21.583
2.7	煤油		kg	JA0470	0.0316	43.166
2.8	臭油水		kg	JA1640	0.2842	388.217
3.1	木工圆锯机 ϕ 500mm	1366	台班	TM0310	0.0021	2.869

三、装饰装修定额“三量”消耗指标的确定

（一）人工消耗指标的确定

人工定额，也称劳动定额，是指在正常的施工技术、组织条件下，为完成一定量的合格产品，或完成一定量的工作内容所确定的人工消耗量标准。2002 年装饰装修定额人工消耗量标准是以劳动定额为基础确定的，其原则是：人工不分工种、技术等级，以综合人工表示。内容包括基本用工、超运距用工、人工幅度差、辅助用工。

人工工日数有两种方法确定。一种是以施工定额的劳动定额为基础确定，另一种是采用计量观察法进行测定计算。

1. 以劳动定额为基础计算人工消耗指标

装饰装修定额中的人工消耗指标，是指完成某一分项工程的各种人工用量的总和。其计算公式如下：

人工消耗指标 =（基本用工 + 辅助用工 + 超运距用工）×（1+ 人工幅度差系数）

1）基本用工

基本用工是指完成一个分项工程所必须消耗的主要用工量。其工日数量必须按综合取定的工程量和劳动定额中的时间定额进行计算。其计算公式如下：

$$\text{基本用工} = \sum(\text{工序工程量} \times \text{相应时间定额})$$

2）辅助用工

辅助用工是指现场材料加工等用工。如大理石倒角、预拼图案等增加的用工量，按辅助工种劳动定额相应项目计算。其计算公式如下：

$$\text{辅助用工} = \sum(\text{加工材料数量} \times \text{相应时间定额})$$

3）超运距用工

超运距用工是指编制装饰装修定额时，材料、半成品等场内运输距离超过劳动定额运距须增加的工日数量。

装饰装修定额的水平运距是综合施工现场各技术工种的平均运距。技术工种劳动定额的运距是按其项目本身起码的运距而计入的。因此装饰装修定额取定的运距往往要大于劳动定额的运距，超出的部分称为超运距。超运距的用工数量按劳动定额的相应材料超运距定额计算，如个别技术工种劳动定额没有超运距定额，可执行材料运输专业的定额。其计算公式如下：

$$\text{超运距用工} = \sum(\text{超运距材料数量} \times \text{相应时间定额})$$

$$\text{超运距} = \text{预算定额规定的运距} - \text{劳动定额规定的运距}$$

4）人工幅度差

人工幅度差是指装饰装修定额必须考虑到的正常情况下不可避免的零星用工，如工序搭接、机械移位、工程隐检、交叉作业等引起的工时损失及零星用工，人工幅度差反映装饰装修定额与劳动定额之间不同定额水平而引起的水平差。其内容如下：

（1）工序搭接的停歇时间损失。

（2）机械临时维护、小修、移动发生的不可避免的停工损失。

（3）工程检查所需的用工。

（4）细小的又不可避免的工序用工和零星用工。

（5）工序交叉、施工收尾、工作面小所影响的用工。

（6）施工前后配合机械、移动临时水管、电线所需要的用工。

（7）施工现场内单位工程之间操作地点转移的用工。

其计算公式如下：

$$\text{人工幅度差} = (\text{基本用工} + \text{辅助用工} + \text{超运距用工}) \times \text{人工幅度差系数}$$

2. 以现场测定资料为基础计算人工消耗指标

日益更新的新工艺、新结构如在劳动定额中未编制进去，则需要到施工现场进行测定，用写实、实测等办法，科学合理地测定和计算出定额的人工消耗量。

（二）材料消耗指标的确定

装饰装修定额中材料消耗指标是指在正常的施工条件下，完成单位合格产品所必须消耗的建筑装饰材料的数量标准。包括材料的净用量和现场内的各种正常损耗。它是计算分项工程综合单价和单位工程材料用量的重要指标。

1. 材料在装饰装修定额中的分类

1）按材料的使用性质分类

（1）非周转性材料。指直接消耗于构成工程实体的材料，如大理石、瓷砖、榉木板、中密度板。

（2）周转材料。指施工中多次使用、周转而不构成工程实体的材料，它是一种工具性材料，如脚手架、模板等。

2）按材料用量划分

（1）主要材料。指直接构成工程实体而且用量较多的材料，其中包括成品、半成品材料。

（2）辅助材料。指构成工程实体，但用量较少的材料。

（3）次要材料。指用量少，价值不大，不便计算的零星材料，以“其他材料费”表示。

2. 材料净用量计算方法

净用量：是直接用于装饰装修工程的材料数量。材料净用量的计算方法主要有以下几种：

（1）理论计算方法：根据设计、施工验收规范和材料规格等，从理论上计算用于工程的材料净用量，装饰装修定额中的材料消耗量主要是按这种方法计算的。

（2）施工图纸计算方法：根据装饰装修工程的设计图纸，计算各种材料的体积、重量或延长米。

（3）测定方法：根据现场测定资料，计算材料用量。

（4）经验方法：根据以往的经验进行估算。

3. 材料消耗量计算方法

材料消耗量应根据材料的性质、规格和用途不同，采用相应的计算方法确定。

1）计算法：是通过计算的办法而确定出材料的消耗量。凡满足以下任何一条者均可采用此方法。

（1）凡有标准规格的材料，按规范的要求可计算出定额的消耗量，如墙面贴面砖、地面铺花岗石等。

（2）凡在设计图纸中对材料的下料尺寸有明确设计要求的，可按设计图纸尺寸要求计算材料净用量。如轻钢龙骨石膏板顶棚、轻钢龙骨双面石膏板隔墙等。

（3）凡有实际积累的统计数据资料和经验数据相结合，再根据工程的实际情况，仔细分析，计算确定相应数据。

2）换算法：装饰装修定额中规定允许换算的各种材料，如胶结料、涂料等材料的配合比用料可根据装饰装修定额的相应要求来进行换算，从而得出材料的用量。也可采用其他省市相应的对口装饰装修定额，用增、减系数法而得出合理的消耗量。

3）技术测定法：它包括两方面内容，一种是试验室试验法，另一种是现场观测法。试验室试验法的应用，如对各种强度等级的砂浆、混凝土所须耗用原材料用量的计算，则必须经过配合比计算，并按规范要求进行试压，试件达到质量要求合格后才能得出准确的水泥、砂、石子和水的用量。而对于一些没有数据的新材料、新结构，又不能采用上述方法计算耗用量，则必须采用现场观测法确定，根据不同条件和工程实际情况采用写实记录法和观察法，得出新材料、新结构消耗量。

4. 材料消耗量计算

1）非周转材料消耗量计算

装饰装修定额中非周转材料消耗量是根据材料消耗定额，并结合工程实际，通过计算法、技术测定法相结合等方法进行计算的。

$$材料消耗量=净用量+损耗量$$

2）周转材料消耗量计算

（1）一次使用量。指周转材料在不重复使用条件下的一次性用量。

$$一次使用量=单位构件所需周转材料净用量\times（1+损耗率）$$

（2）周转次数。指周转材料从第一次使用到最后不能再使用时的次数。

（3）周转使用量。是按材料周转次数和每次周转应发生的补损量等因素，计算生产一定计量单位结构构件每周转一次的平均使用量。补损量是指每周转使用一次的材料损耗，即在第二次和以后各次周转中为了修补不可避免的损耗所需要的材料消耗，常用补损率表示。

补损率的大小与材料的拆除运输、堆放方法和施工现场的条件等因素有关。一般情况下，补损率随周转次数增多而变大，故一般采用平均补损率。

$$周转使用量=\frac{一次使用量+一次使用量\times（周转次数-1）\times 补损率}{周转次数}$$

$$=\frac{一次使用量\times 1+（周转次数-1）\times 补损率}{周转次数}$$

（4）回收量。是指周转材料每周转一次平均可以回收的数量。

$$回收量=\frac{一次使用量-一次使用量\times 补损率}{周转次数}=一次使用量\times\frac{1-补损率}{周转次数}$$

（5）摊销量。指周转材料在重复使用条件下，平均每周转一次分摊到每一计量单位结构构件的材料消耗量。

$$摊销量=周转使用量-回收量\times 回收折价率$$

其中：回收折价率一般按50%计算。

5. 计算主要装饰材料定额含量的方法

1）板材用量计算

装饰工程中使用多种板材，包括大理石、花岗石板、木地板、各种墙、柱面饰面板（如刨花板、石膏板等），及各种顶棚面层和饰面。定额中板材按面积以“m^2”表示，板材定额含量计算公式如下：

$$板材定额含量=定额计量单位\times（1+损耗率）$$

【例 1-2】计算石膏板墙面面层的板材定额含量（面层不锯截）。

按《全国统一建筑装饰装修工程消耗量定额》，定额计量单位为 m^2，石膏板面层（不锯截）损耗率为 5%。

【解】石膏板板材定额含量 $=1\times（1+5\%）=1.05\ m^2/m^2$

2）块料用量计算

装饰装修工程中使用块料的数量、品种较多，有各种楼地面地砖、缸砖、内外墙面砖、瓷砖等。块砖定额含量的计算公式如下：

$$块料用量（块数/m^2）=\frac{定额计量单位}{（块料长+灰缝宽）\times（块料宽+灰缝宽）}\times（1+补损率）$$

【例 1-3】外墙贴釉面砖，釉面砖规格为 240mm×60mm，计算密封及勾缝（灰缝宽 10mm）时釉面砖的定额含量。

根据《全国统一建筑装饰装修工程消耗量定额》，定额计量单位为 m^2，周长为 800mm 以内的瓷质面砖（墙面、墙裙）损耗率为 3.5%。

【解】

（1）密缝时

$$釉面砖用量块数=\frac{1}{（0.24+0）\times（0.06+0）}\times（1+3.5\%）=71.875\approx 72\ 块/m^2$$

（2）勾缝、灰缝宽 10mm

$$釉面砖用量块数=\frac{1}{（0.24+0.01）\times（0.06+0.01）}\times（1+3.5\%）=59.143\approx 59\ 块/m^2$$

3）砂浆用量计算

装饰装修工程中的结合层、找平层、面层等各种不同配合比的砂浆，如水泥砂浆、混合砂浆、素水泥浆、石灰砂浆等，其定额含量计算公式如下：

$$砂浆用量（m^3/m^2）=定额计量单位\times 层厚\times（1+损耗率）$$

【例 1-4】计算楼地面铺陶瓷地砖的 1∶3 水泥砂浆及素水泥浆的定额含量。

根据《全国统一建筑装饰装修工程消耗量定额》，定额计量单位为 m^2，1∶3 水泥砂浆厚为 20mm，损耗率为 1%；素水泥浆厚为 1mm，损耗率为 1%。

【解】1∶3 水泥砂浆含量 $=1\times 0.02\times（1+1\%）=0.0202m^3/m^2$

素水泥浆含量 $=1\times 0.001\times（1+1\%）=0.0010m^3/m^2$

4）贴块料面层灰缝或勾缝灰浆用量计算

灰缝或勾缝灰浆定额含量计算公式如下：

灰缝或勾缝灰浆用量=（定额计量单位－块料长 × 块料宽 × 块料净用量）

× 灰缝深 ×（1+ 损耗率）

5）顶棚方木龙骨用量计算

顶棚方木龙骨含量计算公式如下：

$$\text{顶棚方木龙骨用量}(m/m^2)=\frac{\sum(\text{龙骨断面积}\times\text{龙骨长}\times\text{根数})}{\text{房间净长}\times\text{房间净宽}}\times(1+\text{损耗率})$$

式中 龙骨长 = 房间净长 + 两端搁置长度

6）隔墙木龙骨用量计算

隔墙木龙骨包括上槛、下槛、纵横木筋，木龙骨的断面尺寸一般有 30mm×40mm、40mm×60mm、50mm×70mm 或 50mm×100mm 等，间距一般为 300~600mm 范围内。其隔墙木龙骨定额含量计算公式如下：

$$\text{隔墙木龙骨用量}(m/m^2)=\frac{(\text{竖龙骨长}\times\text{根数}+\text{横龙骨长}\times\text{根数})\times\text{断面积}}{\text{取定面积}}\times(1+\text{损耗率})$$

（三）施工机械台班消耗指标的确定

装饰装修定额中的施工机械台班消耗指标，是指在正常施工的条件下，完成单位合格产品所必须消耗的机械台班数量标准。

1. 机械台班消耗计算

施工机械台班消耗指标，是按劳动定额规定的机械台班产量或小组产量进行计算的。

1）大型专业机械

大型专业机械的台班量，应根据劳动定额并考虑一定的机械幅度差确定。

机械幅度差是指劳动定额规定范围内未包括而实际施工中又难以避免发生的机械台班量。机械幅度差确定时应考虑以下几种因素：

（1）施工机械转移和配套机械相互影响而损失的时间；

（2）在正常的施工条件下，施工机械不可避免的工序间歇；

（3）因检查工程质量影响机械工作的时间；

（4）冬期施工中发动机械时所须增加的时间；

（5）现场临时性水电线路的移动和临时停水、停电（不包括社会正常停电）所发生的机械停歇时间；

（6）配合机械施工的工人，在人工幅度差范围内的工作停歇而影响机械操作的时间；

（7）施工初期限于条件所造成的工效低，施工中和工程结尾时任务不饱满所损失的时间。

在计算机械台班消耗量时，机械幅度差用幅度差系数表示。其计算公式如下：

$$\text{大型专业机械台班消耗量}=\frac{\text{装饰装修定额计量单位值}}{\text{机械台班产量定额}}\times\text{机械幅度差系数}$$

2）塔式起重机、卷扬机及中小型机械

垂直运输机械（如塔式起重机）、卷扬机和搅拌机等是按小组配用的，应按小组产量计算施工机械台班消耗量而不另增加施工机械幅度差。其计算公式如下：

$$机械台班消耗量=\frac{装饰装修定额计量单位值}{小组总产量}$$

$$=\frac{装饰装修定额计量单位值}{小组人数\times\sum（分项计算取定比重\times劳动定额综合产量）}$$

2. 机械台班消耗指标的确定方法

（1）根据劳动定额确定机械台班消耗量。是指根据劳动定额中机械台班产量加机械幅度差计算装饰装修定额的机械台班消耗量的方法。

（2）以现场测定资料为基础确定机械台班消耗量。如遇劳动定额缺项、不全，则须依据单位时间完成的产量确定。

四、定额消耗量换算

（一）装饰装修工程消耗量定额的使用

装饰装修工程消耗量定额中各分部分项工程的设置是根据建筑装饰装修工程一般情况下常见的装饰构造、装饰材料、施工工艺而划分确定的，这些子项目可供大部分装饰装修项目使用，但它并不能包含全部的装饰装修项目和内容。随着装饰业的发展，新材料、新构造、新工艺的不断出现，在实际操作中，就会出现某些装饰项目内容与定额子目的规定不太相符，甚至完全不同的情况，在此，对消耗量定额作解释和说明。

1. 按消耗量定额规定项目执行

施工图纸设计的某些分项工程内容，消耗量定额中没有相应或相近子项目，有些情况仍按消耗量定额规定的子项目执行。例如：

（1）铝合金门、窗制作、安装项目，不分现场或施工企业附属加工厂制作，均执行全国统一消耗量定额。

（2）油漆、涂料工程中规定，定额中的刷涂、刷油采用手工操作；喷塑、喷涂采用机械操作。操作方法不同时不予调整。

（3）油漆的浅、中、深各种颜色，已综合在定额内，颜色不同，不予调整。

（4）在散热器罩分项工程中，规定半凹半凸式散热器罩按明式定额子目执行。

2. 套用补充消耗量定额

施工图纸中某些设计内容完全与消耗量定额不符，或采用了新结构、新材料、新工艺等，定额子目还未列入，也无类似消耗量定额子项目可供参考。在这种情况下，应编制补充定额。

3. 消耗量定额的换算

如施工图纸设计的分项工程工作内容与消耗量定额相应子项目规定内容不完全吻合时，消耗量定额规定允许换算，则应按消耗量定额的相关规定执行。

1）消耗量定额换算的前提条件

（1）实际工程的项目内容与消耗量定额子目规定不相符，而不是完全不相符。

（2）消耗量定额规定允许换算。

以上两个条件必须同时满足，才可进行消耗量定额的换算。

2）消耗量定额换算的基本思路

根据设计施工图纸标明的分项工程的实际内容，选定消耗量定额某一子项目（或相近的子目），按消耗量定额规定换入应增加的部分，换出应扣除的部分。

3）消耗量定额换算应注意的问题

（1）消耗量定额的换算必须在消耗量定额规则规定的范围内进行。消耗量定额的总说明、分章说明及附注内容中，对消耗量定额换算的范围和方法都有具体的规定。

（2）当消耗量定额换算后，表示方法应在其消耗量定额编号右下角注明“换”字，以示区别，如 2–010 换。

4）各分部装饰装修工程消耗量定额规定换算的内容

（1）楼地面工程定额换算

楼梯踢脚线按相应定额乘以 1.15 系数。

（2）墙柱面工程定额换算

①定额凡注明的砂浆种类、配合比、饰面材料及型材的型号规格与设计不同时，可按设计要求调整，但人工和机械含量不变。

②抹灰砂浆厚度，如设计砂浆厚度与定额取定不同时，除定额有注明厚度的项目可以换算外，其他一律不做调整。

③女儿墙（包括泛水、挑砖）、阳台栏板（不扣除花格所占孔洞面积）内侧抹灰，按垂直投影面积乘以系数 1.10，带压顶者乘系数 1.30，按墙面定额执行。

④圆弧形、锯齿形、复杂不规则的墙面抹灰或镶贴块料面层，按相应子目人工乘以系数 1.15，材料乘以系数 1.05。

⑤离缝镶贴面砖的定额子目，其面砖消耗量分别按缝宽 5mm、10mm 和 20mm 考虑，如灰缝不同或灰缝超过 20mm 以上者，其块料及灰缝材料（水泥砂浆 1∶1）用量允许调整，其他不变。

⑥木龙骨基层定额是按双向计算的。如设计为单向时，材料、人工用量乘以系数 0.55。

⑦墙柱面工程定额中，木材种类除注明者以外，均以一、二类木种为准，如采用三、四类木种时，人工及机械乘以系数 1.30。

⑧玻璃幕墙设计有平开、推拉窗者，仍执行幕墙定额，但窗型材、窗五金相应增加，其他不变。

⑨弧形幕墙，人工乘 1.10 系数，材料弯弧费另行计算。

⑩隔墙（间壁）、隔断（护壁）、幕墙等，定额中龙骨间距、规格如设计不同时，定额用量允许调整。

（3）顶棚工程定额换算

①顶棚的种类、间距、规格和基层、面层材料的型号、规格是按常用材料和常用做法考虑的，如设计要求不同时，材料可以调整，但人工、机械不变。

②顶棚分平面顶棚和跌级顶棚，跌级顶棚面层人工乘以系数 1.10。

③顶棚轻钢龙骨、铝合金龙骨定额是按双层编制的，如设计为单层结构（大、中龙骨底面在同一平面上），套用定额时，人工乘 0.85 系数。

（4）门窗工程量定额换算

①铝合金门窗制作、安装项目，不分现场或施工企业附属加工厂制作，均执行消耗量定额。

②铝合金地弹门制作型材（框料）按 101.6mm × 44.5mm、厚 1.5mm 方管制定，单扇平开门、双扇平开窗按 38 系列制定，推拉窗按 90 系列（厚 1.5mm）制定。如实际采用的型材断面及厚度与定额取定规格不符者。可按图示尺寸长度乘以线密度加 6% 的施工损耗计算型材重量。

③电动伸缩门含量不同时，其伸缩门及钢轨允许换算。

④定额窗帘盒定额中，窗帘盒展开宽度 430mm，宽度不同时，材料用量允许调整。

（5）油漆、涂料、裱糊工程定额换算

①油漆、涂料定额中规定的喷、涂、刷的遍数如与设计不同时，可按每增加一遍相应定额子目执行。

②定额中的单层木门刷油是按双面刷油考虑的，如采用单面刷油，其定额含量乘以 0.49 系数计算。

③油漆、涂料工程，定额已综合了同一平面上的分色及门窗内外分色所需的工料，如须做美术、艺术图案者，可另行计算，其余工料含量均不得调整。

（6）其他工程定额换算

①在其他分部工程中，定额项目在实际施工中使用的材料品种、规格与定额取定不同时，可以换算，但人工、机械含量不变。

②装饰线条以墙面上直线安装为准，如顶棚安装直线型、圆弧型或其他图案者，按以下规定计算：

顶棚安装直线装饰线条，人工乘以 1.34 系数；

顶棚面安装圆弧装饰线条，人工乘以 1.6 系数，材料乘以 1.10 系数；

墙面安装圆弧装饰线条，人工乘以 1.2 系数，材料乘以 1.10 系数；

装饰线条做艺术图案者，人工乘以 1.8 系数，材料乘以 1.10 系数；

墙面拆除按单面考虑，如拆除双面装饰板，定额基价乘以系数 1.20。

（7）装饰装修脚手架及项目成品保护费项目定额换算

①室内凡计算了满堂脚手架者，其内墙面粉饰不再计算粉饰脚手架，只按每 $100m^2$ 墙面垂直投影面积增加改架工 1.28 工日。

②利用主体外脚手架改变其步高作外墙装饰架时，按每 $100m^2$ 外墙面垂直投

影面积，增加改架工 1.28 工日。

（二）装饰装修工程消耗量定额的换算方法

1. 系数换算

系数换算，是指根据消耗量定额中规定的相应系数，对其分项的人工或材料或机械等消耗指标进行换算。按规定把需要换算的人工、材料或机械按系数计算后，将其增减部分的工、料、机并入基本项目内。其计算公式如下：

换算后某资源耗用量 = 消耗量定额某资源消耗量 +（K–1）× 被调组分消耗量

应用系数换算法换算时要注意消耗量定额所指的换算范围，是消耗量定额分项中的全部还是工、料、机中的局部指标量，计算时一定要注意。

【例 1–5】某圆弧形外墙面斩假石装饰抹灰，1∶3 水泥砂浆打底 12mm 厚，1∶1.5 水泥白石子浆 10mm 厚，工程量为 200m^2，计算该分项工程人工、水泥、砂、白石子、108 胶等的需用量。

【解】从《全国统一建筑装饰装修工程消耗量定额》项目表查得，选定消耗量定额编号为 2–021，其每平方米各消耗指标见表 1–7。另查分部工程说明规定：圆弧形、锯齿形等不规则墙面抹灰、镶贴块料按相应项目人工乘以系数 1.15，材料乘以系数 1.05。设计外墙面的圆弧形，故确定消耗量定额编号为 2–021 换。

工作内容：（1）清理、修补、湿润墙面、堵墙眼、调运砂浆、清扫落地灰。

（2）分层抹灰、刷浆、找平、起线拍平、压实、斩面（包括门窗侧壁抹灰）。

斩假石（计量单位：m^2）　　　　**表 1–7**

定额编号				2–021	2–022	2–023	2–024
项目				砖、混凝土墙面 12 + 10	毛石墙面 18 + 10	柱面	零星项目
名称		单位	代码	数量			
人工	综合人工	工日	000001	0.8775	0.8775	1.1213	1.2248
材料	水	m^3	AV0280	0.0084	0.0097	0.0082	0.0082
	水水泥砂浆 1∶3	m^3	AX0684	0.0139	0.0208	0.0133	0.0133
	水泥白石子浆 1∶1.5	m^3	AX0770	0.0116	0.0116	0.0112	0.0112
	108 胶素水泥浆	m^3	AX0841	0.0010	0.0010	0.0010	0.0010
机械	灰浆搅拌机 200L	台班	TM0200	0.0043	0.0056	0.0041	0.0041

（1）通过表 1–7，计算如下：

综合人工需用量 =200 × 0.8775 × 1.15=201.825 工日

1∶3 水泥砂浆需用量 =200 × 0.0139 × 1.05=2.919m^3

1∶1.5 水泥白石子浆需用量 =200 × 0.0116 × 1.05=2.436m^3

108 胶素水泥浆需用量 =200 × 0.0010 × 1.05=0.21m^3

水需用量 =200 × 0.0084 × 1.05=1.764m^3

灰浆搅拌机 200L 需用量 =200 × 0.0043 × 1.05=0.903 台班

（2）另查某省消耗量定额抹灰砂浆配合比表 1–8~ 表 1–10，求得该分项工程人工、水泥、砂、白石子、108 胶的需用量如下：

抹灰砂浆配合比（计量单位：m^3）　　表 1–8

定额编号			12–201	12–202	12–203	12–204	12–205
项目			水泥砂浆				
			1：1	1：1.5	1：2	1：2.5	1：3
名称		单位	数量				
材料	水泥 32.5 级	kg	787.00	644.00	609.00	487.00	406.00
	砂（净中砂）	m^3	0.66	0.81	0.95	1.02	1.02
	水	m^3	0.30	0.30	0.30	0.30	0.30

水泥白石子浆（计量单位：m^3）　　表 1–9

定额编号			12–224	12–225	12–226	12–227
项目			水泥砂浆			
			1：1.5	1：2	1：2.5	1：3
名称		单位	数量			
材料	水泥 32.5 级	kg	983.00	738.00	590.00	192.00
	白石子	kg	1272.00	1472.00	1560.00	1560.00
	水	m^3	0.30	0.30	0.30	0.30

108 胶素水泥浆（计量单位：m^3）　　表 1–10

定额编号			12–221
项目			108 胶素水泥浆
名称		单位	数量
材料	水泥 32.5 级	kg	1509.00
	水	m^3	0.52
	108 胶	kg	21.00

分项工程综合人工需用量 =200 × 0.8775 × 1.15=201.825 工日

分项工程水泥需用量 =2.919 × 406.00+2.436 × 983+0.21 × 1509=3896.592kg

分项工程砂需用量 =2.919 × 1.02=2.977m^3

分项工程白石子需用量 =2.436 × 1272.00=3098.592kg

分项工程 108 胶需用量 =0.21 × 21.00=4.41kg

2. 材料配合比不同的换算

配合比材料，包括混凝土、砂浆等，在这里主要指用于装饰工程的抹灰砂浆。设计砂浆配合比与消耗量定额取定不同，必然会引起价格的变化，消耗量定额规定须换算的，则应换算配合比。即将消耗量定额中的砂浆配合比改为设计砂浆的配合比，从而准确计算砂浆价格和综合单价。其计算公式如下：

换算后某资源耗用量 = 消耗量定额某资源消耗量 + 配合比消耗量 ×（换入材料单位用量 – 换出材料单位用量）

【例 1–6】某外墙面斩假石装饰抹灰，1∶3 水泥砂浆打底 12mm 厚，1∶2.5 水泥白石子浆 10mm 厚，工程量为 $100m^2$，计算该分项工程人工、水泥、砂、白石子、108 胶的需用量。

【解】从《全国统一建筑装饰装修工程消耗量定额》项目表查得，选定消耗量定额编号为 2–021，其每平方米消耗指标见表 1–7。另查分部工程说明规定：凡注明砂浆种类、配合比、饰面材料及型材的型号规格与设计不同时，可按设计规定调整，但人工、机械消耗量不变。消耗量定额中采用的水泥白石子浆配合比为 1∶1.5，而设计采用的水泥白石子浆配合比为 1∶2.5，故确定消耗量定额编号为 2–021 换。

（1）通过表 1–7~ 表 1–10，求得混合料组成材料定额消耗量为：

水泥定额消耗量：0.0139 × 406.00+0.0116 × 983.00 ＋ 0.0010 × 1509.00=18.555 kg

砂定额消耗量：0.0139 × 1.02=$0.014m^3$

白石子定额消耗量：0.0116 × 1272.00=14.755kg

108 胶定额消耗量：0.0010 × 21.00=0.021kg

（2）由于水泥白石子浆的配合比不同，故其中组成材料水泥、白石子的用量发生变化。计算如下：

换算后水泥定额计量单位下消耗量：18.555+0.0116 ×（590–983）=13.996kg

换算后白石子定额计算单位下消耗量：14.755+0.0116 ×（1560.00–1272.00）=18.096kg

（3）因 1∶3 水泥砂浆、108 胶素水泥浆设计与消耗量定额相同，故组成材料砂和 108 胶与定额消耗量不发生变化。计算如下：

砂定额计量单位下消耗量：0.0139 × 1.02=$0.014m^3$

108 胶定额计量单位下消耗量：0.0010 × 21.00=0.021kg

（4）计算该分项工程人工、水泥、砂、白石子、108 胶的需用量，如下：

分项工程综合人工需用量 =100 × 0.8775=87.75 工日

分项工程水泥需用量 =100 × 13.996=1399.6kg

分项工程砂需用量 =100 × 0.014=$1.4m^3$

分项工程白石子需用量 =100 × 18.096=1809.6kg

分项工程 108 胶需用量 =100 × 0.021=2.1kg

3. 基本项和增减项的换算

在消耗量定额换算中，按基本项和增、减项进行换算的项目较多，如：油漆、喷、刷涂遍数按每增或减一遍子目进行换算。

【例 1–7】某装饰装修工程木门刷底油、刮腻子、色聚氨酯漆五遍，工程量为 $160m^2$，求该分项工程的人工及材料需用量。

【解】从《全国统一建筑装饰装修工程消耗量定额》项目表查得，选定消耗量定额编号为 5–049 和 5–053，其每平方米消耗指标如表 1–11 和表 1–12。另查分部工程说明规定：规定的喷、涂、刷遍数与设计要求不同时，可按每增加一遍定额项目进行调整。现设计木门刷底油、刮腻子、色聚氨酯漆五遍，而消耗量定额中有单层木门刷底油、刮腻子、色聚氨酯漆三遍和单层木门每增加一遍色聚氨酯漆的子项目。故要求的单层木门刷底油、刮腻子、色聚氨酯漆五遍的各消耗量，即用单层木门刷底油、刮腻子、色聚氨酯漆三遍的各消耗量加上两倍的每增加一遍色聚氨酯漆的各消耗量即可。

刷底油、刮腻子、色聚氨酯漆三遍　　表 1–11

工作内容：清扫、磨砂纸、刮腻子、刷底油一遍、刷色聚氨酯漆三遍等。

定额编号				5–049	5–050	5–051	5–052
项目				刷底油、刮腻子、色聚氨酯漆三遍			
				单层木门	单层木窗	木扶手（不带拖板）	其他木材面
				m^2		m	m^2
名称		单位	代码	数量			
人工	综合人工	工日	000001	0.2840	0.2840	0.0710	0.1930
材料	石膏粉	kg	AC0760	0.0504	0.0420	0.0050	0.0254
	砂纸	张	AN4950	0.5400	0.4500	0.0050	0.2700
	豆包布（白布）0.9m 宽	m	AQ0432	0.0040	0.0040	0.0010	0.0030
	色聚氨酯漆	kg	HA0670	0.6253	0.5294	0.0610	0.3203
	清油	kg	HA1000	0.0180	0.0150	0.0020	0.0100
	熟桐油	kg	HA1860	0.0430	0.0360	0.0041	0.0220
	催干剂	kg	HB0010	0.0030	0.0020	0.0002	0.0010
	油漆溶剂油	kg	JA0514	0.0880	0.0730	0.0090	0.0440
	酒精（乙醇）	kg	JA0900	0.0030	0.0030	0.0003	0.0004
	二甲苯	kg	JA1730	0.0780	0.0650	0.0080	0.0390
	漆片	kg	JA2390	0.0020	0.0010	0.0002	0.0008

每增加一遍色聚氨酯漆　　表 1–12

工作内容：刷色聚氨酯漆一遍。

定额编号				5–053	5–054	5–055	5–056
项目				每增加一遍色聚氨酯漆			
				单层木门	单层木窗	木扶手（不带托板）	其他木材面
				m^2		m	m^2
名称		单位	代码	数量			
人工	综合人工	工日	000001	0.0710	0.0710	0.0190	0.0510
材料	砂纸	张	AN4950	0.0600	0.0500	0.0100	0.0300
	色聚氨酯漆	kg	HA0670	0.2042	0.1701	0.0200	0.1030
	二甲苯	kg	JA1730	0.0330	0.0280	0.0030	0.0110

根据表 1–11 和表 1–12 进行数据分析，将计算结果绘表见表 1–13。

单层木门刷底油、刮腻子、色聚氨酯漆五遍人工、材料需用量　　表 1–13

工、料、机名称	单位	代码	5–049	5–053	消耗量定额合计含量	工程量（m^2）	分项工程需用量
综合人工	工日	000001	0.2840	0.0710	0.2840+2×0.0710=0.426	160	68.16
石膏粉	kg	AC0760	0.0504		0.0504		8.064
砂纸	张	AN4950	0.5400	0.0600	0.5400+2×0.0600=0.66		105.6
豆包布（白布）0.9m 宽	m	AQ0432	0.0040		0.0040		0.64
色聚氨酯漆	kg	HA0670	0.6253	0.2042	0.6253+2×0.2042=1.0337		165.392
清油	kg	HA1000	0.0180		0.0180		2.88
熟桐油	kg	HA1860	0.0430		0.0430		6.88
催干剂	kg	HB0010	0.0030		0.0030		0.48
油漆溶剂油	kg	JA0541	0.0880		0.0880		14.08
酒精（乙醇）	kg	JA0900	0.0030		0.0030		0.48
二甲苯	kg	JA1730	0.0780	0.0300	0.0780+2×0.0330=0.144		23.04
漆片	kg	JA2390	0.0020		0.0020		0.32

4. 材料用量不同的换算

材料用量不同的换算，主要是因为施工图纸设计采用的装饰材料的品种、规格与选套消耗量定额项目取定的材料品种、规格不同所致。换算时，应先计算装饰材料的用量差，然后再换算。其计算公式如下：

$$\text{计算单位下材料实际耗用量} = \frac{\text{分项工程消耗量定额计量单位} \times \text{材料实际净用量}}{\text{分项工程工程量}} \times (1 + \text{材料损耗率})$$

【例 1–8】某装饰装修工程制作、安装双扇（无侧亮、带上亮）铝合金地弹门 18 樘，门洞尺寸为：1800mm（宽）×3000mm（高），其中上亮部分高为 600mm，设计采用框料规格为 101.6mm×44.5mm×2mm。按框外围尺寸（1750mm×2975mm，a=2400mm）计算得出型材实际净用量为 632.40kg，计算该分项工程铝合金型材的需用量。

【解】从《全国统一建筑装饰装修工程消耗量定额》项目表查得，选定消耗量定额编号为 4–004，其每平方米消耗指标如表 1–14 所示。另查分部工程说明规定：铝合金地弹门制作型材（框料）按 101.6mm×44.5mm、厚 1.5mm 方管制定，单扇平开门、双扇平开窗按 38 系列制定，推拉窗按 90 系列（厚 1.5mm）制定。如实际采用的型材断面及厚度与定额取定规格不符者，可按图示尺寸乘以线密度加 6% 的施工损耗计算型材重量。消耗量定额中采用的铝合金型材为 101.6mm×44.5mm、厚 1.5mm 方管，而设计采用铝合金型材为 101.6mm×44.5mm、厚 2mm 方管，故确定消耗量定额编号为 4–004 换。

工作内容:(1)制作:型材矫正、放样下料、切割断料、钻孔组装、制作搬运。

(2)安装:现场搬运、安装、校正框扇、裁安玻璃、五金配件、周边塞口、清扫等。

铝合金门窗制作、安装(计量单位:m^2) 表 1-14

定额编号				4-001	4-002	4-003	4-004	4-005	4-006
项目				单扇地弹门		双扇地弹门			
				无上亮	带上亮	无侧亮		有侧亮	
						无上亮	带上亮	无上亮	带上亮
	名称	单位	代码	数量					
人工	综合人工	工日	000001	1.1264	1.1139	1.1527	1.1140	1.0370	0.9863
材料	密封毛条	m	AE0810	2.0295	1.5987	1.6914	1.3323	1.0113	0.7994
	平板玻璃 6mm	m^2	AH0050	0.8477	0.8798	0.9054	0.8312	0.9716	0.9922
	膨胀螺栓	套	AM0671	12.3810	12.5926	7.9365	6.9959	6.3492	5.4321
	拉杆螺栓	kg	AM8150	0.1306	0.1309	0.1336	0.1340	0.1349	0.1352
	螺钉	个	AM8762	3.9238	10.6815	4.3598	8.4774	9.1556	13.2247
	合金钢钻头 ϕ10mm	个	AN3210	0.0774	0.0787	0.0496	0.0437	0.0397	0.0337
	地脚	个	AN3490	6.1905	6.2963	3.9683	3.4979	3.1746	2.7160
	铝合金型材	kg	DB0250	7.2442	7.1250	7.1134	6.3275	6.0291	6.0437
	软填料	kg	HB1420	0.5506	0.5271	0.3582	0.3294	0.2541	0.2306
	玻璃胶 350g	支	JB0342	0.3590	0.4288	0.3943	0.4396	0.4677	0.5190
	密封油膏	kg	JB1100	0.4407	0.4219	0.2867	0.2637	0.2034	0.1846
	其他材料费(占材料费)	%	AW0022	0.1100	0.1100	0.1100	0.1100	0.9863	0.1100
机械	电锤 520W	台班	TM0370	0.1548	0.1574	0.0992	0.0874	0.0794	0.0679
	制作安装综合机械	台班	TM0610	0.0163	0.0163	0.0166	0.0168	0.0168	0.0168

【解】

(1)根据铝合金地弹门工程量计算规则,其工程量为:

$$1.8\times3\times18=97.2\text{m}^2$$

(2)根据公式,计算计量单位下铝合金型材实际耗用量

$$\text{计量单位下铝合金型材实际耗用量}=\frac{1\times632.40}{97.2}\times(1+6\%)$$

$$=6.897\text{kg}$$

(3)计算分项工程铝合金型材需用量

$$\text{分项工程铝合金型材需用量}=97.2\times6.897=670.388\text{kg}$$

思考题与习题

(1)消耗量定额的分类有哪些?

(2)装饰装修消耗量定额的组成内容包括哪些?

（3）装饰装修工程消耗量定额的应用有哪些？

（4）装饰装修工程消耗量定额的换算方法有哪几种？

基础知识五　工程量清单计价及其编制

工程量清单计价是指完成包括招标文件规定的工程量清单项目所需要的全部费用，包括分部分项工程费、措施项目费、其他项目费和规费、税金。工程量清单计价采用综合单价计价。

工程量清单计价是指投标人根据招标人提供的工程项目的工程量清单，按计价规定工程量计价统一表式、价格组成、自主投标报价的形式。

一、工程量清单计价规定

1）工程量清单计价应包括按招标文件规定，完成工程量清单所列项目的全部费用，包括分部分项工程费、措施项目费、其他项目费和规费、税金。

2）招标文件中的工程量清单标明的工程量是投标人投标报价的共同基础，竣工结算的工程量按发、承包双方在合同中约定应予计量且实际完成的工程量确定。

3）工程量清单应采用综合单价计价，综合单价包括除规费、税金以外的完成规定计量单位、合格产品所需的全部费用。综合单价不但适用于分部分项工程量清单，也适用于措施项目清单、其他项目清单等。就具体工程项目而言，确定综合单价时，《计价规范》附录中的工程内容没有根据不同设计而逐一列出，所以仅供参考，一定要根据工程的具体情况而计算。

4）分部分项工程清单的综合单价，不得包括招标人自行采购材料的价款，按设计文件或参照附录 A、B、C、D、E 中的“工程内容”并依具体情况而确定。分部分项工程量清单为不可调整的闭口清单，投标人对招标文件提供的分部分项工程量清单必须逐一计价，对清单所列内容不允许作任何更改变动。投标人如果认为清单内容有不妥或遗漏，只能通过质疑的方式由清单编制人作统一的修正更改，并将修正后的工程量清单发往所有投标人。

5）措施项目清单计价，应根据拟建工程的施工组织设计，可以计算工程量的措施项目，应按分部分项工程量清单的方式采用综合单价计价；其余的措施项目可以“项”为单位的方式计价，应包括除规费、税金外的全部费用。措施项目清单中的安全文明施工费应按照国家或省级、行业建设主管部门的规定计价，不得作为竞争性费用。措施项目清单为可调整清单，投标人可根据本企业的自身特点作适当的变更增减，清单计价一经报出，即被认为是包括了所有应该发生的措施项目的全部费用。如果报出的清单中没有列项，而施工又必须发生，业主有权认为，其已综合在分部分项工程量清单的综合单价中。将来投标人不得以任何借口提出索赔或调整。

6）其他项目清单计价的规定：

招标人在工程量清单中提供了暂估价的材料和专业工程属于依法必须招标的，由承包人和招标人共同通过招标确定材料单价与专业工程分包价。

若材料不属于依法必须招标的，经发、承包双方协商确认单价后计价。

若专业工程不属于依法必须招标的，由发包人、总承包人与分包人按有关计价依据进行计价。

7）规费和税金应按国家或省级、行业建设主管部门的规定计算，不得作为竞争性费用。

8）采用工程量清单计价的工程，应在招标文件或合同中明确风险内容及其范围（幅度），不得采用无限风险、所有风险或类似语句规定风险内容及其范围（幅度）。

9）投标报价：

投标人投标报价应在满足招标文件要求的前提下，根据施工现场实际情况及拟定的施工方案或施工组织设计，按企业定额和市场价格信息，或参照建设行政主管部门发布的社会平均消耗量定额，实行人工、材料、机械消耗量自定、价格费用自选、全面竞争、自由报价的方式。

10）工程量变更时，综合单价的确定：

（1）合同中综合单价因工程量变更须调整时，除合同另有约定外，应按下列办法执行：

①工程量清单漏项或设计变更引起新的工程量清单项目，其相应综合单价由承包人提出，经发包人确认后作为结算的依据。

②由于工程量清单的工程数量有误或设计变更引起工程量增减，属合同约定幅度以内的，应执行原有的综合单价；属合同约定幅度以外的，其增加部分的工程量或减少后剩余部分的工程量的综合单价由承包人提出，经发包人确认后，作为结算的依据。

（2）由于工程量的变更，且实际发生了除“（1）”中规定以外的费用损失，承包人可提出索赔要求，与发包人协商确认后，给予补偿。

（3）凡实行合同价一次性包定的装饰装修工程，按合同约定执行。

二、工程量清单计价的作用

建筑装饰工程工程量清单计价文件作为计算和确定建筑装饰工程造价的经济文件，其主要作用如下：

（1）是投标人编制投标报价的依据；

（2）是合同约定价调整的依据。

三、工程量清单计价方法

单位工程造价的组成内容，按《计价规范》规定，包括分部分项工程费、措施项目费、其他项目费以及规费和税金。

（1）分部分项工程费是指完成在工程量清单列出的各分部分项清单工程量所需的费用，包括：人工费、材料费（消耗的材料费总和）、机械使用费、管理费、利润以及风险费。

（2）措施项目费是由“措施项目一览表”确定的工程措施项目金额的总和，包括：人工费、材料费、机械使用费、管理费、利润以及风险费。

（3）其他项目费包括暂列金额、暂估价（材料暂估单价、专业工程暂估价）、计日工、总承包服务费。

（4）规费是指政府和有关部门规定必须缴纳的费用的总和。

（5）税金是指国家税法规定应计入建筑安装工程造价内的营业税、城市维护建设税及教育费附加费用等的总和。

工程量清单计价模式下的建筑安装工程费用构成如图1–7所示。

（一）分部分项工程费

分部分项工程费的组成包括直接工程费、管理费和利润等项目，清单费用的计算方法如下述。

1. 直接工程费

建筑安装工程直接工程费是指在工程施工过程中直接耗费的构成工程实体和有助于工程实体形成的各项费用。包括人工费、材料费和施工机械使用费。

直接工程费是构成工程量清单中“分部分项工程费”的主体费用，其共有两种计算模式：利用现行的概、预算定额计价模式，动态的计价模式的计价方法及在投标报价中的应用。

1）人工费的组成与计算

人工费：是指直接从事于建筑安装工程施工的生产工人开支的各项费用，内容包括：

（1）生产工人的基本工资。

（2）工资性补贴。

（3）生产工人的辅助工资。

（4）职工福利。

（5）徒工服装补贴、防暑降温费及在有害身体健康环境中施工的保健费用。

人工费中不包括管理人员（一般包括项目经理、施工队长、工程师、技术员、财会人员、预算人员、机械师等）、辅助服务人员（一般包括生活管理员、炊事员、医务员、翻译员、小车司机和勤杂人员等）、现场保安等的开支费用。

根据工程量清单“彻底放开价格”和“企业自主报价”的特点，结合当前我国建筑市场的状况，以及现今各投标企业的投标策略，人工费的计算方法主要有

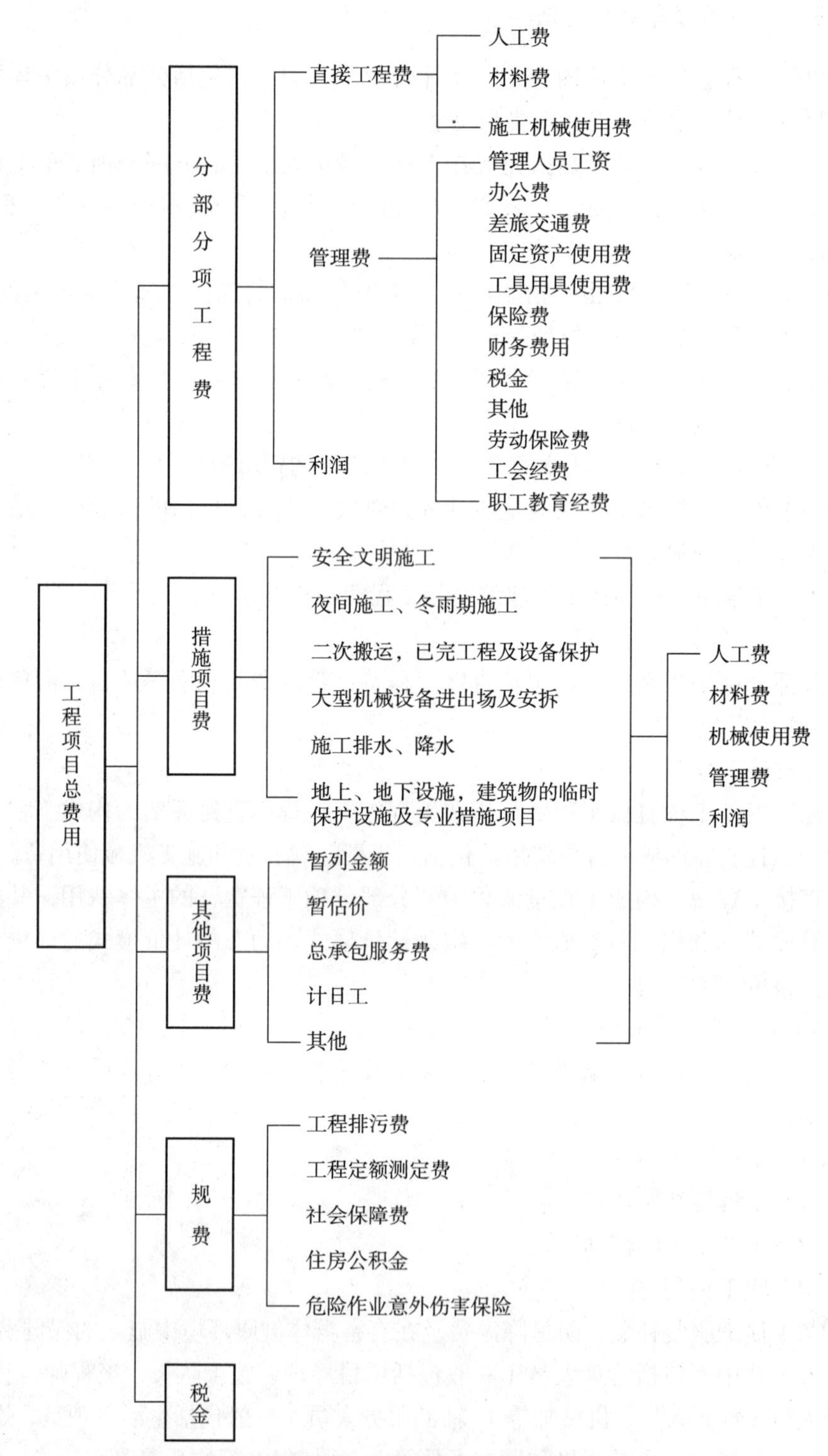

图 1–7 工程量清单计价模式下的建筑安装工程费用构成

以下两种模式。

（1）模式一：利用现行的概、预算定额计价模式

利用现行的概、预算定额计价模式计算人工费的方法是：根据工程量清单提供的清单工程量，利用现行的概、预算定额，计算出完成各个分部分项工程量清单的人工费，然后根据本企业的实力及投标策略，对各个分部分项工程量清单的人工费进行调整，最后汇总计算出整个投标工程的人工费。其计算公式为：

人工费 = Σ [△（概预算定额中人工工日消耗量
× 相应等级的日工资综合单价）]

此方法是当前我国大多数投标企业所采用的人工费计算方法，它具有简单、易操作、速度快，并有配套软件支持的特点。但缺点是竞争力弱，不能充分发挥企业的特长。

（2）模式二：动态的计价模式

这种计价模式适用于实力雄厚、竞争力强的企业，也是国际上比较流行的一种报价模式。

动态的人工费计价模式计算方式是：首先根据工程量清单提供的清单工程量，结合本企业的人工效率和企业定额，计算出投标工程消耗的工日数；其次根据现阶段企业的经济、人力、资源状况和工程所在地的实际生活水平，以及工程的特点，计算工日单价；然后根据劳动力来源及人员比例，计算综合工日单价；最后计算人工费。其计算公式为：

人工费 = Σ（人工工日消耗量 × 综合工日单价）

2）材料费的计算

材料费是指施工过程中耗用的构成工程实体的各类原材料、零配件、成品及半成品等主要材料的费用，以及工程中耗费的虽不构成工程实体，但有利于工程实体形成的各类消耗性材料费用的总和。

主要材料一般有：大理石、花岗石、瓷砖、地砖、油漆、水泥、砂石等，其费用约占材料费的 85% ~ 95%。

消耗材料一般有：砂纸、纱布、锯条、砂轮片、氧气、乙炔气、水、电等，费用一般占到材料费的 5% ~ 15%。

对于建筑安装工程来说，材料费占整个建筑安装工程费用的 60% ~ 70%。所以，在投标报价的过程中，材料费的计算是一个至关重要的问题。

材料费的计算公式如下：

材料费 = Σ（材料消耗量 × 材料单价）

（1）材料消耗量的确定

① 主要材料消耗量的确定

材料消耗量 = 材料净用量 ×（1+ 材料损耗率）

② 消耗材料消耗量的确定

消耗材料的确定方法与主要材料消耗量的确定方法基本相同，投标人要根据

需要，自主确定消耗材料的名称、规格、型号、材质和数量。

③ 部分周转性材料摊销量的确定

在工程施工过程中，有部分材料作为手段措施没有构成工程实体，其实物形态也没有改变，但其价值却被分批逐步地消耗掉，这部分材料称为周转性材料。周转性材料被消耗掉的价值，应当摊销在相应清单项目的材料费中（计入措施费的周转性材料除外）。摊销的比例应根据材料价值、磨损程度、可被利用的次数及投标策略等诸因素而综合确定。

④ 低值易耗品的确定

在施工过程中，一些使用年限在规定时间以下，单位价值在规定金额以内的工、器具，称为低值易耗品。在工程量清单“动态计价模式”中，其计价办法可以按概、预算定额的模式处理，也可以把它放在其他费用中处理，原则是费用不能重复计算，并能增强企业投标的竞争力。

（2）材料单价的确定

建筑安装工程材料价格是指材料运抵现场材料仓库或堆放点后的出库价格。

材料价格主要由以下几个方面构成。

① 材料原价的确定

材料原价一般是指材料的出厂价、进口材料抵岸价或市场批发价，对同一种材料，因产地、供应渠道不同出现几种原价时，可根据不同来源地供货数量比例，采取加权平均的方法确定其综合原价，计算公式如下：

$$\text{加权平均原价}=\frac{K_1C_1+C_1K_2+\cdots+K_nC_n}{K_1+K_2+\cdots+K_n}$$

式中 K_1、K_2……K_n——各不同供应地点的供应量或各不同使用地点的需求量；

C_1、C_2……C_n——各不同供应地点的原价。

②材料的供货方式和供货渠道

包括业主供货和承包商供货两种方式。对于业主供货的材料，招标书中列有业主供货材料单价表，投标人在利用招标人提供的材料价格报价时，应考虑现场交货的材料运费，还应考虑材料的保管费。承包商供货材料的渠道一般有当地供货、指定厂家供货、异地供货和国外供货等。不同的供货方式和供货渠道对材料价格的影响是不同的，主要反映在采购保管费、运输费、其他费用以及风险等方面。

③包装费的确定

材料的包装费包括出厂时的一次包装和运输过程中的二次包装费用，但不包括已入材料原价的包装费，材料运到现场或使用后，要对包装品进行回收，回收价值冲减材料预算价格。

④运输费用的确定

材料的运输费包括材料自采购抵至施工现场全过程、全路途发生的装卸、运输费用的总和，运输费用中包括材料在运输装卸过程中不可避免的运输损耗费，若同一品种的材料有若干个来源地，其运输费用可根据每个来源地的运输里程、运输方法和运价标准，用加权平均的方法计算。

⑤ 采购保管费用的确定

采购保管费是指为组织采购、供应和保管材料过程中所需要的各项费用。当采购的方式、批次、数量以及材料保管的方式及天数不同时，其费用也不相同。采购保管费包括：采购费、仓储费、工地保管费、仓储损耗。

⑥ 材料检验试验费用的确定

材料检验试验费是指对建筑材料、构件和建筑安装物进行一般鉴定、检验试验所发生的费用，包括自设试验室进行试验所耗用的材料和化学药品等费用。不包括新结构、新材料的试验费和建设单位对具有出厂合格证明的材料进行的检验和对构件作破坏性试验及其他特殊要求检验试验的费用。

⑦ 其他费用的确定

主要是指国外采购材料时发生的保险费、关税、港口费、港口手续费、财务费用等。

⑧ 风险的确定

主要是指材料价格浮动。由于工程所用材料不可能在工程开工初期一次采购完毕，所以，随着时间的推移，市场的变化造成材料价格的变动给承包商造成的材料费风险。

综上所述，可以得到材料单价的计算公式为：

材料单价 = 材料原价 + 包装费 + 运输费用 + 采购及保管费用
+ 材料检验试验费用 + 其他费用 + 风险

3）施工机械使用费的计算

施工机械使用费是指使用施工机械作业所发生的机械使用费以及机械安、拆和进出场费，其中的施工机械不包括为管理人员配置的小车以及用于通勤任务的车辆等，不参与施工生产的机械设备的台班费。

施工机械使用费的计算公式如下：

施工机械使用费 = Σ（工程施工中消耗的施工机械台班量 × 机械台班综合单价）
+ 施工机械进出场费及安拆费（不包括大型机械）

（1）机械台班综合单价的计算公式如下：

机械台班综合单价 = Σ（不同来源的同类机械台班单价 × 权数）

其中权数是根据各不同来源渠道的机械占同类施工机械总量的比重取定的。

（2）机械台班单价的计算公式如下：

机械台班单价 = 折旧费 + 大修理费 + 经常修理费 + 安、拆及场外运输费
+ 燃料动力费 + 机上人工费 + 其他费用

2. 管理费

1）管理费的组成

管理费是指组织施工生产和经营管理所需的费用，其内容包括：

（1）工作人员的工资：工作人员指管理人员和辅助服务人员，其工资包括：

基本工资、工资性补贴、职工福利费、劳动保护费、住房公积金、劳动保险费、危险作业意外伤害保险费、工会费用、职工教育经费等。

由管理人员开支的工作人员包括管理人员、辅助服务人员和现场保安人员。

管理人员一般包括：项目经理、施工队长、工程师、技术员、财会人员、预算人员、机械师等。

辅助服务人员一般包括：生活管理员、炊事员、医务员、翻译、小车司机和勤杂人员等。

为了有效地控制管理费开支，降低管理费标准，增强企业的竞争力，在投标初期就应严格控制管理人员和辅助服务人员的数量，同时合理确定其他管理费开支项目的水平。

（2）办公费：办公费是指企业办公用的文具、纸张、账表、印刷、邮电、书报、会议、水电以及取暖等费用。

（3）差旅交通费：差旅交通费是指企业管理人员因公出和调动工作的差旅费、住勤补助费、市内交通费和误餐补助费、探亲路费、劳动力招募费、离退休职工一次性路费、工伤人员就医路费、工地转移费以及管理部门使用的交通工具的油料、燃料费和养路费及牌照费。

（4）固定资产使用费：固定资产使用费是指管理和试验部门及附属生产单位使用的属于固定资产的房屋、设备仪器的折旧、大修理、维修或租赁费。

（5）工具、用具使用费：工具、用具使用费是指管理使用的不属于固定资产的生产工具、器具、家具、交通工具和检验、试验、测绘、消防用具等的购置、维修和摊销费。

（6）保险费：保险费是指施工管理用财产、车辆保险费。

（7）税金：税金是指企业按规定交纳的房产税、车船使用税、土地使用税、印花税等。

（8）财务费用：财务费用是指企业为筹集资金而发生的各种费用，包括企业经营期间发生的短期贷款利息支出、汇兑净损失、调剂外汇手续费、金融机构手续费以及企业筹集资金而发生的其他财务费用。

（9）劳动保险费：是指支付离退休职工的异地安家补助费、职工退休金、六个月以上的病假人员工资、职工死亡丧葬补助费、抚恤金和按规定支付给离休干部的各项经费。

（10）工会经费：是指企业按职工工资总额计提的工会经费。

（11）职工教育经费：是指企业为职工学习先进技术、提高文化水平，按职工工资总额计提的费用。

（12）其他费用：其他费用包括技术转让费、技术开发费、业务招待费、绿化费、广告费、公证费、法律顾问费、审计费、咨询费等。

2）管理费的计算

利用公式计算管理费的方法比较简单，是投标人常采用的一种计算方法。其计算公式如下：

$$管理费=计算基数\times施工管理费率（\%）$$

其中，管理费率的计算因计算基数不同，分为三种。

（1）以直接工程费为计算基础

$$管理费率（\%）=\frac{生产工人年平均管理费}{年有效施工天数\times人工单价}\times人工费占直接工程费比例（\%）$$

或其等效式

$$管理费率（\%）=\frac{生产工人年平均管理费}{建安生产工人年均直接费}\times100\%$$

（2）以人工费为计算基础

$$管理费率（\%）=\frac{生产工人年平均管理费}{年有效施工天数\times人工单价}\times100\%$$

或其等效式

$$管理费率（\%）=\frac{生产工人年平均管理费}{建安生产工人年均直接费\times人工费占直接工程费比例}\times100\%$$

（3）以人工费和机械费合计为计算基础

$$管理费率（\%）=\frac{生产工人年平均管理费}{年有效施工天数\times（人工单价+每一工日机械使用费）}\times100\%$$

利用公式计算管理费时，管理费率可以按照国家或有关部门以及工程所在地政府规定的相应管理费率进行调整确定。

3. 利润

利润，是指施工企业完成所承包工程应收回的酬金。企业全部劳动成员的劳动，除掉因支付劳动力按劳动力价格所得的报酬外，还创造了一部分新增的价值，这部分价值的价格形态就是企业利润。

在工程量清单计价模式下，利润不单独体现，而是被分别计入分部分项工程费、措施项目费和其他项目费中。

利润的计算公式如下：

$$利润=计算基础\times利润率（\%）$$

其中计算基础为“人工费”或“人工费加机械费”或“直接费”。

企业的一切生产经营活动都是围绕着创造利润进行的。因此，合理地确定利润水平（利润率）对企业的生存和发展是至关重要的。要根据企业的实力、投标策略，以发展的眼光来确定利润水平，使本企业在投标报价中更具竞争力。

分部分项工程量清单综合单价由人工费、材料费、机械费、管理费、利润等部分费用组成，其中材料费中含有风险费，主要考虑由价格因素所带来的风险。其项目内容包括清单项目主项，以及主项所综合的工程内容。按上述五项费用分别对项目内容计价，合计后形成分部分项工程量清单综合单价。

（二）措施项目费

1. 措施项目费

措施项目费是为保证工程质量和工期的顺利完成而采取的一些施工措施。

2. 措施项目费的计算

措施项目费包括技术措施和组织措施。除“通用项目”外，还列有各专业的专用措施项目，装饰装修工程的专用措施为三项，其中“垂直运输机械”、“脚手架”为施工技术措施项目，而“室内空气污染测试”为施工组织措施项目，对于这些项目应分别计算。

1）施工技术措施项目费的计算

施工技术措施是指采用直接参与工程实体运作的技术手段，使工程按计划顺利进行的一些措施。其计算公式如下：

施工技术措施项目费 = 技术措施项目工程量 × 综合单价

其综合单价构成同分部分项工程费综合单价的构成。

2）施工组织措施项目费的计算

施工组织措施是指采用不能直接参与工程实体运作，但为保障工程顺利进行，对工程施工所采取的一些服务性措施，包括：环境保护、文明施工、安全施工、临时设施、二次搬运、夜间施工、施工排水降水、室内空气污染测试等。

这些措施项目的共同特点是，不能直接用量化的方法加以计算，故一般都按施工情况测定一个百分数，用费率形式加以确定。其计算公式如下：

施工组织措施项目费 = 计算基础 × 费率

计算基础有的省市以分部分项工程费和施工技术措施项目费之和取定，也有些省市以人工费作为计算基础，费率各省市也略不相同。

（三）其他项目费

其他项目费包括：暂列金额、暂估价、总承包服务费和计日工。

（1）暂列金额应按招标人在其他项目清单中列出的金额填写。

（2）材料暂估价应按招标人在其他项目清单中列出的单价计入综合单价；专业工程暂估价应按招标人在其他项目清单中列出的金额填写。

（3）计日工按招标人在其他项目清单中列出的项目和数量，自主确定综合单价并计算计日工费用。

（4）总承包服务费根据招标文件中列出的内容和提出的要求自主确定。

（四）规费

规费：是指政府和有关部门规定必须缴纳的费用，简称规费。

1. 规费的组成内容

规费包括：

（1）工程排污费：是指施工现场按规定缴纳的排污费用。

（2）工程定额测定费：是指按规定支付给工程造价（定额）管理部门的定额

测定费。

（3）社会保障费：包括养老保险费、失业保险费、医疗保险费。

（4）住房公积金：是指企业按规定标准为职工缴纳的住房公积金。

（5）危险作业意外伤害保险费：是指按照《建筑法》规定，企业为从事危险作业的建筑安装施工人员支付的意外伤害保险费。

2. 规费的计算

规费的计算公式如下：

$$规费 = 计算基础 \times 规费费率（\%）$$

计算基础为分部分项工程费和措施项目费（有的含其他项目费）之和。

1）根据本地区典型工程发承包价的分析资料综合取定规费计算中所需数据

（1）每万元发承包价中人工费含量和机械费含量；

（2）人工费占直接工程费的比例；

（3）每万元发承包价中所含规费缴纳标准的各项基数。

2）规费费率的计算

（1）以直接工程费为计算基础

$$规费费率（\%）= \frac{\sum 规费缴纳标准 \times 每万元发承包价计算基数}{每万元发承包价中的人工费含量} \times 人工费占直接工程费比例（\%）$$

（2）以人工费为计算基础

$$规费费率（\%）= \frac{\sum 规费缴纳标准 \times 每万元发承包价计算基数}{每万元发承包价中的人工费含量} \times 100\%$$

（3）以人工费和机械费合计为计算基础

$$规费费率（\%）= \frac{\sum 规费缴纳标准 \times 每万元发承包价计算基数}{每万元发承包价中的人工费和机械费含量} \times 100\%$$

规费费率一般以当地政府或有关部门制定的费率标准执行。

（五）税金

税收是国家凭借政治权力，把一部分国民经济收入以税金形式转变为国家所有的一种分配制度。税收的特征具有法制性、无偿性和稳定性。

1. 税金的组成内容

税金是指国家税法规定的应计入建筑安装工程造价内的营业税、城市维护建设税及教育费附加。

（1）营业税：根据国家营业税条例规定，对国营、集体和个体建筑安装企业承包建筑、修缮、安装及其他工程作业所取得的收入都应征收营业税，应纳的税款准许计入工程预算造价之内。

建筑安装企业承包建筑安装工程和修缮业务，实行分包和转包形式的，其分包和转包收入应纳的营业税，由总包人缴纳。

营业税的收入，70% 作为中央预算收入入库，30% 作为地方预算收入入库。交纳地点为承包的工程所在地。

（2）城市维护建设税：城市维护建设税是为扩大和稳定城市、乡镇的公用事业和公共设施维护资金的来源，凡缴纳产品税、增值税、营业税的单位和个人都是城市维护建设税的纳税人，以上述税额为基数，同时缴纳城市维护建设税。

（3）教育费附加：为加快发展地方教育事业，扩大地方教育经费的资金来源，凡缴纳产品税、增值税、营业税的单位和个人，都应按照规定同时缴纳教育费附加。教育费附加，以各单位和个人实际缴纳的产品税、增值税、营业税的税额为计征依据。

2. 税金的计算

税金的计算公式如下：

税金 =（分部分项工程费 + 措施项目费 + 其他项目费 + 规费）× 税率

税率，按现行税法规定如下。

1）纳税地点在市区的企业

$$税率（\%）=\frac{1}{1-3\%-（3\%\times 7\%）-（3\%\times 3\%）}-1$$

2）纳税地点在县城、镇的企业

$$税率（\%）=\frac{1}{1-3\%-（3\%\times 5\%）-（3\%\times 3\%）}-1$$

3）纳税地点不在市区、县城、镇的企业

$$税率（\%）=\frac{1}{1-3\%-（3\%\times 1\%）-（3\%\times 3\%）}-1$$

投标人在投标报价时，税金的计算一般按国家及有关部门规定的计算公式及税率标准进行。

四、工程量清单计价格式文件编制方法

根据《建设工程工程量清单计价规范》，装饰装修工程量清单计价应采取统一格式进行编制，不得变更或修改。工程量清单计价，是指投标人完成由招标人提供的工程量清单项目所需要的全部费用，是指分部分项工程费用、措施项目费用、其他项目费用、规费和税金。

工程量清单计价应利用综合单价计价。综合单价是指完成规定计量单位项目前需要的人工费、材料费、机械使用费、管理费、利润，并考虑风险因素。

工程量清单计价格式由下列内容组成：分部分项工程量清单综合单价分析表、分部分项工程量清单计价表、措施项目费分析表、措施项目清单计价表、其他项目清单计价表、单位工程费汇总表、单项工程费汇总表、工程项目总价表、封面等。

（一）编制分部分项工程量清单综合单价分析表

综合单价分析表，是指投标人根据招标人提供的工程量清单，综合现行地区的人工、材料、机械市场价格等费用，以及企业的消耗定额确定的分项工程综合单价分析表。

因此，在编制综合单价分析表时要考虑人工、材料、机械的市场价格，人工、材料、机械的消耗量按企业定额确定。

人工、材料、机械费用确定以后，要考虑管理费、利润和风险因素，这一部分费用为竞争性费用，应分别进行计算。计算时，应根据工程项目的实际情况考虑（包括工程情况，施工企业的自身技术管理水平，以及工程项目的竞争程度等）。如管理费和利润一般可按6%~12%之间考虑，风险因素而计入的风险金可按工程总价的1%~3%之间考虑。

（二）填写分部分项工程量清单计价表

工程量清单计价表反映建设工程的工程造价，也是投标文件中的主要内容之一，因此在编制和填写分部分项工程量清单计价表时，应根据《计价规范》中的规定，除了有统一的标准格式以外，还要填写统一的项目编码。项目名称要描述项目特征，因为项目特征对正确确定综合单价至关重要。

（三）填写与编制措施项目清单计价表

措施项目清单计价表，又包括计量措施项目清单计价表。措施项目清单计价表是投标人对招标文件中所列的措施项目清单计价的项目，根据施工企业自身特点对拟建工程可能发生的措施项目和措施费用作通盘考虑。但清单计价表一经报出，招标人认为是包括了所有应该发生的措施项目的全部费用。如果报出的措施项目清单计价表中没有列项，而且施工中又必须发生的项目，业主有权认为，其项目费用已经综合在分部分项工程量清单的综合单价中。投标人不得以任何借口提出调整的索赔。

1. 填写与编制措施项目费分析表

2. 填写措施项目清单计价表

措施项目清单计价表是指将措施项目的各项项目费用按规定格式要求填入表中。在编制措施项目清单时应考虑多种因素，除工程的本身因素外，还涉及施工企业的实际情况，因此，填表时措施项目清单一段均以“项”为计量单位，相应数量为“1”。

由于影响措施项目的因素较多，在项目表中不能全部列出，在编制计价表时，出现表中未列措施项目，可作补充，在序号栏中以“补”字示之。

（四）填写其他项目清单计价表

根据工程建设标准的高低、工程的复杂程度、工程的工期长短、工程的组成内容等直接影响其他项目清单中的具体内容。

（五）填写单位工程费用总表

单位工程是指具有独立的设计文件和施工能力的工程实体，如房屋的建筑工程、装饰工程、电气设备安装工程、给水排水安装工程等。一个单位工程由若干个分部工程内容所组成。

单位工程费用总表是对组成本工程中的所有分部分项工程合价的总和，再加上措施项目清单的合计数、其他项目清单计价的合计数，以及规费、税金等的汇总表。

（六）填写单项工程费用总表

单项工程是指工程项目建成后能独立发挥生产能力或效益的工程，如住宅楼、办公楼、教学楼等。单项工程又由若干个单位工程所组成。

单项工程费用总表是对组成本项目工程的若干个单位工程费用的汇总，如土建工程、装饰工程、电气工程等。

（七）填写工程项目总价表

工程项目总价是指以一个单位或一个企业为核算实体的完整工程项目总造价，如新建的一个学校、一个工厂或者一个住宅小区等工程项目的总造价。因此，工程项目总价表是指投标人把若干个单项工程费用按规定填入工程项目总价表中。

（八）填写封面

报价清单的封面形式与招标清单封面形式相似。在填写封面时应按规定写明工程项目名称、投标人所在单位、投标法定代表人和编制人、造价工程师注册记号以及编制时间等。在计价表封面填写中所有要求签字、盖章的地方，必须由规定的单位和人员签字、盖章。

五、工程量清单计价格式文件编制步骤

工程量清单计价格式文件是编制投标文件的基本内容，是投标报价的基本依据，也是工程项目结算工程价款的基本文件之一，因此，正确和完整地编制好工程量清单计价文件，是工程造价中非常重要的一项工作。

工程量清单计价格式文件的编制步骤如下：

准备与收集编制资料→仔细阅读招标文件，详细了解施工图纸→检验并计算工程量清单中的工程量，掌握项目特征→编制填写表格内容。

（一）准备与收集编制资料

工程量清单计价格式文件的编制所需的资料主要有：

施工图纸、建设工程工程量清单计价规范、招标文件及其工程量清单、消耗量定额及基价表、本地区材料信息价格表、本地区上级主管部门的有关文件等。

1. 施工图纸

装饰装修工程的施工图纸，包括设计说明、装饰平面图和装饰立面图、节点详图以及装饰设计效果图等。

2. 有关文件资料

（1）招标书和工程量清单文件；

（2）国家颁发的《建设工程工程量清单计价规范》；

（3）本地区上级主管部门对工程量清单计价的管理办法；

（4）政府主管部门颁发的《装饰装修工程消耗量定额及统一基价表》；

（5）本企业制定的《装饰装修工程消耗量定额及基价表》；

（6）本地区主管部门发布的现行人工、材料、机械台班信息价及市场价格；

（7）工程施工现场有关资料；

（8）本地区上级主管部门发布的有关文件等。

（二）仔细阅读招标文件，详细了解施工图纸

1. 仔细阅读招标文件

投标企业报名参加或接受邀请参加某工程的投标，通过资格预审后，取得招标文件，应认真研究招标文件，充分了解其内容和要求，以便有针对性地安排投标工作。在工程投标报价前必须对招标文件进行仔细阅读和分析，特别是注意招标文件中的错误和漏洞，这样，既保证施工企业不受损失，又为获得最大利润打下基础。

招标文件主要包括招标项目的有关技术要求、投标资格标准、投标报价的要求、评标标准等和完整的工程量清单。在这些文件中，我们要阅读投标报价要求和工程量清单文件，阅读后要了解以下内容：

（1）对投标报价有何要求；

（2）工程量清单中总说明所涉及的范围；

（3）清单工程量的项目内容。

因此，阅读招标文件是为了正确地理解招标文件的意图，对招标文件作出实质性的响应，并确保投标有效，争取中标。

2. 详细了解施工图纸

施工图纸是体现设计意图，反映工程项目的全貌，并明确施工项目的施工范围、内容、做法的文件，也是投标施工企业确定施工方案的重要依据。施工图纸的详细程度取决于招标时设计所达到的深度和采用的合同形式，详细了解、透彻分析施工图纸对工程量清单报价有很大影响，因此，只有对施工图纸有比较全面而详细的了解，才能结合统一项目划分正确地分析该工程各分部分项工程量。在对施工图纸进行详细了解分析的过程中，如果发现施工图纸不正确或发生矛盾时，应及时要求业主予以修改。

（三）检验并计算工程量清单中的工程量，掌握项目特征

1. 检验并计算工程量清单中的工程量

检验并计算工程量清单中的工程量，其实就是按照施工图纸内容，亲自计算其相应的工程量，每计算一个项目名称的工程量后，就与清单工程量对比一下看是否有出入，如果有出入就要找出问题的所在。

2. 掌握项目特征

项目特征是对一个分项工程项目的描述，描述得完整与否直接关系到报价的正确性，要真正掌握项目特征必须做到以下几个方面：

（1）了解施工现场实际情况；

（2）熟悉新材料的名称和使用说明；

（3）掌握施工操作方法。

（四）编制填写表格内容

1. 编制分部分项工程量清单综合单价分析表

该表是填写分部分项工程量清单计价表的基础，也是套用消耗量定额，计算定额直接费用的过程，经过计算，可以详细得出每个分项项目所需的人工费、材料费、机械费、管理费、利润等五种费用和综合单价。

编制分部分项工程量清单综合单价分析表是整个清单工程量计价工作中耗用时间最长、计算工作量最大的一项内容，需要耐心细致地加以对待。

2. 分部分项工程量清单计价表

该表是将上述核算后的工程量和计算出的综合单价，按照每个项目编码的名称填入该表中，然后计算出各工程量所需的合价，最后即可求得各分部工程的合计金额。

3. 措施项目清单计价表

措施项目分为施工技术措施和施工组织措施两部分，施工技术措施项目应按有关“消耗量定额及基价表”计算，施工组织措施按地区主管部门或本企业制定的标准费率进行计算。在填写措施项目清单计价表之前，首先要做出措施项目费用分析表，经过计算得出结果后，再将其数据填入措施项目清单计价表中。

4. 其他项目清单计价表

其他项目清单计价是列出暂列金额、暂估价、总承包服务费和计日工等的金额数量。

5. 单位工程费用汇总表

单位工程费用汇总表是对组成本工程中，所有分部分项工程合计金额、措施项目清单计价费用、其他项目清单计价费用以及规费、税金等进行汇总的表格，通过计算，可以得出单位工程的基本造价。

6. 其他表格内容

除了以上表格内容以外，还应填写单项工程费用表、工程项目总价表等。

思考题与习题

（1）工程清单计价中管理费如何计算？

（2）工程清单计价中利润如何计算？

（3）工程清单计价中措施项目费如何计算？

（4）工程清单计价中其他项目费如何计算？

（5）工程清单计价中规费如何计算？

（6）工程清单计价中税金如何计算？

（7）工程量清单计价的作用？

（8）工程量清单计价格式文件的编制方法是什么？

（9）工程量清单计价格式文件的编制步骤是什么？

基础知识六　工程量清单计价软件

一、清单计价模式与定额计价模式下报价软件的主要区别

工程造价管理的相关工作长久以来一直以工作量巨大、计算繁复而著称，纯手工工作的效率非常低，而且容易出错。为了提高工作效率，降低劳动强度，提升管理质量，使用信息技术来参与工程造价计算和工程造价管理工作就成为我国造价行业和相关信息技术行业一个不断追求的目标。

随着计算机应用技术和信息技术的飞速发展，以及计算机硬件设备性能的迅速提升和快速普及，我国工程造价行业进行大规模信息技术应用的硬件环境已经成熟。而且，随着我国经济的飞速发展，我们工程造价行业的业务规模和业务需求也快速扩大，提升效率、降低错误率、提升管理质量、加强信息的管理和利用等需求量不断增加，从需求上也为工程造价管理的信息技术应用创造了条件，在这个时期，我国工程造价管理信息技术应用进入了快速发展期。我国出现了为工程造价及其相关管理活动提供信息和服务的网站。我国部分地区也出现了为行业用户提供整体解决方案的系列产品。工程量清单计价软件是在总结原来定额计价软件的开发经验基础上逐步研究成功的。

（一）清单计价模式下报价软件的功能

1. 基本功能

（1）功能强大、界面友好、操作简单。

（2）定额子目录入方式灵活多样。

（3）工程量录入方便实用。

（4）汇总快速、条目清晰。

（5）取费方便、调整容易。

（6）报表美观大方，可原样导出到 Excel 保存、调整并打印。

（7）独特的多媒体语音功能。

2. 特色功能

（1）清单计价模式下的软件能够测算出工程的成本价，并且能够方便调价，能够利用软件对企业的成本、利润等进行分析。

（2）清单计价软件适应不同的甲方要求。对于投标书的报表模式，给出了一些推荐表，这些报表具体是什么格式，取决于招标方在招标书中的具体要求。所以对清单计价软价提出了新的要求，必须全面灵活。

（3）清单软件要求各项费用组成更细化。除了定额组价方式外，还必须提供分包组价、实物量组价和以往工程组价。

（二）定额计价模式下报价软件的功能

（1）定额软件有定额库。定额软件的主要功能是套定额，然后自动计算出结果。这充分体现出计算机的运行高效。

（2）定额软件能根据操作者设置的工程特征、项目类别、建筑面积等自动取费，软件有所有的取费表，能根据不同工程类别分别计算。

（3）定额软件能进行各种换算，例如：混凝土强度等级、土方运距等，这样大大节约了操作者的时间。

二、利用软件工具编制工程量清单及其计价的步骤

在竞争日益激烈的建筑市场经济机制下，原有传统计价模式越来越显出弊端，推行工程量清单计价模式不但符合国际上通用的计价惯例，而且也是我国工程造价管理的改革方向。

神机电脑有限公司是一家专业从事建筑业软件研究、开发、销售与服务的高科技企业。现以《建设工程量清单计价规范》的配套软件《神机妙算智能套价软件——工程量清单计价软件》为例来讲解具体操作步骤。

（一）新建工程库

启动黑龙江工程量清单计价软件进入软件界面，新建工程造价库。选择主菜单“工程造价 / 新建（工程造价）”菜单项，或工具条“新建（工程造价）”按钮，如图 1–8 所示。

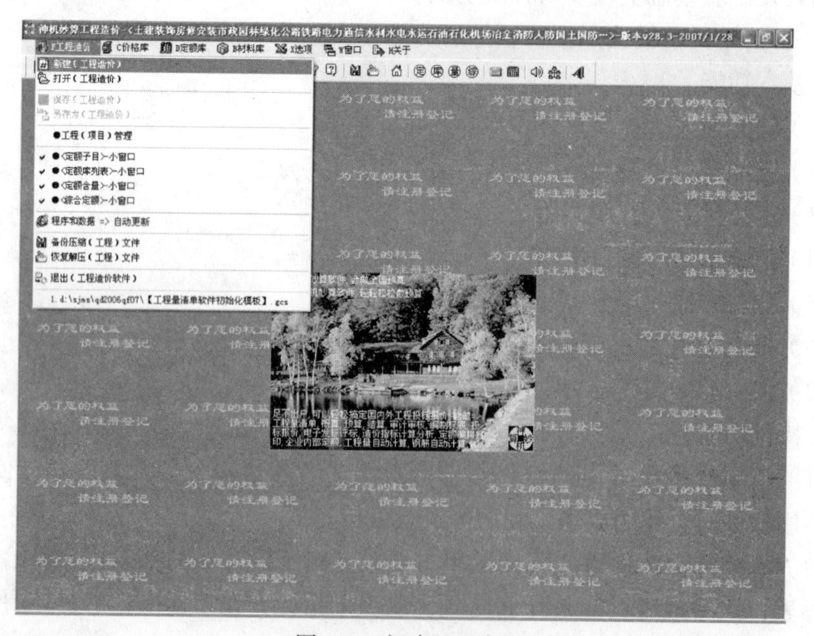

图 1–8　新建工程库

下一步,定义文件名。在弹出的“新建(工程造价)”对话框(图 1-9)中双击【用户工程库】文件夹，在“文件名”处输入工程文件名，最后单击 按钮。

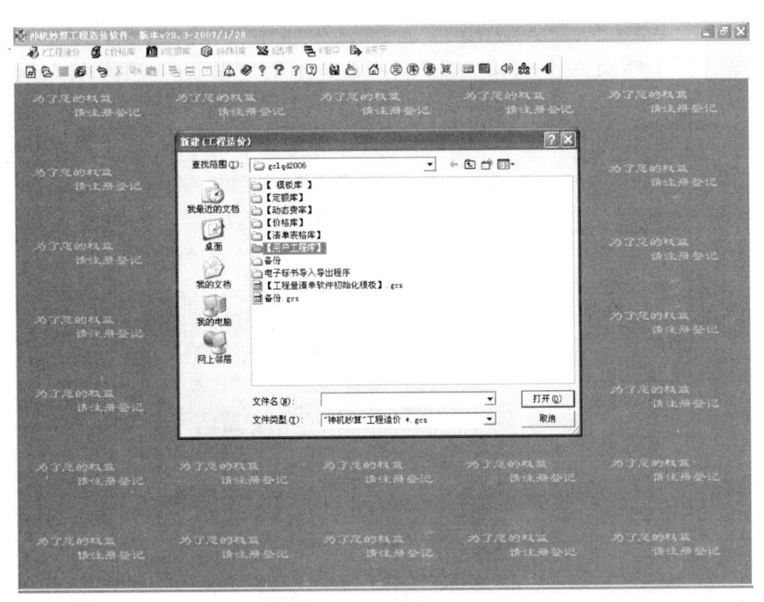

图 1-9　定义工程名称

（二）选择模板

1. 选择工程模板

单击【工程信息】插页 选择模板按钮，选择所用地区模板库，进入“打开（工程造价）模板”窗口，如图 1-10 所示，选择适用的模板（专业）。

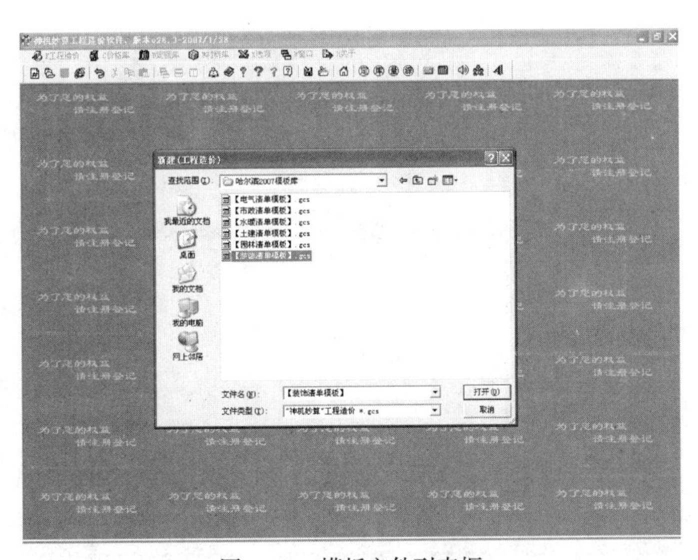

图 1-10　模板文件列表框

【提示】：模板启动后自动完成工程量清单报价编制系统设置，全过程引导用户的操作。用户只须录入清单及其工程内容子目和工程量，系统即可自动完成工程量清单报价的编制和各种标准清单表格打印及输出。

2. 录入工程信息

在【工程信息】插页左上窗口，如图 1–11 所示的“数据”栏内录入与“名称”栏内容相对应的各项工程信息内容。

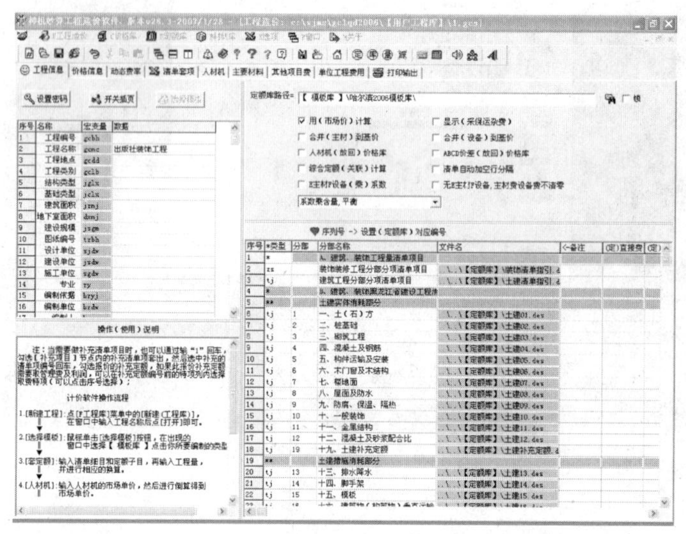

图 1–11 【工程信息】内容

3. 设置当前价格库

进入【价格信息】插页，在【当前价格库】窗口，选择 命令，选择需要采用的价格库文件。如图 1–12 所示。

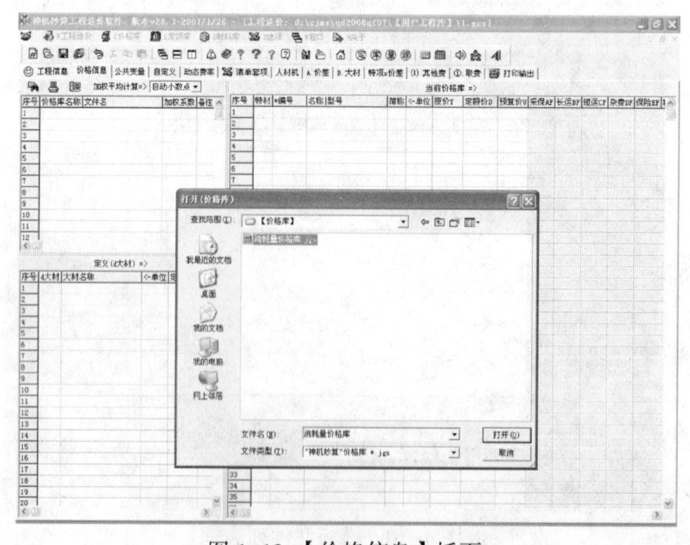

图 1–12 【价格信息】插页

4. 设置动态费率

进入【动态费率】插页，如图 1–13 所示，在【动态费率】窗口根据需要调整取费费率（模板中已设置）。动态费率表每一行的工程类别对应一个特项变量。

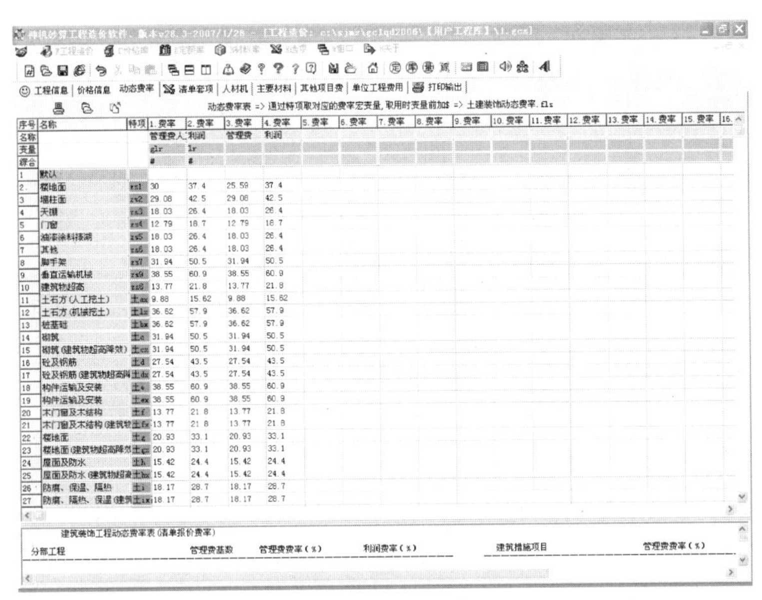

序号	名称	特项	1. 费率	2. 费率	3. 费率	4. 费率
名称			管理费人工…	利润	管理费	利润
变量			glr	lr		
综合			#	#		
1	默认					
2.	楼地面	zs1	30	37.4	25.59	37.4
3	墙柱面	zs2	29.08	42.5	29.08	42.5
4	天棚	zs3	18.03	26.4	18.03	26.4
5	门窗	zs4	12.79	18.7	12.79	18.7
6	油漆涂料裱糊	zs5	18.03	26.4	18.03	26.4
7	其他	zs6	18.03	26.4	18.03	26.4
8	脚手架	zs7	31.94	50.5	31.94	50.5
9	垂直运输机械	zs9	38.55	60.9	38.55	60.9
10	建筑物超高	zs8	13.77	21.8	13.77	21.8
11	土石方(人工挖土)	土ax	9.88	15.62	9.88	15.62
12	土石方(机械挖土)	土lx	36.62	57.9	36.62	57.9
13	桩基础	土bx	36.62	57.9	36.62	57.9
14	砌筑	土c	31.94	50.5	31.94	50.5
15	砌筑(建筑物超高降效)	土cx	31.94	50.5	31.94	50.5
16	砼及钢筋	土d	27.54	43.5	27.54	43.5
17	砼及钢筋(建筑物超高降…	土dx	27.54	43.5	27.54	43.5
18	构件运输及安装	土e	38.55	60.9	38.55	60.9
19	构件运输及安装	土ex	38.55	60.9	38.55	60.9
20	木门窗及木结构	土f	13.77	21.8	13.77	21.8
21	木门窗及木结构(建筑物…	土fx	13.77	21.8	13.77	21.8
22	楼地面	土g	20.93	33.1	20.93	33.1
23	楼地面(建筑物超高降效…	土gx	20.93	33.1	20.93	33.1
24	屋面及防水	土h	15.42	24.4	15.42	24.4
25	屋面及防水(建筑物超高…	土hx	15.42	24.4	15.42	24.4
26	防腐、保温、隔热	土i	18.17	28.7	18.17	28.7
27	防腐、隔热、保温(建筑…	土ix	18.17	28.7	18.17	28.7

图 1–13 【动态费率】插页

【提示】:【动态费率】插页中的特项变量与消耗量定额的特项自动关联，套定额计算时软件自动生成管理费和利润值。前两项费率可修改，后两项不可动，为对比而用。

（三）套定额

单位工程工程量清单计价包括：分部分项工程项目费用、措施项目费用、其他项目费用。套价窗口“*”类型规定：

* 表示项目分类，如实体项目和技术措施；

** 表示分部名称，如楼地面工程和墙、柱面工程；

*** 表示清单项目，清单下跟九位全国统一编码定额：020204001\石材墙面 \m^2

选择窗口中【套定额】插页，我们大部分工作在此窗口中完成。如图 1–14 所示。

1. 分部分项工程清单项目

在编制工程量清单报价的过程中神机软件具有一个特色功能，即清单 123 功能。用 1 代表分部分项工程清单项目，2 代表措施项目清单，3 代表其他项目清单，这三项费用的计取都在【套定额】插页完成。

点击【套定额】插页，在项目编号一栏中输入“1”回车，软件自动弹出“工

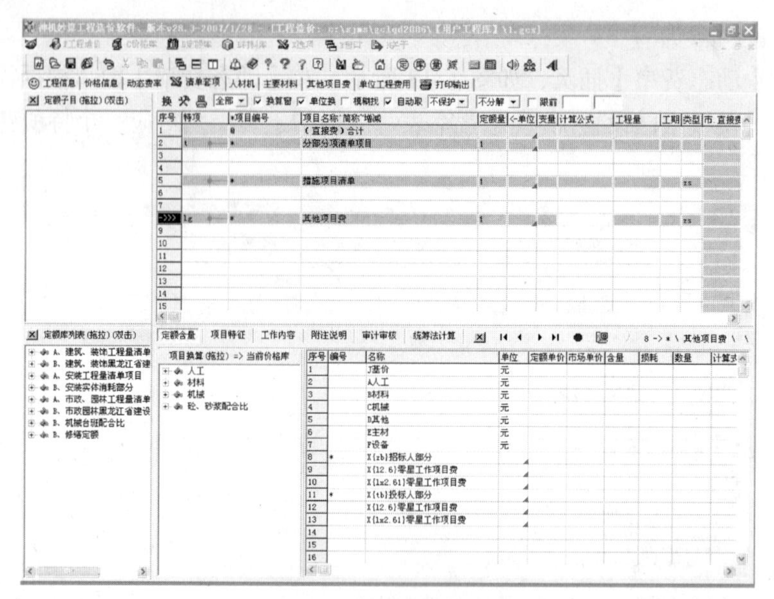

图 1–14 【套定额】插页

程量清单项目”，逐级展开，在所需的九位清单项目编码前方框内打勾。如果是招标人做到这里就可以了，如果是投标人还需要选择具体的消耗量定额：把“全保护”改成“不保护”，光标放在“项目编号”处，按回车键，软件自动弹出清单指引，可根据需要勾选相应的消耗量定额，点击确认即可。

最后录入工程内容工程量，既要录入招标方所给的工程量，还要根据消耗量定额工程量计算规则，填写工程内容定额子目工程量，完成本条分项工程量清单项目组价。如图 1–15 所示。

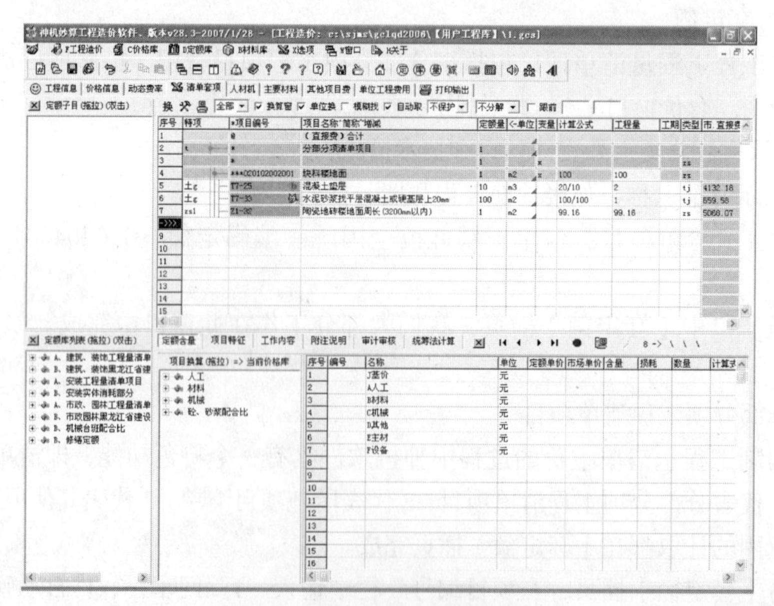

图 1–15 分部分项工程清单项目

在【定额含量】窗口可灵活调整其消耗量，包括项目与含量的换算和调整。项目换算可在【项目换算】窗口打开当前价格库，直接在其列表中拖拉相应项目替换原消耗量项目，被替换的项目变淡灰色，不再参与计价。含量调整可直接修改含量数值，也可在【定额含量】窗口的“计算式 +–*/”栏直接输入算式修改，如“*1.1”。

还可进行定额增减换算、系数换算、配合比换算等多种自动换算功能，并可根据需要随时编制补充定额。软件还具有自动生成十二位清单编码的特色功能。

2. 措施项目清单

措施项目分为一般措施项目和定额措施项目，在项目编号处录入“2”回车，展开所需项目前加号，措施项目中含“此项必选”的项目一定要选，勾选后软件自动生成“**”项目，从而使格式规范化，然后再勾选所需要的项目，完毕后点击“确认”。在不保护的状态下，一般措施项目的单位都为项，计算公式当中软件已录入好“1”，无须使用者再录入，在消耗量定额项目的计算公式当中输入实际工程量，回车。如图 1–16 所示。

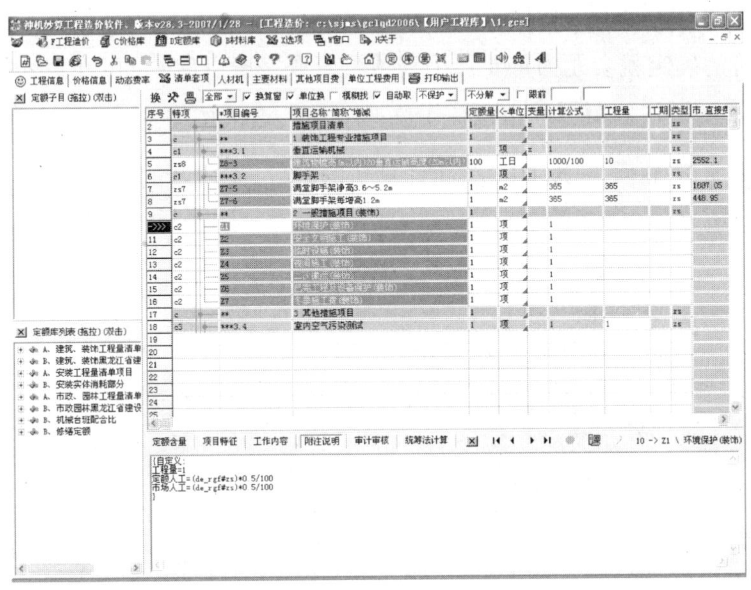

图 1–16　措施项目清单

3. 其他项目清单

其他项目费用均在【其他项目费】插页组价。【其他项目费】插页中的“计算公式或基数”栏可填写固定金额进行组价，也可以根据需要自由给定取费基数和费率取费组价。如图 1–17 所示。

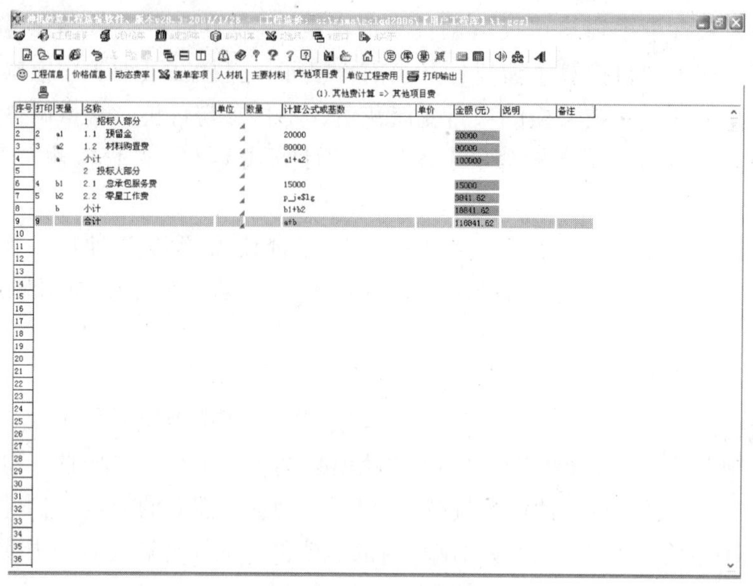

图 1–17　其他项目费编制

（四）进行人、材、机分析及价格形成

对于清单报价来说，招标方承担的是量的风险，而投标方承担的是价的风险，所以说，价的确定就会尤为重要。工程项目套取完毕以后，可以在“人材机插页”中看到材料的分析结果，在市场价中修改价格，点击按钮 ，将市场价格重新放回前面的套定额插页项目中，重新计算新的基价，生成新的市场报价。如图 1–18 所示。

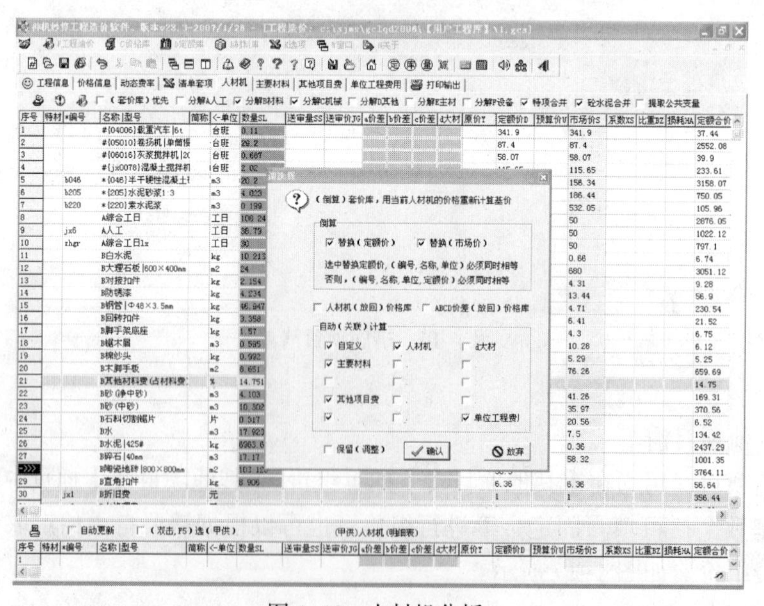

图 1–18　人材机分析

（五）主要材料分析

进入【主要材料】插页，提取右键菜单，选择“手工选择价差项目”菜单项，在弹出对话框中勾选主要材料，单击 确认 按钮退出，即可将所勾选材料提取到主要材料窗口中。如图 1–19 所示。

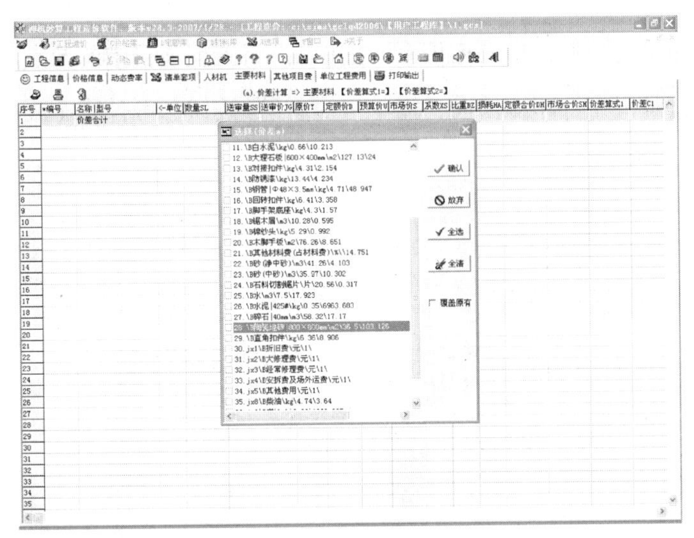

图 1–19　主要材料取定

（六）单位工程费用的编制

在【单位工程费用】插页汇总分部分项工程量清单项目费、措施项目费和其他项目费，并取定规费和税金两项费用和其他相关费用。如图 1–20 所示。

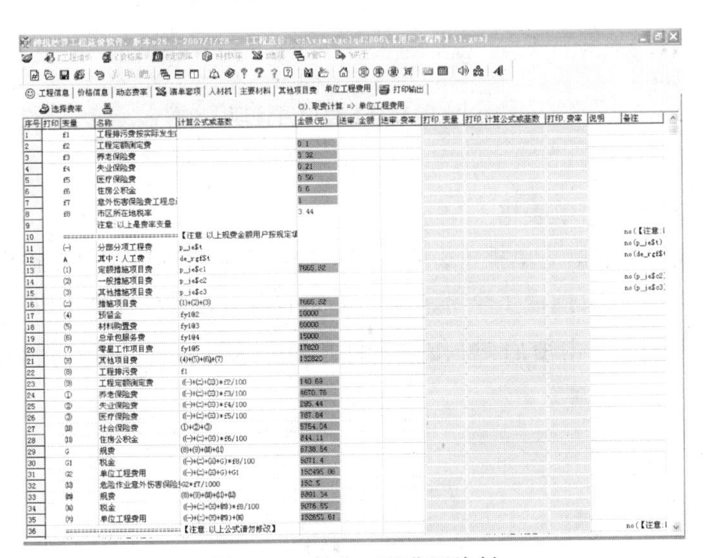

图 1–20　单位工程费用编制

（七）单项工程费、建设项目总价的汇总

选择主菜单“工程造价 / 工程（项目）管理”，或单击工具条 按钮，可打开“工程（项目）管理”窗口。

打开一个单位工程造价文件，单击窗眉 按钮，可将当前单位工程加入工程项目中的相应单项工程。在“工程（项目）管理”窗眉单击 按钮，逐个增加全部单项工程和单位工程。单击窗眉 按钮可以将工程项目中的节点删除。编辑完成的工程项目窗口在打印输出前，需单击窗眉 按钮，可计算工程项目造价。如图 1–21 所示。

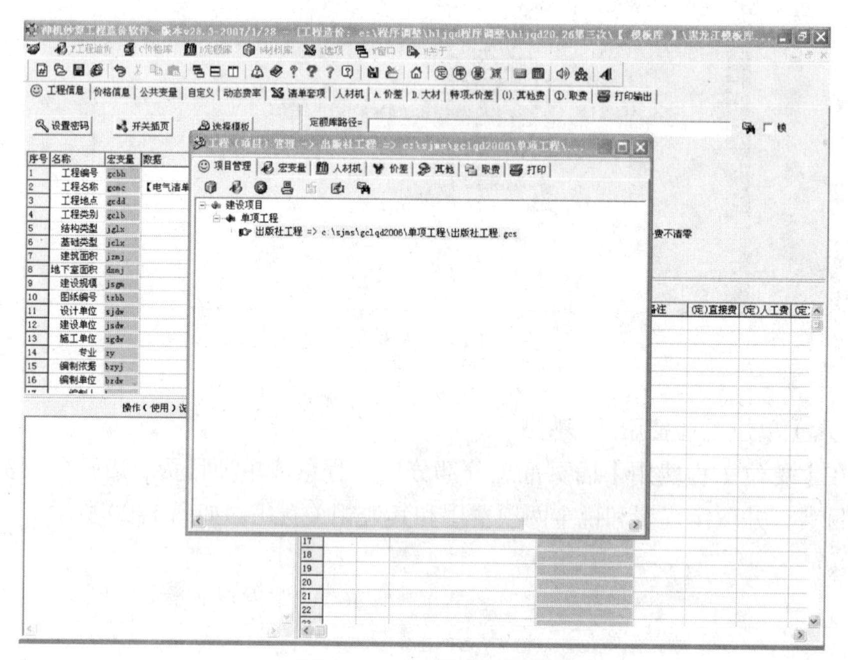

图 1–21　工程项目管理

（八）打印输出清单表格

编制完成的工程量清单报价，在【打印输出】插页预览和打印输出。

【打印输出】插页预设了全部清单计价标准表格。系统提供编辑、预览、打印功能。选中报表，单击窗眉 按钮，打开报表编辑插页，可对报表格式进行灵活制定。如图 1—22 所示。

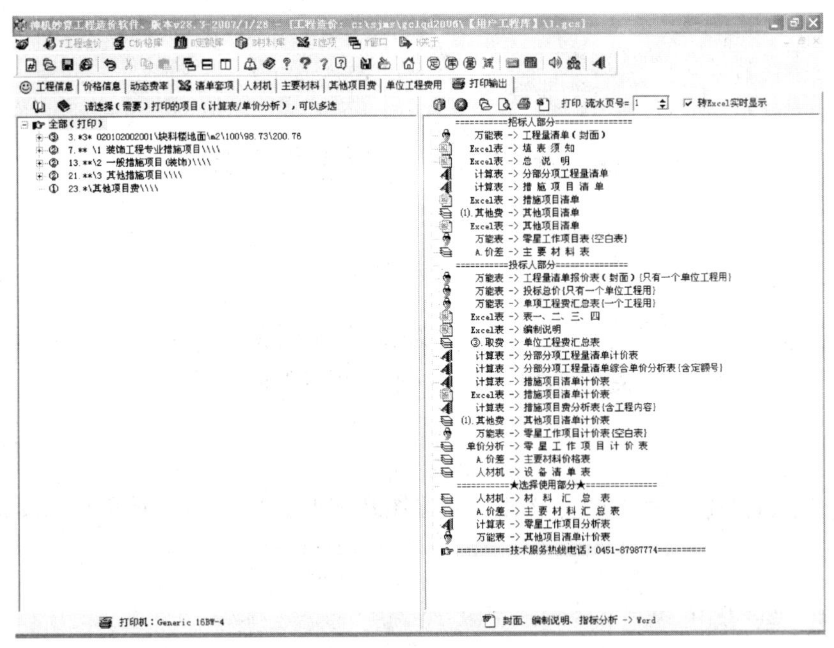

图 1-22　打印输出

思考题与习题

（1）清单计价模式下报价软件的基本功能和特色功能分别是什么？

（2）定额计价模式下报价软件的功能有哪些？

（3）如何新建工程库？

（4）如何选择模板？

（5）套定额的步骤有哪些？如何具体操作？

第二篇　工程项目篇

项目一　某活动中心装饰工程招标项目经济标编制
某活动中心装饰工程项目描述

其项目描述的内容包括：图纸（效果图及施工图）、封皮、填表须知及总说明，其内容如下：

图　纸

本项目效果图见书后。

本项目施工图见书后。

__________工程

工程量清单

工程造价

招　标　人：__________　　咨 询 人：__________

（单位盖章）　　（单位资质专用章）

法定代表人

或其授权人：__________　　法定代表人

或其授权人：__________

（签字或盖章）　　（签字或盖章）

编　制　人：__________　　复　核　人：__________

（造价人员签字盖专用章）　　（造价工程师签字盖专用章）

编 制 时 间：　　年　月　日　　复 核 时 间：　　年　月　日

填表须知

1. 工程量清单及其计价格式中所有要求签字、盖章的地方，必须由规定的单位和人员签字、盖章。
2. 工程量清单及其计价格式的任何内容不得随意删除或涂改。
3. 工程量清单计价格式中列明的所有需要填报的单价和合价，投标人均应填报，未填报的单价和合价，视为此项费用已包含在工程量清单的其他单价和合价中。
4. 金额（价格）均应以＿＿（人民币）＿＿表示。

总　说　明

工程名称：某活动中心装饰工程

1. 工程概况：

工程名称：某活动中心装饰工程为三层，建筑面积为3500m²。

结构类型：框架结构。

2. 编制依据：本工程依据《建设工程工程量清单计价规范》以及施工图纸、施工方案等计算工程数量。

某活动中心装饰工程招标项目经济标编制任务书

序号	项目内涵	具体说明
1	项目说明	本工程项目是某活动中心装饰工程招标项目经济标编制，要求造价员完成该招标文件中的经济标编制工作
2	项目分析	在项目所规定的时间内，完成填写分部分项工程量清单计价表、填写措施项目清单计价表、填写其他项目清单与计价表、填写规费、税金项目清单与计价表等编制环节，最终完成某活动中心装饰工程工程量清单编制任务，并利用专业软件打印成稿，形成招标文件的经济标书
3	项目任务分解	按照工作过程将该项目划分成四个任务完成。 任务一：完成某活动中心装饰工程分部分项工程量清单计价表填写工作。 任务二：完成某活动中心装饰工程措施项目清单计价表填写工作。 任务三：完成某活动中心装饰工程其他项目清单与计价表填写工作。 任务四：完成某活动中心装饰工程规费、税金项目清单与计价表填写工作
4	项目能力分解	该项目任务要求学生具备造价员的岗位能力，同时具备装饰工程识图能力、装饰材料实训能力、装饰构造与施工技术实训能力、专业计算能力及计算机专业软件操作能力和自主学习能力

任务一　完成某活动中心装饰工程分部分项工程量清单计价表填写工作

一、任务描述

造价员通过对某活动中心装饰工程施工图的分析思考，完成分部分项工程量清单计价表的填写工作，任务成果是分部分项工程量清单计价表。

二、能力目标

（1）能准确列取分部分项工程名称。

（2）能正确计算分部分项工程量。

（3）能正确填写分部分项工程量清单计价表。

三、参考文献

（1）《建筑装饰装修工程计量与计价》；

（2）《建设工程工程量清单计价规范》；
（3）《建设工程工程量清单计价规范》宣贯辅导教材。

四、任务准备与分析

（一）准备与收集资料
（1）设计施工图；
（2）《建设工程工程量清单计价规范》；
（3）施工现场情况；
（4）招标文件规定的相关内容；
（5）相关手册；
（6）其他资料（如补充定额等）。
（二）熟悉图纸
设计施工图纸是编制建筑装饰工程量清单的主要依据，编制人员在编制工程量清单之前，充分、全面地熟悉图纸，了解设计意图，掌握工程全貌，是准确、迅速地编制工程量清单的关键。

五、设备分析

利用专业计价软件进行计算。

六、任务重点、难点分析

（1）重点在于分部分项工程量清单计价表的填写方法和注意事项。
（2）难点在于工程量计算规则的掌握和应用。

七、任务实施步骤

任务实施步骤一：完成计算式及工程数量等的填写。

计算式及工程数量

活动中心装饰工程　　　　第1页　共3页

序号	项目编码	项目名称	计量单位	计算式及工程数量
		二层多功能厅		
1	020302001001	顶棚吊顶	m^2	24.18×18.54−0.8×0.75×3=446.50
2	020507001001	顶棚刷喷涂料	m^2	（2.483×8+2.317+0.367）×2.88×2+（2.483×8+2.317+0.367）×3.05×3+2.93×18.54+0.3×（0.695×2+3.012×2+7.925）+0.8×18.54+0.1×（0.695×2+3.012×2+7.925）+0.4×2.88×2×9+0.4×3.05×3×9+0.1×18.54=467.01
3	BB：001	造型铝塑板吊棚	m^2	20.9×0.4×8=66.88
4	BB：002	顶棚柔性天花	m^2	0.75×20.9×4−0.8×2×0.75=61.5

续表

序号	项目编码	项目名称	计量单位	计算式及工程数量
5	BB：003	造型包梁、包柱	m^2	0.5×24.18+0.2×（24.18−0.8×3）+0.5×23.76+0.2×（23.76−0.8×3）+（1.3×2+1.4×3+1.2×3+0.3+1.2+1.7）×3.55+（0.8+0.75）×2×3.55×3=113.89
6	020504012001	梁柱饰面基层板刷防火涂料	m^2	计算式及工程数量同上
7	BB：004	造型吸声板墙面	m^2	1.3×（4.645+4.635+5.26+5.22）+3.5×（23.76−1.5−1.45−0.8×3）+3×2.965+3×3.275+3.55×（18.59−0.75×2）−3×1.5−2.62×3.17=156.71
8	020504006001	吸声板墙面基层板刷防火涂料	m^2	计算式及工程数量同上
9	020604002001	木质装饰线	m	1.3×16+3.38×8+3×4+3.43×10−1.5×2=91.14
10	020207001001	装饰板墙面	m^2	（3.19+7.7+2.75）×2.95+0.5×（2.965+3.275）=43.36
11	020604002002	木质装饰线	m	7.7+18.59−0.75×2+24.18−0.8×3+23.76−0.8×3−1.5×2−2.14=62.79
12	020507001002	墙面刷喷涂料	m^2	0.3×（2.34×2+4.6）+0.3×（3.34×2+5.26）+0.3×（2.34×2+5.22）+0.3×（2.34×2+4.585）+0.3×（3.17×2+2.62）+0.3×（1.5×2+3）=16.6
13	020409003001	石材窗台板	m	4.6+5.26+5.22+4.585+3+2.62=25.29
14	BB：005	地台装饰	m^2	（2.56+0.37）×13.8−1.846×2.304=36.18
15	BB：006	改架用工	工日	（24.18+18.54）×2×4.3÷100×1.28=5
		二层小会议室（一）		
16	020302001002	顶棚吊顶	m^2	10.56×5.62=59.35
17	020507001003	顶棚刷喷涂料	m^2	59.35+5.65+28.51=93.51
18	020207001002	装饰板墙面	m^2	0.6×3.4×2+0.6×3.6×2+5.2×3.6×2=45.84

计算式及工程数量

活动中心装饰工程　　　　第2页　共3页

序号	项目编码	项目名称	计量单位	计算式及工程数量
19	020207001003	装饰板墙面（A立面）	m^2	（9.21−1.5−0.9）×3.4=23.15
20	020207001004	装饰板墙面（C立面）	m^2	（0.67+0.84+3）×3.4=15.33
21	020604002003	木质装饰线	m	（10.56+5.62）×2−1.5−0.9+0.3×4=31.16
22	020604002004	木质装饰线	m	3.6×4=14.4
23	020507001004	墙面刷喷涂料	m^2	23.15+22.95+1.88×0.3+2.8×0.3=47.5
24	020409003002	石材窗台板	m	1.88+2.8=4.68
25	BB：007	改架用工	工日	（10.56+5.62）×2×4.3÷100×1.28=2

续表

序号	项目编码	项目名称	计量单位	计算式及工程数量
		二层小会议室（二）		
26	020302001003	顶棚吊顶	m^2	9.36 × 5.62=52.6
27	020507001005	顶棚刷喷涂料	m^2	52.6+17.83=70.43
28	020408001001	窗帘盒	m	9.36
29	020408004001	窗帘轨	m	2.42 × 2=4.84
30	020207001005	装饰板墙面	m^2	(0.8+2.95+1.07+1.01+0.2 × 3+1.05+1.4+1.05+1.13 +0.3+0.3) × 3.6+0.5 × 0.9 × 2=42.88
31	020208001001	柱（梁）面装饰	m^2	0.4 × 3.6 × 2+0.4 × 0.1 × 2=2.96
32	020207001006	装饰板墙面	m^2	2.65 × 1.2=3.18

计算式及工程数量

活动中心装饰工程　　第 3 页　共 3 页

序号	项目编码	项目名称	计量单位	计算式及工程数量
33	020604002005	木质装饰线	m	2.65 × 15=39.75
34	020207001007	装饰板墙面	m^2	(0.8+1.275+1.275+0.8) × 3.6+0.6 × 0.4 × 3=15.66
35	020509001001	墙纸裱糊	m^2	0.4 × 2.68 × 3+0.5 × 2.5 × 2=5.72
36	020507001006	墙面刷喷涂料	m^2	42.876+15.66+9.36 × 3.4−1.5 × 3.4−0.9 × 3.4+4.84 × 3.6−2.1 × 2.4 × 2+0.3 × （2.4 × 2+2.1） × 2=93.68
37	020604002006	木质装饰线	m	(9.36+5.62) × 2−1.5−0.9+0.3 × 4+0.3 × 4=29.96
38	020409003003	石材窗台板	m	2.4 × 2=4.8
39	BB：008	改架用工	工日	(9.36+5.62) × 2 × 4.3 ÷ 100 × 1.28=2

任务实施步骤二：完成分部分项工程量清单计价表的填写。

分部分项工程量清单计价表

工程名称：活动中心装饰工程　　标段：　　第 1 页　共 5 页

序号	项目编码	项目名称	项目特征	计量单位	工程数量	金额（元）		
						综合单价	合价	其中：暂估价
		二层多功能厅						
1	020302001001	顶棚吊顶	1. 50 系列轻钢龙骨 2. 细木工板基层造型 3.12mm 厚石膏板面层 4. 细木工板基层刷防火涂料三遍 5. 白橡板饰面 6. 白橡板水清木器面漆五遍磨退刷底油、刮腻子、漆片、修色、刷油、磨退	m^2	446.5			

续表

序号	项目编码	项目名称	项目特征	计量单位	工程数量	金额（元）		
						综合单价	合价	其中：暂估价
2	020507001001	顶棚刷喷涂料	1. 石膏板缝贴绷带 2. 刮大白三遍 3. 乳胶漆三遍	m^2	467.01			
3	BB：001	造型铝塑板吊顶		m^2	66.88			
4	BB：002	顶棚柔性天花		m^2	61.5			
5	BB：003	造型包梁、包柱		m^2	113.89			
6	020504012001	梁柱饰面基层板刷防火涂料	细木工板基层刷防火涂料三遍	m^2	113.89			
7	BB：004	造型吸声板墙面		m^2	156.71			
8	020504006001	吸声板墙面基层板刷防火涂料	细木工板基层刷防火涂料三遍	m^2	156.71			
9	020604002001	木质装饰线	1. 30mm × 10mm 实木线 2. 水清木器面漆五遍磨退刷底油、刮腻子、漆片、修色、刷油、磨退	m	91.14			
10	020207001001	装饰板墙面	1. 75 轻钢隔墙龙骨 2. 细木工板基层 3. 丝绒面层 4. 木制饰面板拼色、拼花 5. 细木工板基层刷防火涂料三遍 6. 饰面板水清木器面漆五遍磨退刷底油、刮腻子、漆片、修色、刷油、磨退	m^2	43.36			
	本页小计							

注：根据建设部、财政部发布的《建筑安装工程费用组成》（建标 [2003]206 号）的规定，为记取规费等的使用，可以在表中增设："直接费"、"人工费"或"人工费 + 机械费"。

分部分项工程量清单计价表

工程名称：活动中心装饰工程　　　　标段：　　　　第 2 页　共 5 页

序号	项目编码	项目名称	项目特征	计量单位	工程数量	金额（元）		
						综合单价	合价	其中：暂估价
11	020604002002	木质装饰线	1. 实木踢脚板 2. 水清木器面漆五遍磨退刷底油、刮腻子、漆片、修色、刷油、磨退	m	62.79			
12	020507001002	墙面刷喷涂料	1. 刮大白三遍 2. 乳胶漆三遍	m^2	16.6			

续表

序号	项目编码	项目名称	项目特征	计量单位	工程数量	金额（元）		
						综合单价	合价	其中：暂估价
13	020409003001	石材窗台板	1. 细木工板基层 2. 人造石窗台板 3. 细木工板基层刷防火涂料三遍 4. 石材磨边	m	25.29			
14	BB：005	地台装饰	1. 30mm×40mm 红松木楞 2. 细木工板基层 3. 复合地板 4. 不锈钢装饰压线	m^2	36.18			
15	BB：006	改架用工		工日	5			
		【二层多功能厅】小计						
		二层小会议室（一）						
16	020302001002	顶棚吊顶	1. 50 系列轻钢龙骨 2. 30mm×40mm 红松木方局部造型 3. 细木工板基层造型 4. 12mm 厚石膏板面层 5. 细木工板基层刷防火涂料三遍 6. 木龙骨刷防火涂料三遍	m^2	59.35			
17	020507001003	顶棚刷喷涂料	1. 石膏板缝贴绷带 2. 刮大白三遍 3. 乳胶漆三遍	m^2	93.51			
18	020207001002	装饰板墙面	1. 75 轻钢隔墙龙骨 2. 细木工板基层 3. 木制饰面板拼色、拼花 4. 细木工板基层刷防火涂料三遍 5. 木制饰面板水清木器面漆五遍磨退刷底油、刮腻子、漆片、修色、刷油、磨退	m^2	45.84			
本页小计								

注：根据建设部、财政部发布的《建筑安装工程费用组成》（建标［2003］206 号）的规定，为记取规费等的使用，可以在表中增设：“直接费”、“人工费”或“人工费＋机械费”。

分部分项工程量清单计价表

工程名称：活动中心装饰工程　　　　标段：　　　　第3页　共5页

序号	项目编码	项目名称	项目特征	计量单位	工程数量	金额（元）		
						综合单价	合价	其中：暂估价
19	020207001003	装饰板墙面（A立面）	1. 75轻钢隔墙龙骨 2. 细木工板基层 3. 12mm厚石膏板面层 4. 细木工板基层刷防火涂料三遍	m^2	23.15			
20	020207001004	装饰板墙面（C立面）	1. 75轻钢隔墙龙骨 2. 细木工板基层 3. 12mm厚石膏板面层 4. 细木工板基层刷防火涂料三遍	m^2	15.33			
21	020604002003	木质装饰线	1. 实木踢脚板 2. 水清木器面漆五遍磨退刷底油、刮腻子、漆片、修色、刷油、磨退	m	31.16			
22	020604002004	木质装饰线	1. 30mm×10mm实木线 2. 水清木器面漆五遍磨退刷底油、刮腻子、漆片、修色、刷油、磨退	m	14.4			
23	020507001004	墙面刷喷涂料	1. 刮大白三遍 2. 乳胶漆三遍	m^2	47.5			
24	020409003002	石材窗台板	1. 细木工板基层 2. 人造石窗台板 3. 细木工板基层刷防火涂料三遍 4. 石材磨边	m	4.68			
25	BB：007	改架用工		工日	2			
		【二层小会议室（一）】小计						
		二层小会议室（二）						
26	020302001003	顶棚吊顶	1. 50系列轻钢龙骨 2. 细木工板基层造型 3. 12mm厚石膏板面层 4. 细木工板基层刷防火涂料三遍	m^2	52.6			
本页小计								

注：根据建设部、财政部发布的《建筑安装工程费用组成》（建标［2003］206号）的规定，为记取规费等的使用，可以在表中增设“直接费”、“人工费”或“人工费＋机械费”。

分部分项工程量清单计价表

工程名称：活动中心装饰工程　　　　　　　　标段：　　　　　　　　　　　　第4页　共5页

序号	项目编码	项目名称	项目特征	计量单位	工程数量	金额（元）		
						综合单价	合价	其中：暂估价
27	020507001005	顶棚刷喷涂料	1. 石膏板缝贴绷带 2. 刮大白三遍 3. 乳胶漆三遍	m^2	70.43			
28	020408001001	窗帘盒	1. 细木工板窗帘盒 2. 细木工板刷防火涂料两遍	m	9.36			
29	020408004001	窗帘轨	不锈钢窗帘轨	m	4.84			
30	020207001005	装饰板墙面	1. 75轻钢隔墙龙骨 2. 12mm厚石膏板面层	m^2	42.88			
31	020208001001	柱（梁）面装饰	1. 细木工板基层 2. 聚漆玻璃饰面 3. 细木工板基层刷防火涂料三遍	m^2	2.96			
32	020207001006	装饰板墙面	1. 细木工板基层 2. 木制饰面板拼色、拼花 3. 细木工板基层刷防火涂料三遍 4. 木制饰面板水清木器面漆五遍磨退刷底油、刮腻子、漆片、修色、刷油、磨退	m^2	3.18			
33	020604002005	木质装饰线	1. 50mm×20mm实木线 2. 水清木器面漆五遍磨退刷底油、刮腻子、漆片、修色、刷油、磨退	m	39.75			
34	020207001007	装饰板墙面	1. 75轻钢隔墙龙骨 2. 12mm厚石膏板面层	m^2	15.66			
35	020509001001	墙纸裱糊	1. 刮大白三遍 2. 贴对花壁纸	m^2	5.72			
本页小计								

注：根据建设部、财政部发布的《建筑安装工程费用组成》（建标［2003］206号）的规定，为记取规费等的使用，可以在表中增设“直接费”、“人工费”或“人工费+机械费”。

分部分项工程量清单计价表

工程名称：活动中心装饰工程　　　　　　　　标段：　　　　　　　　　　　　第5页　共5页

序号	项目编码	项目名称	项目特征	计量单位	工程数量	金额（元）		
						综合单价	合价	其中：暂估价
36	020507001006	墙面刷喷涂料	1. 刮大白三遍 2. 乳胶漆三遍	m^2	93.68			

续表

序号	项目编码	项目名称	项目特征	计量单位	工程数量	金额（元）		
						综合单价	合价	其中：暂估价
37	020604002006	木质装饰线	1. 实木踢脚板 2. 水清木器面漆五遍磨退刷底油、刮腻子、漆片、修色、刷油、磨退	m	29.96			
38	020409003003	石材窗台板	1. 细木工板基层 2. 人造石窗台板 3. 细木工板基层刷防火涂料三遍 4. 石材磨边	m	4.8			
39	BB：008	改架用工		工日	2			
		【二层小会议室（二）】小计						
本页小计								
合　计								

注：根据建设部、财政部发布的《建筑安装工程费用组成》（建标［2003］206号）的规定，为记取规费等的使用，可以在表中增设“直接费”、“人工费”或“人工费＋机械费”。

八、主要学习内容

分部分项工程量清单，在装饰工程中，按照不同的结构部位或不同的工种、材料和施工机械进行划分，可以分为楼地面工程、墙柱面工程、顶棚工程、门窗工程、油漆、涂料、裱糊工程及其他工程等六个分部工程。以下分别对六个分部工程的清单项目及工程量计算进行详细说明。

（一）楼地面工程量计算

1. 清单项目设置

楼地面工程清单项目包括整体面层、块料面层、橡塑面层、其他材料面层、踢脚线、楼梯装饰、扶手、栏杆、栏板装饰、台阶装饰、零星装饰项目等9节共42个项目。具体项目构成见表2–1。

楼地面工程　　表2–1

项目编码	项目名称	项目特征	计量单位	工程量计算规则	工程内容
020101001	水泥砂浆楼地面	1. 垫层材料种类、厚度 2. 找平层厚度、砂浆配合比 3. 防水层厚度、材料种类 4. 面层厚度、砂浆配合比	m^2	按设计图示尺寸以面积计算。扣除凸出地面的构筑物、设备基础、室内铁道、地沟等所占面积，不扣	1. 基层清理 2. 垫层铺设 3. 抹找平层 4. 防水层铺设 5. 抹面层 6. 材料运输

续表

项目编码	项目名称	项目特征	计量单位	工程量计算规则	工程内容
020101002	现浇水磨石楼地面	1. 垫层材料种类、厚度 2. 找平层厚度、砂浆配合比 3. 防水层厚度、材料种类 4. 面层厚度、水泥石子浆配合比 5. 嵌条材料种类、规格 6. 石子种类、规格、颜色 7. 颜料种类、颜色 8. 图案要求 9. 磨光、酸洗、打蜡要求	m^2	除间壁墙和 $0.3m^2$ 以内的柱、垛、附墙烟囱及孔洞所占面积。门洞、空圈、散热器包槽、壁龛的开口部分不增加面积	1. 基层清理 2. 垫层铺设 3. 抹找平层 4. 防水层铺设 5. 面层铺设 6. 嵌缝条安装 7. 磨光、酸洗、打蜡 8. 材料运输
020101003	细石混凝土地面	1. 垫层材料种类、厚度 2. 找平层厚度、砂浆配合比 3. 防水层厚度、材料种类 4. 面层厚度、混凝土强度等级			1. 基层清理 2. 垫层铺设 3. 抹找平层 4. 防水层铺设 5. 面层铺设 6. 材料运输
020101004	菱苦土楼地面	1. 垫层材料种类、厚度 2. 找平层厚度、砂浆配合比 3. 防水层厚度、材料种类 4. 面层厚度 5. 打蜡要求			1. 清理基层 2. 垫层铺设 3. 抹找平层 4. 防水层铺设 5. 面层铺设 6. 打蜡 7. 材料运输

项目编码	项目名称	项目特征	计量单位	工程量计算规则	工程内容
020102001	石材楼地面	1. 垫层材料种类、厚度 2. 找平层厚度、砂浆配合比 3. 防水层、材料种类 4. 填充材料种类、厚度 5. 结合层厚度、砂浆配合比 6. 面层材料品种、规格、品牌、颜色 7. 嵌缝材料种类 8. 防护层材料种类 9. 酸洗、打蜡要求	m^2	按设计图示尺寸以面积计算。扣除凸出地面构筑物、设备基础、室内铁道、地沟等所占面积，不扣除间壁墙和 $0.3m^2$ 以内的柱、垛、附墙烟囱及孔洞所占面积。门洞、空圈、散热器包槽、壁龛的开口部分不增加面积	1. 基层清理 2. 铺设垫层 3. 抹找平层 4. 防水层铺设 5. 填充层铺设 6. 面层铺设 7. 嵌缝 8. 刷防护材料 9. 酸洗、打蜡 10. 材料运输
020102002	块料楼地面				

项目编码	项目名称	项目特征	计量单位	工程量计算规则	工程内容
020103001	橡胶板楼地面	1. 找平层厚度、砂浆配合比 2. 填充材料种类、厚度 3. 粘结层厚度、材料种类 4. 面层材料品种、规格、品牌、颜色 5. 压线条种类	m^2	按设计图示尺寸以面积计算。门洞、空圈、散热器包槽、壁龛的开口部分并入相应的工程量内	1. 基层清理 2. 抹找平层 3. 铺设填充层 4. 面层铺贴 5. 压缝条装钉 6. 材料运输
020103002	橡胶卷材楼地面				
020103003	塑料板楼地面				
020103004	塑料卷材楼地面				

项目编码	项目名称	项目特征	计量单位	工程量计算规则	工程内容
020104001	楼地面地毯	1. 找平层厚度、砂浆配合比 2. 填充材料种类、厚度 3. 面层材料品种、规格、品牌、颜色 4. 防护材料种类 5. 粘结材料种类 6. 压线条种类	m^2	按设计图示尺寸以面积计算。门洞、空圈、散热器包槽、壁龛的开口部分并入相应的工程量内	1. 基层清理 2. 抹找平层 3. 铺设填充层 4. 铺贴面层 5. 刷防护材料 6. 装钉压条 7. 材料运输
020104002	竹、木地板	1. 找平层厚度、砂浆配合比 2. 填充材料种类、厚度、找平层厚度、砂浆配合比 3. 龙骨材料种类、规格、铺设间距 4. 基层材料种类、规格 5. 面层材料品种、规格、品牌、颜色 6. 粘结材料种类 7. 防护材料种类 8. 油漆品种、刷漆遍数			1. 基层清理 2. 抹找平层 3. 铺设填充层 4. 龙骨铺设 5. 铺设基层 6. 面层铺贴 7. 刷防护材料 8. 材料运输
020104003	防静电活动地板	1. 找平层厚度、砂浆配合比 2. 填充材料种类、厚度，找平层厚度、砂浆配合比 3. 支架高度、材料种类 4. 面层材料品种、规格、品牌、颜色 5. 防护材料种类			1. 清理基层 2. 抹找平层 3. 铺设填充层 4. 固定支架安装 5. 活动面层安装 6. 刷防护材料 7. 材料运输
020104004	金属复合地板	1. 找平层厚度、砂浆配合比 2. 填充材料种类、厚度，找平层厚度、砂浆配合比 3. 龙骨材料种类、规格、铺设间距 4. 基层材料种类、规格 5. 面层材料品种、规格、品牌 6. 防护材料种类			1. 清理基层 2. 抹找平层 3. 铺设填充层 4. 龙骨铺设 5. 基层铺设 6. 面层铺贴 7. 刷防护材料 8. 材料运输

<table>
<tr><th>项目编码</th><th>项目名称</th><th>项目特征</th><th>计量单位</th><th>工程量计算规则</th><th>工程内容</th></tr>
<tr><td>020105001</td><td>水泥砂浆踢脚线</td><td>1. 踢脚线高度
2. 底层厚度、砂浆配合比
3. 面层厚度、砂浆配合比</td><td rowspan="8">m²</td><td rowspan="8">按设计图示长度乘以高度以面积计算</td><td rowspan="5">1. 基层清理
2. 底层抹灰
3. 面层铺贴
4. 勾缝
5. 磨光、酸洗、打蜡
6. 刷防护材料
7. 材料运输</td></tr>
<tr><td>020105002</td><td>石材踢脚线</td><td rowspan="2">1. 踢脚线高度
2. 底层厚度、砂浆配合比
3. 粘贴层厚度、材料种类
4. 面层材料品种、规格、品牌、颜色
5. 勾缝材料种类
6. 防护材料种类</td></tr>
<tr><td>020105003</td><td>块料踢脚线</td></tr>
<tr><td>020105004</td><td>现浇水磨石踢脚线</td><td>1. 踢脚线高度
2. 底层厚度、砂浆配合比
3. 面层厚度、水泥石子浆配合比
4. 石子种类、规格、颜色
5. 颜料种类、颜色
6. 磨光、酸洗、打蜡要求</td></tr>
<tr><td>020105005</td><td>塑料板踢脚线</td><td>1. 踢脚线高度
2. 底层厚度、砂浆配合比
3. 粘结层厚度、材料种类
4. 面层材料种类、规格、品牌、颜色</td></tr>
<tr><td>020105006</td><td>木质踢脚线</td><td rowspan="3">1. 踢脚线高度
2. 底层厚度、砂浆配合比
3. 基层材料种类
4. 面层材料品种、规格、品牌、颜色
5. 防护材料种类
6. 油漆品种、刷漆遍数</td><td rowspan="3">1. 基层清理
2. 底层抹灰
3. 基层铺贴
4. 面层铺贴
5. 刷防护材料
6. 刷油漆
7. 材料运输</td></tr>
<tr><td>020105007</td><td>金属踢脚线</td></tr>
<tr><td>020105008</td><td>防静电踢脚线</td></tr>
</table>

<table>
<tr><th>项目编码</th><th>项目名称</th><th>项目特征</th><th>计量单位</th><th>工程量计算规则</th><th>工程内容</th></tr>
<tr><td>020106001</td><td>石材楼梯面层</td><td rowspan="2">1. 找平层厚度、砂浆配合比
2. 贴结层厚度、材料种类
3. 面层材料品种、规格、品牌、颜色
4. 防滑条材料种类、规格
5. 勾缝材料种类
6. 防护层材料种类
7. 酸洗、打蜡要求</td><td rowspan="3">m²</td><td rowspan="3">按设计图示尺寸以楼梯（包括踏步、休息平台及500mm以内的楼梯井）水平投影面积计算。楼梯与楼地面相连时，算至梯口梁内侧边沿；无梯口梁者，算至最上一层踏步边沿加300mm</td><td rowspan="2">1. 基层清理
2. 抹找平层
3. 面层铺贴
4. 贴嵌防滑条
5. 勾缝
6. 刷防护材料
7. 酸洗、打蜡
8. 材料运输</td></tr>
<tr><td>020106002</td><td>块料楼梯面层</td></tr>
<tr><td>020106003</td><td>水泥砂浆楼梯面层</td><td>1. 找平层厚度、砂浆配合比
2. 面层厚度、砂浆配合比
3. 防滑条材料种类、规格</td><td>1. 基层清理
2. 抹找平层
3. 抹面层
4. 抹防滑条
5. 材料运输</td></tr>
</table>

续表

项目编码	项目名称	项目特征	计量单位	工程量计算规则	工程内容
020106004	现浇水磨石楼梯面层	1. 找平层厚度、砂浆配合比 2. 面层厚度、水泥石子浆配合比 3. 防滑条材料种类、规格 4. 石子种类、规格、颜色 5. 颜料种类、颜色 6. 磨光、酸洗、打蜡要求	m^2	按设计图示尺寸以楼梯（包括踏步、休息平台及500mm以内的楼梯井）水平投影面积计算。楼梯与楼地面相连时，算至梯口梁内侧边沿；无梯口梁者，算至最上一层踏步边沿加300mm	1. 基层清理 2. 抹找平层 3. 抹面层 4. 贴嵌防滑条 5. 磨光、酸洗、打蜡 6. 材料运输
020106005	地毯楼梯面层	1. 基层种类 2. 找平层厚度、砂浆配合比 3. 面层材料品种、规格、品牌、颜色 4. 防护材料种类 5. 粘结材料种类 6. 固定配件材料种类、规格			1. 基层清理 2. 抹找平层 3. 铺贴面层 4. 固定配件安装 5. 刷防护材料 6. 材料运输
020106006	木板楼梯面层	1. 找平层厚度、砂浆配合比 2. 基层材料种类、规格 3. 面层材料品种、规格、品牌、颜色 4. 粘结材料种类 5. 防护材料种类 6. 油漆品种、刷漆遍数			1. 基层清理 2. 抹找平层 3. 基层铺贴 4. 面层铺贴 5. 刷防护材料、油漆 6. 材料运输

项目编码	项目名称	项目特征	计量单位	工程量计算规则	工程内容
020107001	金属扶手带栏杆、栏板	1. 扶手材料种类、规格、品牌、颜色 2. 栏杆材料种类、规格、品牌、颜色 3. 栏板材料种类、规格、品牌、颜色 4. 固定配件种类 5. 防护材料种类 6. 油漆品种、刷漆遍数	m	按设计图纸尺寸以扶手中心线长度（包括弯头长度）计算	1. 制作 2. 运输 3. 安装 4. 刷防护材料 5. 刷油漆
020107002	硬木扶手带栏杆、栏板				
020107003	塑料扶手带栏杆、栏板				
020107004	金属靠墙扶手	1. 扶手材料种类、规格、品牌、颜色 2. 固定配件种类 3. 防护材料种类 4. 油漆品种、刷漆遍数			
020107005	硬木靠墙扶手				
020107006	塑料靠墙扶手				

项目编码	项目名称	项目特征	计量单位	工程量计算规则	工程内容
020108001	石材台阶面	1. 垫层材料种类、厚度 2. 找平层厚度、砂浆配合比 3. 粘结层材料种类 4. 面层材料品种、规格、品牌、颜色 5. 勾缝材料种类 6. 防滑条材料种类、规格 7. 防护材料种类	m^2	按设计图示尺寸以台阶（包括最上层踏步边沿加300mm）水平投影面积计算	1. 基层清理 2. 铺设垫层 3. 抹找平层 4. 面层铺贴 5. 贴嵌防滑条 6. 勾缝 7. 刷防护材料 8. 材料运输
020108002	块料台阶面				
020108003	水泥砂浆台阶面	1. 垫层材料种类、厚度 2. 找平层厚度、砂浆配合比 3. 面层厚度、砂浆配合比 4. 防滑条材料种类			1. 清理基层 2. 铺设垫层 3. 抹找平层 4. 抹面层 5. 抹防滑条 6. 材料运输
020108004	现浇水磨石台阶面	1. 垫层材料种类、厚度 2. 找平层厚度、砂浆配合比 3. 面层厚度、水泥石子浆配合比 4. 防滑条材料种类、规格 5. 石子种类、规格、颜色 6. 颜料种类、颜色 7. 磨光、酸洗、打蜡要求			1. 清理基层 2. 铺设垫层 3. 抹找平层 4. 抹面层 5. 贴嵌防滑条 6. 打磨、酸洗、打蜡 7. 材料运输
020108005	剁假石台阶面	1. 垫层材料种类、厚度 2. 找平层厚度、砂浆配合比 3. 面层厚度、砂浆配合比 4. 剁假石要求			1. 清理基层 2. 铺设垫层 3. 抹找平层 4. 抹面层 5. 剁假石 6. 材料运输

项目编码	项目名称	项目特征	计量单位	工程量计算规则	工程内容
020109001	石材零星项目	1. 工程部位 2. 找平层厚度、砂浆配合比 3. 贴结合层厚度、材料种类 4. 面层材料品种、规格、品牌、颜色 5. 勾缝材料种类 6. 防护材料种类 7. 酸洗、打蜡要求	m^2	按设计图示尺寸以面积计算	1. 清理基层 2. 抹找平层 3. 面层铺贴 4. 勾缝 5. 刷防护材料 6. 酸洗、打蜡 7. 材料运输
020109002	碎拼石材零星项目				
020109003	块料零星发项目				
020109004	水泥砂浆零星项目	1. 工程部位 2. 找平层厚度、砂浆配合比 3. 面层厚度、砂浆厚度			1. 清理基层 2. 抹找平层 3. 抹面层 4. 材料运输

2. 项目特征说明

1）楼地面：由基层（楼板、夯实土基）、垫层、填充层、隔离层、找平层、结合层（面层与下层相结合的中间层）、面层等构成。是地面（一层）和楼面（二层及以上）的统称。

2）垫层：是指承受地面荷载并均匀传递给基层的构造层，常用的有混凝土垫层、砂石人工级配垫层、天然级配砂石垫层、灰、土垫层、碎石、碎砖垫层、三合土垫层、炉渣垫层等。

3）找平层：是指在垫层、楼板上或填充层上起找平、找坡或加强作用的构造层，一般为水泥砂浆找平层，有特殊要求的可采用细石混凝土、沥青砂浆、沥青混凝土等材料铺设。

4）隔离层：是指起防水、防潮作用的构造层，常用材料有卷材、防水砂浆、沥青砂浆或防水涂料等。

5）填充层：是指在建筑楼地面上起隔声、保温、找坡或敷设暗管、暗线等作用的构造层。常用材质有轻质的松散材料如炉渣、膨胀蛭石、膨胀珍珠岩等，块体材料如加气混凝土、泡沫混凝土、泡沫塑料、矿棉、膨胀珍珠岩、膨胀蛭石块和板材等，以及整体材料如沥青膨胀珍珠岩、沥青膨胀蛭石、水泥膨胀珍珠岩、膨胀蛭石等。

6）面层：是指直接承受各种荷载作用的表面层。由整体面层（水泥砂浆、现浇水磨石、细石混凝土、菱苦土等）和块料面层（石材、陶瓷地砖、橡胶、塑料、竹、木地板）等构成。

7）面层中的其他材料：

（1）防护材料：是指耐酸、耐碱、耐臭氧、耐老化，防火、防油渗等材料；

（2）嵌条材料：是用于水磨石的分格、做图案等的嵌条，如：玻璃嵌条、铜嵌条、铝合金嵌条、不锈钢嵌条等；

（3）压线条：是指地毯、橡胶板、橡胶卷材铺设的压线条，如铝合金、不锈钢、铜压线条等；

（4）颜料：是用于水磨石地面、踢脚线、楼梯、台阶和块料面层勾缝所须配制石子浆或砂浆内加添的颜料（耐碱的矿物颜料）；

（5）防滑条：是用于楼梯、台阶踏步的防滑设施，如水泥玻璃屑、水泥钢屑、铜、铁防滑条等；

（6）地毡固定配件：是指用于固定地毡的压辊脚和压辊；

（7）扶手固定配件：是指用于楼梯、台阶的栏杆柱、栏杆、栏板与扶手相连接的固定件或靠墙扶手与墙相连接的固定件；

（8）酸洗、打蜡、磨光：磨石、菱苦土、陶瓷块料等，均可用酸洗（草酸）清洗油渍、污渍，然后打蜡（蜡脂、松香水、鱼油、煤油等按设计要求配合）和磨光。

3. 其他事项说明

1）有关项目的说明

（1）零星装饰适用于小面积（$0.5m^2$ 以内）少量分散的楼地面装饰，其工程部位或名称应在清单项目中进行描述。

（2）楼梯、台阶侧面装饰，可按零星装饰项目编码列项，并在清单项目中进行描述。

（3）扶手、栏杆、栏板适用于楼梯、阳台、走廊、回廊部位及其他装饰性扶手、栏杆、栏板。

2）工程量计算规则说明

（1）“不扣除间壁墙和面积在 0.3m^2 以内的柱、垛、附墙烟囱及孔洞所占面积”，与基础定额不同。

（2）单跑楼梯不论中间是否有休息平台，其工程量与双跑楼梯同样计算。

（3）台阶面层与平台面层是同一种材料时，平台计算面层后，台阶不再计算最上层踏步面积；如台阶计算最上一层踏步（加 30cm），则平台面层中必须扣除该面积。

（4）包括垫层的地面和不包括垫层的楼面应分别计算工程量，并分别编码（按第五级编码）列项。

3）有关工程内容的说明

（1）有填充层和隔离层的楼地面往往有两层找平层，应注意报价。

（2）当台阶面层与平台面层材料相同，且最后一步台阶投影面积不计算时，应将最后一步台阶的踢脚板面层纳入报价内。

4）楼地面工程量计算实例

【例 2–1】某办公室地面铺企口木地板，施工方法为：30mm × 40mm 红松木龙骨，间距 300mm；15mm 厚细木工板做毛地板；毛地板上面铺 120mm × 30mm 柞木企口地板。该房间内净长为 12.15m，宽为 9.6m，内有 4 根外围尺寸 500mm × 500mm 的立柱。门洞开口尺寸为 0.9m × 0.12m。试计算其清单项目工程量。

【解】

（1）清单项目设置：

020104002001 楼地面铺木地板。

（2）清单工程量计算：

按照前面所列规则，木地板工程量的计算公式为：

$$\text{木地板工程量} = \text{主墙间净长} \times \text{主墙间净宽} - \text{立柱所占面积} + \text{门洞开口部分面积}$$

故木地板工程量 $= 12.15 \times 9.6 - 0.5 \times 0.5 \times 4 + 0.9 \times 0.12 = 115.75\text{m}^2$

（二）墙柱面工程量计算

1. 清单项目设置

墙柱面工程清单项目包括墙面抹灰、柱面抹灰、零星抹灰、墙面镶贴块料、柱面镶贴块料、零星镶贴块料、墙饰面、柱（梁）饰面、隔断、幕墙等 10 节共 25 个项目。项目构成见表 2–2。

墙柱面工程 表 2–2

项目编码	项目名称	项目特征	计量单位	工程量计算规则	工程内容
020201001	墙面一般抹灰	1. 墙体类型 2. 底层厚度、砂浆配合比 3. 面层厚度、砂浆配合比 4. 装饰面材料种类 5. 分格缝宽度、材料种类	m^2	按设计图示尺寸以面积计算。扣除墙裙、门窗洞口及单个 $0.3m^2$ 以外的孔洞面积，不扣除踢脚线、挂镜线和墙与构件交接处的面积，门窗洞口和孔洞的侧壁及顶面不增加面积。附墙柱、梁、垛、烟囱侧壁并入相应的墙面面积内 1. 外墙抹灰面积按外墙垂直投影面积计算 2. 外墙裙抹灰面积按其长度乘以高度计算 3. 内墙抹灰面积按主墙间的净长乘以高度计算 （1）无墙裙的，高度按室内楼地面至顶棚底面计算 （2）有墙裙的，高度按墙裙顶至顶棚底面计算 4. 内墙裙抹灰面按内墙净长乘以高度计算	1. 基层清理 2. 砂浆制作、运输 3. 底层抹灰 4. 抹面层 5. 抹装饰面 6. 勾分格缝
020201002	墙面装饰抹灰				
020201003	墙面勾缝	1. 墙体类型 2. 勾缝类型 3. 勾缝材料种类			1. 基层清理 2. 砂浆制作、运输 3. 勾缝

项目编码	项目名称	项目特征	计量单位	工程量计算规则	工程内容
020202001	柱面一般抹灰	1. 柱体类型 2. 底层厚度、砂浆配合比 3. 面层厚度、砂浆配合比 4. 装饰面材料种类 5. 分格缝宽度、材料种类	m^2	按设计图示柱断面周长乘以高度以面积计算	1. 基层清理 2. 砂浆制作、运输 3. 底层抹灰 4. 抹面层 5. 抹装饰面 6. 勾分格缝
020202002	柱面装饰抹灰				
020202003	柱面勾缝	1. 墙体类型 2. 勾缝类型 3. 勾缝材料种类			1. 基层清理 2. 砂浆制作、运输 3. 勾缝

项目编码	项目名称	项目特征	计量单位	工程量计算规则	工程内容
020203001	零星项目一般抹灰	1. 墙体类型 2. 底层厚度、砂浆配合比 3. 面层厚度、砂浆配合比 4. 装饰面材料种类 5. 分格缝宽度、材料种类	m^2	按设计图示尺寸以面积计算	1. 基层清理 2. 砂浆制作、运输 3. 底层抹灰 4. 抹面层 5. 抹装饰面 6. 勾分格缝
020203002	零星项目装饰抹灰				

<table>
<tr><th>项目编码</th><th>项目名称</th><th>项目特征</th><th>计量单位</th><th>工程量计算规则</th><th>工程内容</th></tr>
<tr><td>020204001</td><td>石材墙面</td><td rowspan="3">1. 墙体类型
2. 底层厚度、砂浆配合比
3. 贴结层厚度、材料种类
4. 挂贴方式
5. 干挂方式（膨胀螺栓、钢龙骨）
6. 面层材料品种、规格、品牌、颜色
7. 缝宽、嵌缝材料种类
8. 防护材料种类
9. 磨光、酸洗、打蜡要求</td><td rowspan="3">m^2</td><td rowspan="3">按设计图示尺寸以面积计算</td><td rowspan="3">1. 基层清理
2. 砂浆制作、运输
3. 底层抹灰
4. 结合层铺贴
5. 面层铺贴
6. 面层挂贴
7. 面层干挂
8. 嵌缝
9. 刷防护材料
10. 磨光、酸洗、打蜡</td></tr>
<tr><td>020204002</td><td>碎拼石材</td></tr>
<tr><td>020204003</td><td>块料墙面</td></tr>
<tr><td>020204004</td><td>干挂石材钢骨架</td><td>1. 骨架种类、规格
2. 油漆品种、刷油遍数</td><td>kg</td><td>按设计图示尺寸以质量计算</td><td>1. 骨架制作、运输、安装
2. 骨架油漆</td></tr>
</table>

<table>
<tr><th>项目编码</th><th>项目名称</th><th>项目特征</th><th>计量单位</th><th>工程量计算规则</th><th>工程内容</th></tr>
<tr><td>020205001</td><td>石材柱面</td><td rowspan="3">1. 柱体材料
2. 柱截面类型、尺寸
3. 底层厚度、砂浆配合比
4. 粘结层厚度、材料种类
5. 挂贴方式
6. 干贴方式
7. 面层材料品种、规格、品牌、颜色
8. 缝宽、嵌缝材料种类
9. 防护材料种类
10. 磨光、酸洗、打蜡要求</td><td rowspan="5">m^2</td><td rowspan="5">按设计图示尺寸以面积计算</td><td rowspan="3">1. 基层清理
2. 砂浆制作、运输
3. 底层抹灰
4. 结合层铺贴
5. 面层铺贴
6. 面层挂贴
7. 面层干挂
8. 嵌缝
9. 刷防护材料
10. 磨光、酸洗、打蜡</td></tr>
<tr><td>020205002</td><td>拼碎石材柱面</td></tr>
<tr><td>020205003</td><td>块料柱面</td></tr>
<tr><td>020205004</td><td>石材梁面</td><td rowspan="2">1. 底层厚度、砂浆配合比
2. 粘结层厚度、材料种类
3. 面层材料品种、规格、品牌、颜色
4. 缝宽、嵌缝材料种类
5. 防护材料种类
6. 磨光、酸洗、打蜡要求</td><td rowspan="2">1. 基层清理
2. 砂浆制作、运输
3. 底层抹灰
4. 结合层铺贴
5. 面层铺贴
6. 面层挂贴
7. 嵌缝
8. 刷防护材料
9. 磨光、酸洗、打蜡</td></tr>
<tr><td>020205005</td><td>块料梁面</td></tr>
</table>

<table>
<tr><th>项目编码</th><th>项目名称</th><th>项目特征</th><th>计量单位</th><th>工程量计算规则</th><th>工程内容</th></tr>
<tr><td>020206001</td><td>石材零星项目</td><td rowspan="2">1. 柱、墙体类型
2. 底层厚度、砂浆配合比
3. 粘结层厚度、材料种类
4. 挂贴方式
5. 干挂方式</td><td rowspan="2">m^2</td><td rowspan="2">按设计图示尺寸以面积计算</td><td rowspan="2">1. 基层清理
2. 砂浆制作、运输
3. 底层抹灰
4. 结合层铺贴
5. 面层铺贴</td></tr>
<tr><td>020206002</td><td>拼碎石材零星项目</td></tr>
</table>

续表

项目编码	项目名称	项目特征	计量单位	工程量计算规则	工程内容
020206003	块料零星	6. 面层材料品种、规格、品牌、颜色 7. 缝宽、嵌缝材料种类 8. 防护材料种类 9. 磨光、酸洗、打蜡要求			6. 面层挂贴 7. 面层干挂 8. 嵌缝 9. 刷防护材料 10. 磨光、酸洗、打蜡

项目编码	项目名称	项目特征	计量单位	工程量计算规则	工程内容
020207001	装饰板墙面	1. 墙体类型 2. 底层厚度、砂浆配合比 3. 龙骨材料种类、规格、中距 4. 隔离层材料种类、规格 5. 基层材料种类、规格 6. 面层材料品种、规格、品牌、颜色 7. 压条材料种类、规格 8. 防护材料种类 9. 油漆品种、刷漆遍数	m^2	按设计图示墙净长乘以净高以面积计算。扣除门窗洞口及单个 $0.3m^2$ 以上的孔洞所占面积	1. 基层清理 2. 砂浆制作、运输 3. 底层抹灰 4. 龙骨制作、运输、安装 5. 钉隔离层 6. 基层铺钉 7. 面层铺贴 8. 刷防护材料、油漆

项目编码	项目名称	项目特征	计量单位	工程量计算规则	工程内容
020208001	柱（梁）面装饰	1. 柱（梁）体类型 2. 底层厚度、砂浆配合比 3. 龙骨材料种类、规格、中距 4. 隔离层材料种类 5. 基层材料种类、规格 6. 面层材料品种、规格、品牌、颜色 7. 压条材料种类、规格 8. 防护材料种类 9. 油漆品种、刷漆遍数	m^2	按设计图示饰面外围尺寸以面积计算。柱帽、柱墩并入相应柱饰面工程量内	1. 清理基层 2. 砂浆制作、运输 3. 底层抹灰 4. 龙骨制作、运输、安装 5. 钉隔离层 6. 基层铺钉 7. 面层铺贴 8. 刷防护材料、油漆

项目编码	项目名称	项目特征	计量单位	工程量计算规则	工程内容
020209001	隔断	1. 骨架、边框材料种类、规格 2. 隔板材料品种、规格、品牌、颜色 3. 嵌缝、塞口材料品种 4. 压条材料种类 5. 防护材料种类 6. 油漆品种、刷漆遍数	m^2	按设计图示框外围尺寸以面积计算。扣除单个 $0.3m^2$ 以上的孔洞所占面积；浴厕门的材质与隔断相同时，门的面积并入隔断面积内	1. 骨架及边框制作、运输、安装 2. 隔板制作、运输、安装 3. 嵌缝、塞口 4. 装钉压条 5. 刷防护材料、油漆

<table>
<tr><th>项目编码</th><th>项目名称</th><th>项目特征</th><th>计量单位</th><th>工程量计算规则</th><th>工程内容</th></tr>
<tr><td>020210001</td><td>带骨架幕墙</td><td>1. 骨架材料种类、规格、中距
2. 面层材料品牌、规格、品牌、颜色
3. 面层固定方式
4. 嵌缝、塞口材料种类</td><td rowspan="2">m²</td><td>按设计图示框外围尺寸以面积计算。与幕墙同种材质的窗所占面积不扣除</td><td>1. 骨架制作、运输、安装
2. 面层安装
3. 嵌缝、塞口
4. 清洗</td></tr>
<tr><td>020210002</td><td>全玻幕墙</td><td>1. 玻璃品种、规格、品牌、颜色
2. 粘结塞口材料种类
3. 固定方式</td><td>按设计图示尺寸以面积计算，带肋全玻幕墙按展开面积计算</td><td>1. 幕墙安装
2. 嵌缝、塞口
3. 清洗</td></tr>
</table>

2. 项目特征说明

（1）墙体类型指砖墙、石墙、混凝土墙、砌块墙以及内墙、外墙等。

（2）底层、面层的厚度应根据设计规定（一般采用标准设计图）确定。

（3）勾缝类型是指清水砖墙、砖柱的加浆勾缝（平缝或凹缝）和石墙、石柱的勾缝（如平缝、平凹缝、平凸缝、半圆凹缝、半圆凸缝和三角凸缝等）。

（4）块料饰面板是指石材饰面板（天然花岗石、大理石、人造花岗石、人造大理石、预制水磨石饰面板等）、陶瓷面砖（内墙彩釉面瓷砖、外墙面砖、陶瓷锦砖、大型陶瓷锦砖面板等）、玻璃面砖（玻璃锦砖、玻璃面砖等）、金属饰面板（彩色涂色钢板、彩色不锈钢板、镜面不锈钢饰面板、铝合金板、复合铝板、铝塑板等）、塑料饰面板（聚氯乙烯塑料饰面板、玻璃钢饰面板、塑料贴面饰面板、聚酯装饰板、复塑中密度纤维板等）、木质饰面板（胶合板、硬质纤维板、细木工板、刨花板、建筑纸面草板、水泥木屑板、灰板条等）。

（5）挂贴方式，是对大规格的石材（大理石、花岗石、青石等）以先挂后灌浆的方式固定于墙、柱面。

（6）干挂方式，是指直接干挂法，即通过不锈钢膨胀螺栓、不锈钢挂件、不锈钢连接件、不锈钢钢针等，将外墙饰面板连接在外墙墙面；间接干挂法，即通过固定在墙柱、梁上的龙骨，再通过各种挂件固定外墙饰面板。

（7）嵌缝材料，指嵌缝砂浆、嵌缝油膏、密封胶封水材料等。

（8）防护材料，指石材等防碱背涂处理剂和面层防酸涂剂等。

（9）基层材料，指面层内的底板材料，如木墙裙、木护墙、木板隔墙等。应在龙骨上粘贴或铺钉一层加强面层的底板。

3. 其他事项说明

1）有关项目的说明

（1）一般抹灰包括石灰砂浆、水泥混合砂浆、水泥砂浆、聚合物水泥砂浆、膨胀珍珠岩水泥砂浆和麻刀灰、纸筋石灰、石膏灰等。

（2）装饰抹灰包括水刷石、水磨石、斩假石（剁斧石）、干粘石、假面砖、拉条灰、拉毛灰、甩毛灰、扒拉石、喷毛灰、喷涂、喷砂、滚涂、弹涂等。

（3）柱面抹灰项目、石材柱面项目、块料柱面项目适用于矩形柱、异型柱（包括圆形柱、半圆形柱等）。

（4）零星抹灰和零星镶贴块料面层项目适用于小面积（$0.5m^2$ 以内）少量分散的抹灰和块料面层。

（5）设置在隔断、幕墙上的门窗，可包括在隔墙、幕墙项目报价内，也可单独编码列项，并在清单项目中进行描述。

（6）主墙是指结构厚度在 120mm 以上（不含 120mm）的各类墙体。

2）工程量计算规则的说明

（1）墙面抹灰不扣除与构件交接处的面积，是指墙面与梁的交接处所占面积，不包括墙与楼板的交接。

（2）外墙裙抹灰面积，按其长度乘高度计算，此处高度是指外墙裙的长度。

（3）柱的一般抹灰和装饰抹灰及勾缝，以柱断面周长乘高度计算，柱断面周长是指结构断面周长。

（4）装饰板柱（梁）面"按设计图示外围饰面尺寸乘高度（长度）以面积计算"。外围饰面尺寸是指饰面的表面尺寸。

（5）带肋全玻璃幕墙是指玻璃幕墙带玻璃肋，玻璃肋的工程量应合并在玻璃幕墙工程量内计算。

3）有关工程内容的说明

（1）"抹面层"是指一般抹灰的普通抹灰（一层底层和一层面层或不分层一遍成活）、中级抹灰（一层底层，一层中层和一层面层或一层底层、一层面层）、高级抹灰（一层底层、数层中层和一层面层）的面层。

（2）"抹装饰面"是指装饰抹灰（抹底灰、涂刷 108 胶溶液、刮或刷水泥浆液、抹中层、抹装饰面层）的面层。

4）墙、柱面工程量计算实例

【例 2–2】某建筑物如图 2–1~ 图 2–3 所示，其墙体为陶粒混凝土，其外墙为斩假石装饰（12mm 厚 1 : 3 水泥砂浆，10mm 厚 1 : 1.5 水泥白石子浆），计算该建筑物外墙斩假石装饰清单项目工程量（窗尺寸为 2400mm × 1800mm，门尺寸为 1500mm × 2000mm，柱尺寸为 600mm × 600mm）。

【解】

（1）清单项目设置：

020201002001 墙面装饰抹灰。

（2）清单工程量计算：

按照前面所列规则，墙面装饰抹灰的计算公式应为：

外墙面装饰抹灰工程量 = 外墙长 × 外墙高 – 门窗洞口所占面积

故外墙面装饰抹灰工程量 =（17.6 × 3.1–1.5 × 2 × 2 － 2.4 × 1.8 × 2）+（17.6 × 3.1 –2.4 × 1.8 × 4）+（11 × 3.1 ＋ 11 × 1.8 ÷ 2–2.4 × 1.8 × 2）× 2 =39.92+37.28 ＋ 70.72=$147.92m^2$

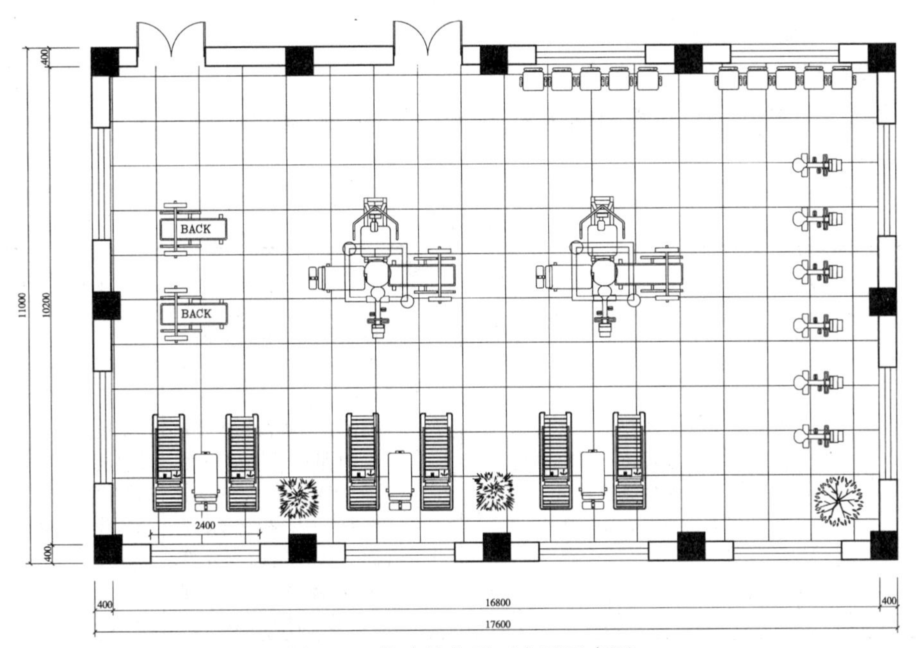

图 2-1　某建筑物平面布置示意图

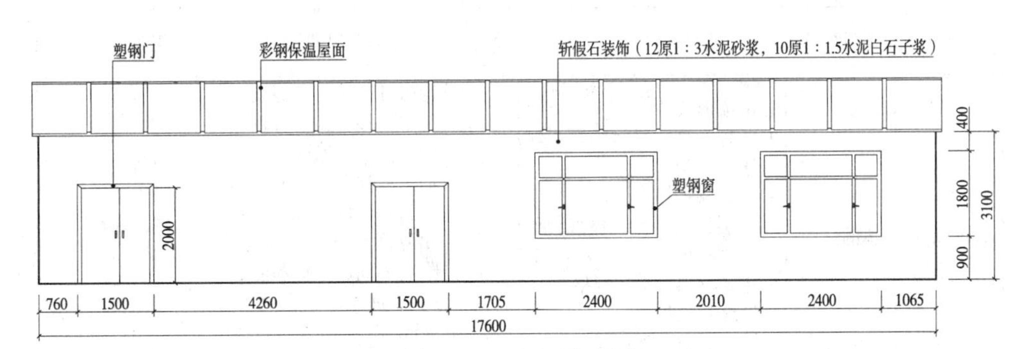

图 2-2　正立面示意图

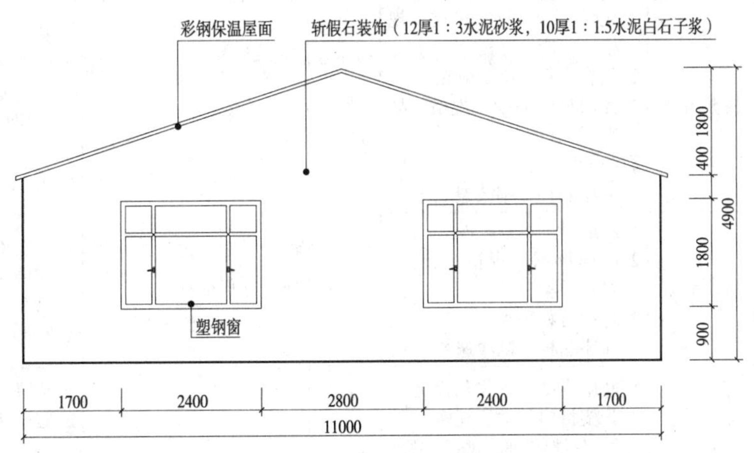

图 2-3　侧立面示意图

（三）顶棚工程量计算

1. 清单项目设置

顶棚工程清单项目包括顶棚抹灰、顶棚吊顶、顶棚其他装饰等 3 节共 9 个项目。项目构成见表 2–3。

顶棚工程　　　　表 2–3

项目编码	项目名称	项目特征	计量单位	工程量计算规则	工程内容
020301001	顶棚抹灰	1. 基层类型 2. 抹灰厚度、材料种类 3. 装饰线条道数 4. 砂浆配合比	m^2	按设计图示尺寸以水平投影面积计算。不扣除间壁墙、垛、柱、附墙烟囱、检查口和管道所占的面积，带梁顶棚、梁两侧抹灰面积并入顶棚面积内，板式楼梯底面抹灰按斜面积计算，锯齿形楼梯底板抹灰按展开面积计算	1. 基层清理 2. 底层抹灰 3. 抹面层 4. 抹装饰线条
020302001	顶棚吊顶	1. 吊顶形式 2. 龙骨类型、材料种类、规格、中距 3. 基层材料种类、规格 4. 面层材料品种、规格、品牌、颜色 5. 压条材料种类、规格 6. 嵌缝材料种类 7. 防护材料种类 8. 油漆品种、刷漆遍数	m^2	按设计图示尺寸以水平投影面积计算。顶棚面中的灯槽及跌级、锯齿形、吊挂式、藻井式顶棚面积不展开计算。不扣除间壁墙、检查口、附墙烟囱、柱垛和管道所占面积，扣除单个 $0.3m^2$ 以外的孔洞、独立柱及与顶棚相连的窗帘盒所占的面积	1. 基层清理 2. 龙骨安装 3. 基层板铺贴 4. 面层铺贴 5. 嵌缝 6. 刷防护材料、油漆
020302002	格栅吊顶	1. 龙骨类型、材料种类、规格、中距 2. 基层材料种类、规格 3. 面层材料品种、规格、品牌、颜色 4. 防护材料种类 5. 油漆品种、刷漆遍数		按设计图示尺寸以水平投影面积计算	1. 基层清理 2. 底层抹灰 3. 安装龙骨 4. 基层板铺贴 5. 面层铺贴 6. 刷防护材料、油漆
020302003	吊筒吊顶	1. 底层厚度、砂浆配合比 2. 吊筒形状、规格、颜色、材料种类 3. 防护材料种类 4. 油漆品种、刷漆遍数			1. 基层清理 2. 底层抹灰 3. 吊筒安装 4. 刷防护材料、油漆
020302004	藤条造型悬挂吊顶	1. 底层厚度、砂浆配合比 2. 骨架材料种类、规格 3. 面层材料品种、规格、颜色 4. 防护层材料种类 5. 油漆品种、刷漆遍数			1. 基层清理 2. 底层抹灰 3. 龙骨安装 4. 铺贴面层 5. 刷防护材料、油漆
020302005	织物软雕吊顶				

续表

项目编码	项目名称	项目特征	计量单位	工程量计算规则	工程内容
020302006	网架(装饰)吊顶	1. 底层厚度、砂浆配合比 2. 面层材料品种、规格、颜色 3. 防护材料品种 4. 油漆品种、刷漆遍数			1. 基层清理 2. 底面抹灰 3. 面层安装 4. 刷防护材料、油漆

项目编码	项目名称	项目特征	计量单位	工程量计算规则	工程内容
020303001	灯带	1. 灯带形式、尺寸 2. 格栅片材料品种、规格、品牌、颜色 3. 安装固定方式	m^2	按设计图示尺寸以框外围面积计算	安装、固定
020303002	送风口、回风口	1. 风口材料品种、规格、品牌、颜色 2. 安装固定方式 3. 防护材料种类	个	按设计图示数量计算	1. 安装、固定 2. 刷防护材料

2. 项目特征说明

(1)“顶棚抹灰”项目基层类型,是指混凝土现浇板、预制混凝土板、木板条等。

(2)龙骨类型，是指上人或不上人，以及平面、跌级、锯齿形、阶梯形、吊挂式、藻井式及矩形、圆弧形、拱形等类型。

(3)基层材料，是指底板或面层背后的加强材料。

(4)龙骨中距，是指相邻龙骨中线之间的距离。

(5)顶棚面层适用于石膏板(包括装饰石膏板、纸面石膏板、吸声穿孔石膏板、嵌装式装饰石膏等)、埃特板、装饰吸声罩面板[包括矿棉装饰吸声板、贴塑矿(岩)棉吸声板、膨胀珍珠岩装饰吸声制品、玻璃棉装饰吸声板等]、塑料装饰罩面板(钙塑泡沫装饰吸声板、聚苯乙烯泡沫塑料装饰吸声板、聚氯乙烯塑料顶棚等)、纤维水泥加压板(包括穿孔吸声石棉水泥板、轻质硅酸钙吊顶板等)、金属装饰板(包括铝合金罩面板、金属微孔吸声板、铝合金单体构件等)、木质饰板(胶合板、薄板、板条、水泥木丝板、刨花板等)和玻璃饰面(包括镜面玻璃、镭射玻璃等)。

(6)格栅吊顶面层适用于木格栅、金属格栅、塑料格栅等。

(7)吊筒吊顶适用于木(竹)质吊筒、金属吊筒、塑料吊筒以及吊筒形状为圆形、矩形、扁钟形等。

(8)灯带格栅有不锈钢格栅、铝合金格栅、玻璃类格栅等。

(9)送风口、回风口，适用于金属、塑料、木质风口。

3. 其他事项说明

1)有关项目的说明

(1)顶棚的检查孔、顶棚内的检修走道、灯槽等应包括在报价内;

（2）顶棚吊顶的平面、跌级、锯齿形、阶梯形、吊挂式、藻井式以及矩形、弧形、拱形等，应在清单项目中进行描述；

（3）采光顶棚和顶棚设置保温、隔热、吸声层时，应按土建工程相关项目编码列项。

2）工程量计算规则的说明

（1）顶棚抹灰与天棚吊顶工程量计算规则有所不同：顶棚抹灰不扣除柱垛所占面积；顶棚吊顶不扣除柱垛所占面积，但应扣除独立柱所占面积。柱垛是指与墙体相连的柱且突出墙体的部分。

（2）顶棚吊顶应扣除与顶棚吊顶相连的窗帘盒所占的面积。

（3）格栅吊顶、吊筒吊顶、藤条造型悬挂吊顶、织物软吊顶、网架（装饰吊顶），均应按设计图示的吊顶尺寸水平投影面积计算。

3）有关工程内容的说明

“抹装饰线条”线角的道数以一个突出的棱角为一道线，应在报价时注意。

4）顶棚工程量计算实例

【例 2–3】某卫生间木龙骨塑料板顶棚吊顶，如图 2–4 所示，计算该吊顶清单项目工程量。

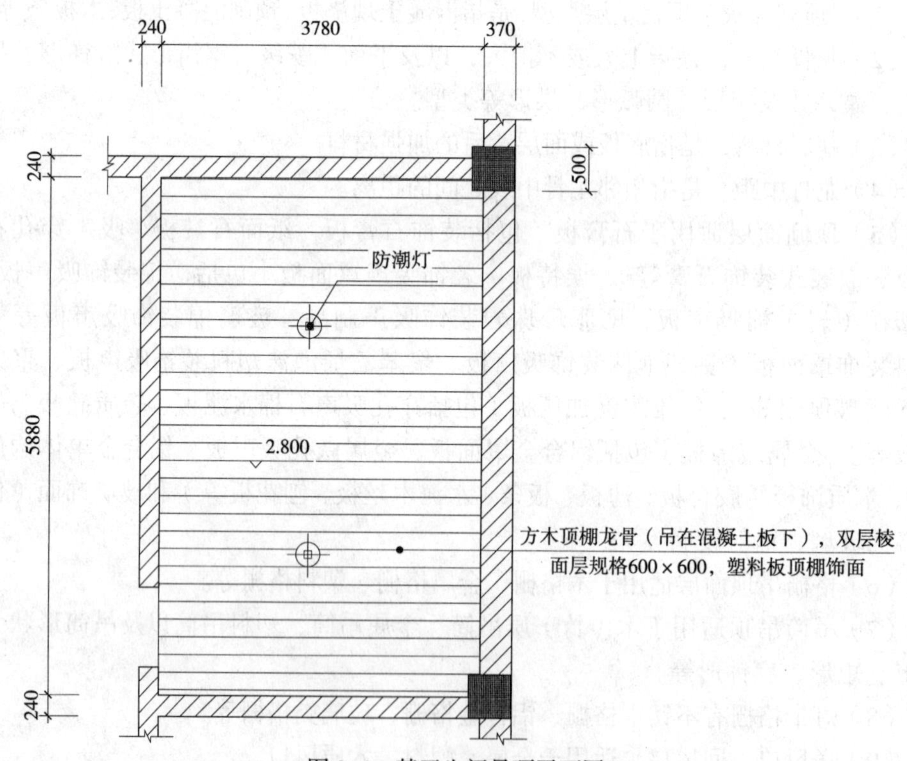

图 2–4　某卫生间吊顶平面图

【解】

（1）清单项目设置：

020302001001 顶棚吊顶。

（2）清单工程量计算：

按照前面所列规则，顶棚吊顶的计算公式为：

顶棚吊顶工程量 = 主墙间净长 × 主墙间净宽 – 单个 $0.3m^2$ 以上的孔洞、独立柱以及顶棚相连的窗帘盒所占面积。

故顶棚吊顶工程量 = $3.78 \times 5.88=22.33m^2$

（四）门窗工程量计算

1. 清单项目设置

门窗工程清单项目包括木门、金属门、金属卷帘门、其他门、木窗、金属窗、门窗套、窗帘盒及窗帘轨、窗台板等 9 节共 57 个项目。项目构成见表 2–4。

门窗工程　　表 2–4

<table>
<tr><th>项目编码</th><th>项目名称</th><th>项目特征</th><th>计量单位</th><th>工程量计算规则</th><th>工程内容</th></tr>
<tr><td>020401001</td><td>镶板木门</td><td rowspan="4">1. 门类型
2. 框截面尺寸、单扇面积
3. 骨架材料种类
4. 面层材料品种、规格、品牌、颜色
5. 玻璃品种、厚度
6. 五金材料、品种、规格
7. 防护层材料种类
8. 油漆品种、刷漆遍数</td><td rowspan="8">樘 / m^2</td><td rowspan="8">按设计图示数量计算或设计图示洞口尺寸以面积计算</td><td rowspan="8">1. 门制作、运输、安装
2. 五金、玻璃安装
3. 刷防护材料、油漆</td></tr>
<tr><td>020401002</td><td>企口板木门</td></tr>
<tr><td>020401003</td><td>实木装饰门</td></tr>
<tr><td>020401004</td><td>胶合板门</td></tr>
<tr><td>020401005</td><td>夹板装饰门</td><td rowspan="3">1. 门类型
2. 框截面尺寸、单扇面积
3. 骨架材料种类
4. 防火材料种类
5. 门纱材料品种、规格
6. 面层材料品种、规格、品牌、颜色
7. 玻璃品种、厚度
8. 五金材料、品种、规格
9. 防护材料种类
10. 油漆品种、刷漆遍数</td></tr>
<tr><td>020401006</td><td>木质防火门</td></tr>
<tr><td>020401007</td><td>木纱门</td></tr>
<tr><td>020401008</td><td>连窗门</td><td>1. 门窗类型
2. 框截面尺寸、单扇面积
3. 骨架材料种类
4. 面层材料品种、规格、品牌、颜色
5. 玻璃品种、厚度
6. 五金材料、品种、规格
7. 防护材料种类
8. 油漆品种、刷漆遍数</td></tr>
</table>

续表

<table>
<tr><th>项目编码</th><th>项目名称</th><th>项目特征</th><th>计量单位</th><th>工程量计算规则</th><th>工程内容</th></tr>
<tr><td>020402001</td><td>金属平开门</td><td rowspan="7">1. 门类型
2. 框材质、外围尺寸
3. 扇材质、外围尺寸
4. 玻璃品种、厚度
5. 五金材料、品种、规格
6. 防护材料种类
7. 油漆品种、刷漆遍数</td><td rowspan="7">樘/m^2</td><td rowspan="7">按设计图示数量计算或设计图示洞口尺寸以面积计算</td><td rowspan="7">1. 门制作、运输、安装
2. 五金、玻璃安装
3. 刷防护材料、油漆</td></tr>
<tr><td>020402002</td><td>金属推拉门</td></tr>
<tr><td>020402003</td><td>金属地弹门</td></tr>
<tr><td>020402004</td><td>彩板门</td></tr>
<tr><td>020402005</td><td>塑钢门</td></tr>
<tr><td>020402006</td><td>防盗门</td></tr>
<tr><td>020402007</td><td>钢质防火门</td></tr>
</table>

<table>
<tr><th>项目编码</th><th>项目名称</th><th>项目特征</th><th>计量单位</th><th>工程量计算规则</th><th>工程内容</th></tr>
<tr><td>020403001</td><td>金属卷闸门</td><td rowspan="3">1. 门材质、框外围尺寸
2. 启动装置品种、规格、品牌
3. 五金材料、品种、规格
4. 刷防护材料种类
5. 油漆品种、刷漆遍数</td><td rowspan="3">樘/m^2</td><td rowspan="3">按设计图示数量计算或设计图示洞口尺寸以面积计算</td><td rowspan="3">1. 门制作、运输、安装
2. 启动装置、五金安装
3. 刷防护材料、油漆</td></tr>
<tr><td>020403002</td><td>金属格栅门</td></tr>
<tr><td>020403003</td><td>防火卷帘门</td></tr>
</table>

<table>
<tr><th>项目编码</th><th>项目名称</th><th>项目特征</th><th>计量单位</th><th>工程量计算规则</th><th>工程内容</th></tr>
<tr><td>020404001</td><td>电子感应门</td><td rowspan="4">1. 门材质、品牌、外围尺寸
2. 玻璃品种、厚度
3. 五金材料、品种、规格
4. 电子配件品种、规格、品牌
5. 防护材料种类
6. 油漆品种、刷漆遍数</td><td rowspan="8">樘/m^2</td><td rowspan="8">按设计图示数量计算或设计图示洞口尺寸以面积计算</td><td rowspan="4">1. 门制作、运输、安装
2. 五金、电子配件安装
3. 刷防护材料、油漆</td></tr>
<tr><td>020404002</td><td>转门</td></tr>
<tr><td>020404003</td><td>电子对讲门</td></tr>
<tr><td>020404004</td><td>电动伸缩门</td></tr>
<tr><td>020404005</td><td>全玻门（带扇框）</td><td rowspan="4">1. 门类型
2. 框材质、外围尺寸
3. 扇材质、外围尺寸
4. 玻璃品种、厚度
5. 五金材料、品种、规格
6. 防护材料种类
7. 油漆品种、刷漆遍数</td><td rowspan="3">1. 门制作、运输、安装
2. 五金安装
3. 刷防护材料、油漆</td></tr>
<tr><td>020404006</td><td>全玻自动门（无扇框）</td></tr>
<tr><td>020404007</td><td>半玻门（带扇框）</td></tr>
<tr><td>020404008</td><td>镜面不锈钢饰面门</td><td>1. 门扇骨架及基层制作、运输、安装
2. 包面层
3. 五金安装
4. 刷防护材料</td></tr>
</table>

项目编码	项目名称	项目特征	计量单位	工程量计算规则	工程内容
020405001	木质平开窗	1. 窗类型 2. 框材质、外围尺寸 3. 扇材质、外围尺寸 4. 玻璃品种、厚度 5. 五金材料、品种、规格 6. 防护材料种类 7. 油漆品种、刷漆遍数	樘 /m^2	按设计图示数量计算或设计图示洞口尺寸以面积计算	1. 窗制作、运输、安装 2. 五金、玻璃安装 3. 刷防护材料、油漆
020405002	木质推拉窗				
020405003	矩形木百叶窗				
020405004	异型木百叶窗				
020405005	木组合窗				
020405006	木天窗				
020405007	矩形木固定窗				
020405008	异型木固定窗				
020405009	装饰空花木窗				

项目编码	项目名称	项目特征	计量单位	工程量计算规则	工程内容
020406001	金属推拉窗	1. 窗类型 2. 框材质、外围尺寸 3. 扇材质、外围尺寸 4. 玻璃品种、厚度 5. 五金材料、品种、规格 6. 防护材料种类 7. 油漆品种、刷漆遍数	樘 /m^2	按设计图示数量计算或设计图示洞口尺寸以面积计算	1. 窗制作、运输、安装 2. 五金、玻璃安装 3. 刷防护材料、油漆
020406002	金属平开窗				
020406003	金属固定窗				
020406004	金属百叶窗				
020406005	金属组合窗				
020406006	彩板窗				
020406007	塑钢窗				
020406008	金属防盗窗				
020406009	金属格栅窗				
020406010	特殊五金	1. 五金名称、用途 2. 五金材料、品种、规格	个 / 套	按设计图示数量计算	1. 五金安装 2. 刷防护材料、油漆

项目编码	项目名称	项目特征	计量单位	工程量计算规则	工程内容
020407001	木门窗套	1. 底层厚度、砂浆配合比 2. 立筋材料种类 3. 基层材料种类 4. 面层材料品种、规格、品牌、颜色 5. 防护材料种类 6. 油漆品种、刷油遍数	m^2	按设计图示尺寸以展开面积计算	1. 制作、运输、安装 2. 刷防护材料、油漆
020407002	金属门窗套				
020407003	石材门窗套				
020407004	门窗木贴脸				
020407005	硬木筒子板				
020407006	饰面夹板筒子板				

项目编码	项目名称	项目特征	计量单位	工程量计算规则	工程内容
020408001	木窗帘盒	1. 窗帘盒材质、规格、颜色 2. 窗帘轨材质、规格 3. 防护材料种类 4. 油漆种类、刷漆遍数	m	按设计图示尺寸以长度计算	1. 制作、运输、安装 2. 刷防护材料、油漆
020408002	饰面夹板、塑料窗帘盒				
020408003	铝合金窗帘盒				
020408004	窗帘轨				

项目编码	项目名称	项目特征	计量单位	工程量计算规则	工程内容
020409001	木窗台板	1. 找平层厚度、砂浆配合比 2. 窗台板材质、规格、颜色 3. 防护材料种类 4. 油漆种类、刷漆遍数	m	按设计图示尺寸以长度计算	1. 基层清理 2. 抹找平层 3. 窗台板制作、安装 4. 刷防护材料、油漆
020409002	铝塑窗台板				
020409003	石材窗台板				
020409004	金属窗台板				

2. 项目特征说明

（1）门窗类型，是指带亮子或不带亮子、带纱或不带纱、单扇、双扇或三扇、半百叶或全百叶、半玻或全玻、全玻自由门或半玻自由门、带门框或不带门框、单独门框和开启方式（平开、推拉、折叠）等。

（2）框截面尺寸（或面积），指边立梃截面尺寸或面积。

（3）凡面层材料有品种、规格、品牌、颜色要求的，应在工程量清单中进行描述。

（4）玻璃、百叶面积占其门扇面积一半以内者应为半玻门或半百叶门，超过一半时应为全玻门或全百叶门。

（5）木门五金应包括：折页、插销、风钩、弓背拉手、搭扣、木螺钉、弹簧折页（自动门）、管子拉手（自由门、地弹门）、地弹簧（地弹门）、角铁、门轧头（地弹门、自由门）等。

（6）木窗五金应包括：折页、插销、风钩、木螺钉、滑轮滑轨（推拉窗）等。

（7）铝合金窗五金应包括：卡锁、滑轮、铰拉、执手、拉把、拉手、风撑、角码、牛角制等。

（8）铝合金门五金应包括：地弹簧、门锁、拉手、门插、门铰、螺栓等。

（9）其他门五金应包括L形执手插锁（双舌）、球形执手锁（单舌）、门轧头、地锁、防盗门扣、门眼（猫眼）、门碰珠、电子锁（磁卡锁）、闭门器、装饰拉手等。

（10）特殊五金名称是指拉手、门锁、窗锁等，用途主要是具体使用的门或窗，应在工程量清单中进行描述。

（11）门窗套、贴脸板、筒子板和窗台板项目，应包括底层抹灰，如底层抹灰已包括在墙、柱面底层抹灰内，应在工程量清单中进行描述。

3. 其他事项说明

1）有关项目的说明

（1）门窗框与洞口之间缝的填塞，应包括在报价内。

（2）实木装饰门项目也适用于竹压板装饰门。

（3）转门项目适用于电子感应和人力推动转门。

（4）“特殊五金”项目指贵金属五金及业主认为应单独列项的五金配件。

2）工程量计算规则的说明

（1）门窗工程量均以“樘”计算，如遇框架结构的连续长窗也以“樘”计算，但对连续长窗的扇数和洞口尺寸应在工程量清单中进行描述。

（2）门窗套、门窗贴脸、筒子板“以展开面积计算”，即指按其铺钉面积计算。

（3）窗帘盒、窗台板如为弧形时，其长度以中心线计算。

3）有关工程内容的说明

（1）木门窗的制作应考虑木材的干燥损耗、刨光损耗、下料后备长度、门窗走头增加的体积等。

（2）防护材料分为防火、防腐、防虫、防潮、耐磨、耐老化等材料，应根据清单项目要求报价。

4）门窗工程工程量计算实例

【例 2–4】某财务室安装防盗门 10 樘，框外围尺寸为 900mm × 2000mm，计算防盗门安装清单项目工程量。

【解】

（1）清单项目设置：

020402006001 防盗门。

（2）清单工程量计算：

按照前面所列工程量计算规则，防盗门工程量的计算公式应为：

防盗门工程量 = 设计图示数量

故防盗门工程量 = 10 樘

【例 2–5】某办公室为大理石窗台板，如图 2–5 所示，计算大理石窗台板清单项目工程量。

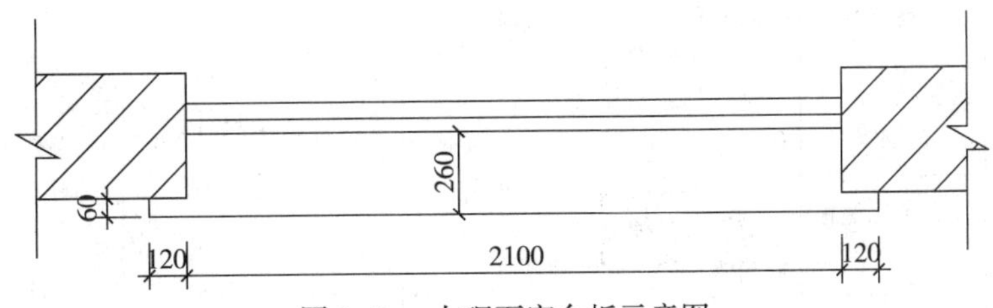

图 2–5　大理石窗台板示意图

【解】

（1）清单项目设置：

020409003001 石材窗台板。

（2）清单工程量计算：

按照前面所列工程量计算规则，石材窗台板工程量的计算公式应为：

石材窗台板工程量 = 设计图示尺寸以长度米计算

故大理石窗台板工程量 =2.34m

（五）油漆、涂料、裱糊工程量计算

1. 清单项目设置

油漆、涂料、裱糊工程清单项目包括门油漆、窗油漆、扶手及其他板条线条油漆、木材面油漆、金属面油漆、抹灰面油漆、喷刷涂料、花饰、线条刷涂料、裱糊等9节共29个项目。项目构成见表2–5。

油漆、涂料、裱糊工程 表2–5

项目编码	项目名称	项目特征	计量单位	工程量计算规则	工程内容
020501001	门油漆	1. 门类型 2. 腻子种类 3. 刮腻子要求 4. 防护材料种类 5. 油漆品种、刷漆遍数	樘 /m^2	按设计图示数量或设计图示单面洞口面积计算	1. 基层清理 2. 刮腻子 3. 刷防护材料、油漆

项目编码	项目名称	项目特征	计量单位	工程量计算规则	工程内容
020502001	窗油漆	1. 窗类型 2. 腻子种类 3. 刮腻子要求 4. 防护材料种类 5. 油漆品种、刷漆遍数	樘 /m^2	按设计图示数量或设计图示单面洞口面积计算	1. 基层清理 2. 刮腻子 3. 刷防护材料、油漆

项目编码	项目名称	项目特征	计量单位	工程量计算规则	工程内容
020503001	木扶手油漆	1. 腻子种类 2. 刮腻子要求 3. 油漆体积单位展开面积 4. 油漆体长度 5. 防护材料种类 6. 油漆品种、刷漆遍数	m	按设计图示尺寸以长度计算	1. 基层清理 2. 刮腻子 3. 刷防护材料、油漆
020503002	窗帘盒油漆				
020503003	封檐板、顺水板油漆				
020503004	挂衣板、黑板框油漆				
020503005	挂镜线、窗帘棍、单独木线油漆				

<table>
<tr><th>项目 编码</th><th>项目名称</th><th>项目特征</th><th>计量单位</th><th>工程量计算规则</th><th>工程内容</th></tr>
<tr><td>020504001</td><td>木板、纤维板、胶合板油漆</td><td rowspan="14">1. 腻子种类
2. 刮腻子要求
3. 防护材料种类
4. 油漆品种、刷漆遍数</td><td rowspan="15">m^2</td><td rowspan="7">按设计图示尺寸以面积计算</td><td rowspan="14">1. 基层清理
2. 刮腻子
3. 刷防护材料、油漆</td></tr>
<tr><td>020504002</td><td>木护墙、木墙裙油漆</td></tr>
<tr><td>020504003</td><td>窗台板、筒子板、盖板、门窗套、踢脚线油漆</td></tr>
<tr><td>020504004</td><td>清水板条顶棚、檐口油漆</td></tr>
<tr><td>020504005</td><td>木方格吊顶顶棚油漆</td></tr>
<tr><td>020504006</td><td>吸声板墙面、顶棚面油漆</td></tr>
<tr><td>020504007</td><td>散热器罩油漆</td></tr>
<tr><td>020504008</td><td>木间壁、木隔断油漆</td><td rowspan="3">按设计图示尺寸以单面外围面积计算</td></tr>
<tr><td>020504009</td><td>玻璃间隔露明墙筋油漆</td></tr>
<tr><td>020504010</td><td>木栅栏、木栏杆（带扶手）油漆</td></tr>
<tr><td>020504011</td><td>衣柜、壁柜油漆</td><td rowspan="3">按设计图示尺寸以油漆部分展开面积计算</td></tr>
<tr><td>020504012</td><td>梁柱饰面油漆</td></tr>
<tr><td>020504013</td><td>零星木装修油漆</td></tr>
<tr><td>020504014</td><td>木地板油漆</td><td rowspan="2">按设计图示尺寸以面积计算。空调、空圈、散热器包槽、壁龛的开口部分并入相应的工程量内</td></tr>
<tr><td>020504015</td><td>木地板烫硬蜡面</td><td></td><td></td></tr>
</table>

项目编码	项目名称	项目特征	计量单位	工程量计算规则	工程内容
020505001	金属面油漆	1. 腻子种类 2. 刮腻子要求 3. 防护材料种类 4. 油漆品种、刷漆遍数	t	按设计图示尺寸以质量计算	1. 基层清理 2. 刮腻子 3. 刷防护材料、油漆

<table>
<tr><th>项目编码</th><th>项目名称</th><th>项目特征</th><th>计量单位</th><th>工程量计算规则</th><th>工程内容</th></tr>
<tr><td>020506001</td><td>抹灰面油漆</td><td rowspan="2">1. 基层类型
2. 线条宽度、道数
3. 腻子种类
4. 刮腻子要求
5. 防护材料种类
6. 油漆品种、刷漆遍数</td><td>m^2</td><td>按设计图示尺寸以面积计算</td><td rowspan="2">1. 基层清理
2. 刮腻子
3. 刷防护材料、油漆</td></tr>
<tr><td>020506002</td><td>抹灰线条油漆</td><td>m</td><td>按设计图示尺寸以长度计算</td></tr>
</table>

项目编码	项目名称	项目特征	计量单位	工程量计算规则	工程内容
020507001	刷喷涂料	1. 基层类型 2. 腻子种类 3. 刮腻子要求 4. 涂料品种、刷漆遍数	m^2	按设计图示尺寸以面积计算	1. 基层清理 2. 刮腻子 3. 刷、喷涂料

项目编码	项目名称	项目特征	计量单位	工程量计算规则	工程内容
020508001	空花格、栏杆刷涂料	1. 腻子种类 2. 线条宽度 3. 刮腻子要求 4. 涂料品种、刷喷遍数	m^2	按设计图示尺寸以单面外围面积计算	1. 基层清理 2. 刮腻子 3. 刷、喷涂料
020508002	线条刷涂料		m	按设计图示尺寸以长度计算	

项目编码	项目名称	项目特征	计量单位	工程量计算规则	工程内容
020509001	墙纸裱糊	1. 基层类型 2. 裱糊构件部位 3. 腻子种类 4. 刮腻子要求 5. 粘结材料种类 6. 防护材料种类 7. 面层材料品种、规格、品牌、颜色	m^2	按设计图示尺寸以面积计算	1. 基层清理 2. 刮腻子 3. 面层铺粘 4. 刷防护材料
020509002	织锦缎裱糊				

2. 项目特征说明

（1）门类型应分为镶板门、木板门、胶合板门、装饰实木门、木纱门、木质防火门、连窗门、平开门、推拉门、单扇门、双扇门、带纱门、全玻门（带木扇框）、半玻门、半百叶门、全百叶门以及带亮子、不带亮子、有门框、无门框和单独门框等油漆。

（2）窗类型应分为平开窗、推拉窗、提拉窗、固定窗、空花窗、百叶窗以及单扇窗、双扇窗、多扇窗，单层窗、双层窗、带亮子、不带亮子等。

（3）腻子种类分石膏油腻子（熟桐油、石膏粉、适量水）、胶腻子（大白、色粉、羧甲基纤维素）、漆片腻子（漆片、酒精、石膏粉、适量色粉）、油腻子（矾石粉、桐油、脂肪酸、松香）等。

（4）刮腻子要求，分刮腻子遍数（道数）或满刮腻子或找补腻子等。

3. 其他事项说明

1）有关项目的说明

（1）有关项目中已包括油漆、涂料的不再单独列项计算油漆、涂料工程量。

（2）连窗门可按门油漆项目编码列项。

（3）木扶手应区别带托板与不带托板，分别编码（按第五级编码）列项。

2）工程量计算规则的说明

（1）楼梯木扶手工程量按中心线斜长计算，弯头长度应计算在扶手长度内。

（2）博风板工程量按中心线斜长计算，有木刀头的每个木刀头应增加长度50cm。

（3）木板、纤维板、胶合板油漆，单面油漆按单面面积计算，双面油漆按双面面积计算。

（4）木护墙、木墙裙油漆按垂直投影面积计算。

（5）台板、筒子板、盖板、门窗套、踢脚线油漆按水平或垂直投影面积（门窗套的贴脸板和筒子板垂直投影面积合并）计算。

（6）清水板条顶棚、檐口油漆、木方格吊顶顶棚油漆按水平投影面积计算，不扣除空洞面积。

（7）散热器罩油漆，垂直面按垂直投影面积计算，突出墙面的水平面按水平投影面积计算，不扣除空洞面积。

（8）工程量以面积计算的油漆、涂料项目，线角、线条、压条等不展开。

3）有关工程内容的说明

（1）有线角、线条、压条的油漆、涂料面的工料消耗，应包括在报价内。

（2）灰面的油漆、涂料，应注意基层的类型，如一般抹灰墙柱面与拉条灰、拉毛灰、甩毛灰等油漆、涂料的耗工量和材料消耗量的不同。

（3）空花格、栏杆刷涂料工程量按外框单面垂直投影面积计算，应注意其展开面积，工料消耗应包括在报价内。

（4）应注意到刮腻子遍数，即满刮还是找补腻子。

（5）墙纸和织锦缎的裱糊，应注意是否要求对花还是不对花。

4）油漆、涂料、裱糊工程工程量计算实例

【例 2-6】某书房平面布置图，如图 2-6 所示，墙面贴对花墙纸，计算其清单项目工程量（窗尺寸：宽 × 高 1800mm × 1500mm；门尺寸 900mm × 2000mm；榉木踢脚板高 200mm；顶棚高度为 2800mm）。

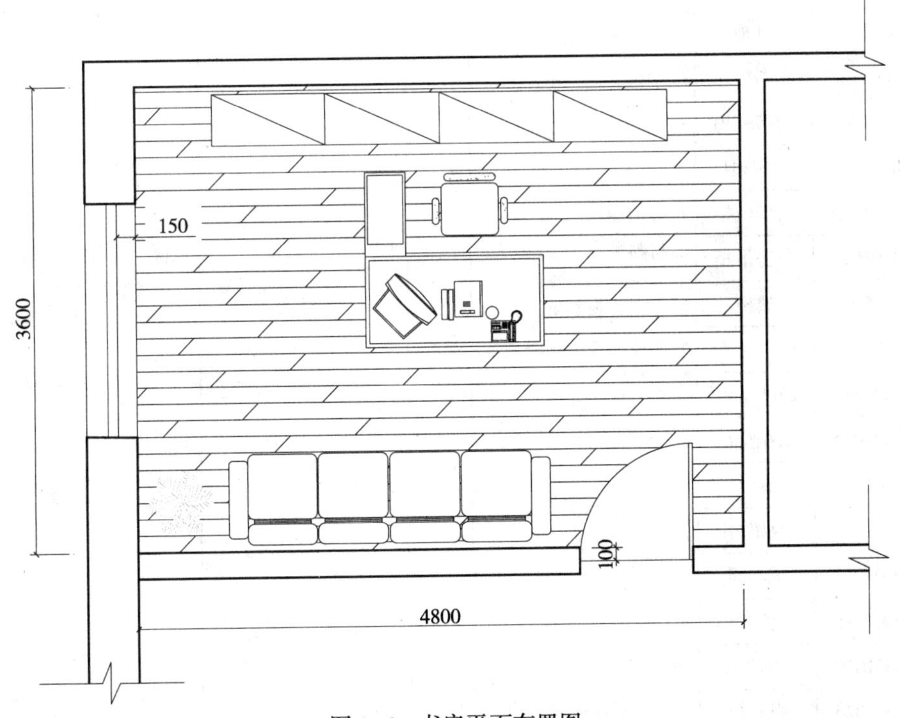

图 2-6 书房平面布置图

【解】

（1）清单项目设置：

020509001001 墙纸裱糊。

（2）清单工程量计算：

按照前面所列规则，墙纸裱糊的计算公式应为：

墙纸裱糊工程量 = 主墙间净长 × 墙纸净高 − 门窗洞口 + 门窗洞侧壁

故墙纸裱糊工程量 = ［（4.8+3.6）×2×（2.8−0.2）−1.8×1.5+0.15 ×（1.5×2 + 1.8）−0.9×2 + 0.1×（2×2 + 0.9）］×1=40.39m^2

（六）其他工程工程量计算

1. 清单项目设置

其他工程清单项目包括柜类、货架、散热器罩、浴厕配件、压条、装饰线、雨篷、旗杆、招牌、灯箱、美术字等 7 节共 48 个项目。项目构成见表 2-6。

其他工程

表 2-6

项目编码	项目名称	项目特征	计量单位	工程量计算规则	工程内容
020601001	柜台	1. 台柜规格 2. 材料种类、规格 3. 五金种类、规格 4. 防护材料种类 5. 油漆品种、刷漆遍数	个	按设计图示数量计算	1. 台柜制作、运输、安装（安放） 2. 刷防护材料、油漆
020601002	酒柜				
020601003	衣柜				
020601004	存包柜				
020601005	鞋柜				
020601006	书柜				
020601007	厨房壁柜				
020601008	木壁柜				
020601009	厨房低柜				
020601010	厨房吊柜				
020601011	矮柜				
020601012	吧台背柜				
020601013	酒吧吊柜				
020601014	酒吧台				
020601015	展台				
020601016	收银台				
020601017	试衣间				
020601018	货架				
020601019	书架				
020601020	服务台				

项目编码	项目名称	项目特征	计量单位	工程量计算规则	工程内容
020602001	饰面板散热器罩	1. 散热器罩材质 2. 单个罩垂直投影面积 3. 防护材料种类 4. 油漆品种、刷漆遍数	m^2	按设计图示尺寸以垂直投影面积（不展开）计算	1. 散热器罩制作、运输、安装 2. 刷防护材料、油漆
020602002	塑料板散热器罩				
020602003	金属散热器罩				

项目编码	项目名称	项目特征	计量单位	工程量计算规则	工程内容
020603001	洗漱台	1. 材料品种、规格、品牌、颜色 2. 支架、配件品种、规格、品牌 3. 油漆品种、刷漆遍数	m^2	按设计图示尺寸以台面外接矩形面积计算。不扣除孔洞、挖弯、削角所占面积，挡板、吊沿板面积并入台面面积内	1. 台面及支架制作、运输、安装 2. 杆、环、盒、配件安装 3. 刷油漆
020603002	晒衣架		根（套）	按设计图示数量计算	
020603003	帘子杆				
020603004	浴缸拉手				
020603005	毛巾杆（架）				
020603006	毛巾杯		副		
020603007	卫生纸盒		个		
020603008	肥皂盒				
020603009	镜面玻璃	1. 镜面玻璃品种、规格 2. 框材质、断面尺寸 3. 基层材料种类 4. 防护材料种类 5. 油漆品种、刷油漆遍数	m^2	按设计图示尺寸以边框外围面积计算	1. 基层安装 2. 玻璃及框制作、运输、安装 3. 刷防护材料、油漆

项目编码	项目名称	项目特征	计量单位	工程量计算规则	工程内容
020604001	金属装饰线	1. 基层类型 2. 线条材料品种、规格、颜色 3. 防护材料种类 4. 油漆品种、刷漆遍数	m	按设计图示尺寸以长度计算	1. 线条制作、安装 2. 刷防护材料、油漆
020604002	木质装饰线				
020604003	石材装饰线				
020604004	石膏装饰线				
020604005	镜面装饰线				
020604006	铝塑装饰线				
020604007	塑料装饰线				

项目编码	项目名称	项目特征	计量单位	工程量计算规则	工程内容
020605001	雨篷吊挂饰面	1. 基层类型 2. 龙骨材料种类、规格、中距 3. 面层材料品种、规格、品牌 4. 吊顶（顶棚）材料、品种、规格、品牌 5. 嵌缝材料种类 6. 防护材料总类 7. 油漆品种、刷漆遍数	m^2	按设计图示尺寸以水平投影面积计算	1. 底层抹灰 2. 龙骨基层安装 3. 面层安装 4. 刷防护材料、油漆
020605002	金属旗杆	1. 旗杆材料、种类、规格 2. 旗杆高度 3. 基础材料种类 4. 基座材料种类 5. 基座面层材料、种类、规格	根	按设计图示数量计算	1. 土石挖填 2. 基础混凝土浇筑 3. 旗杆制作、安装 4. 旗杆台座制作、饰面

项目编码	项目名称	项目特征	计量单位	工程量计算规则	工程内容
020606001	平面、箱式招牌	1. 箱体规格 2. 基层材料总类 3. 面层材料总类 4. 防护材料总类 5. 油漆品种、刷漆遍数	m^2	按设计图示尺寸以正立面边框外围面积计算。复杂形的凸凹造型部分不增加面积	1. 基层安装 2. 箱体及支架制作、运输、安装 3. 面层制作、安装 4. 刷防护材料、油漆
020606002	竖式标箱		个	按设计图示数量计算	
020606003	灯箱				

项目编码	项目名称	项目特征	计量单位	工程量计算规则	工程内容
020607001	泡沫塑料字	1. 基层类型 2. 镌字材料品种、颜色 3. 字体规格 4. 固定方式 5. 油漆品种、刷漆遍数	个	按设计图示数量计算	1. 字制作、运输、安装 2. 刷油漆
020607002	有机玻璃字				
020607003	木质字				
020607004	金属字				

2. 项目特征说明

（1）台柜的规格以能分离的成品单体长、宽、高来表示，如一个组合书柜分为上下两部分，下部为独立的矮柜，上部为敞开式的书柜，可以上下两部分标注尺寸。

（2）镜面玻璃和灯箱等的基层材料，是指玻璃背后的衬垫材料，如胶合板、油毡等。

（3）装饰线和美术字的基层类型是指装饰线、美术字依托体的材料，如砖墙、木墙、石墙、混凝土墙、墙面抹灰、钢支架等。

（4）旗杆高度为旗杆台座上表面至杆顶（包括球珠）。

（5）美术字的字体规格以字的外接矩形长、宽和字的厚度表示。固定方式指粘贴、焊接以及铁钉、螺栓、铆钉固定等方式。

3. 其他事项说明

1）有关项目的说明

（1）厨房壁柜和厨房吊柜，以嵌入墙内的为壁柜，以支架固定在墙上的为吊柜。

（2）压条、装饰线项目已包括在门扇、墙柱面、顶棚等项目内的，不再单独列项。

（3）洗漱台项目适用于石质（天然石材、人造石材等）、玻璃等。

（4）旗杆的砌砖或混凝土台座，台座的饰面可按相关附录的内容另行编码列项，也可纳入旗杆报价内。

（5）美术字不分字体，按大小规格分类。

2）工程量计算规则的说明

（1）台柜工程量以“个”计算，即以能分离的同规格的单体个数计算，如柜台有 1600×400×1200 规格 6 个，另有柜台 1600×400×1150 规格 1 个，台底安装胶轮 4 个，以便营业员由此出入，这样 1600×400×1200 规格的柜台数为 6 个，1600×400×1150 规格的柜台数为 1 个。

（2）洗漱台放置洗面盆的地方必须挖洞，有些洗漱台摆放的位置须选形，形成挖弯、削角，为此，洗漱台的工程量应按外接矩形计算。挡板指镜面玻璃下边沿至洗漱台面和侧墙与台面接触部位的竖挡板（一般挡板与台面使用同种材料，如为不同材料，应另行计算）。吊沿指台面外边沿下方的竖挡板。挡板和吊沿均以面积列入台面面积内计算。

3）有关工程内容的说明

（1）台柜项目以“个”计算，应按设计图纸或说明，将台柜、台面材料（石材、皮草、金属、实木等）、内隔板材料、连接件、配件等包括在报价内。

（2）洗漱台现场制作，切割、磨边等人工、机械费用应包括在报价内。

（3）金属旗杆也可将旗杆台座及台座面层一并报价。

4）其他工程工程量计算实例

【例 2–7】某卫生间大理石洗漱台，无挡板，如图 2–7 所示，计算该洗漱台清单项目工程量。

【解】

（1）清单项目设置：

020603001001 洗漱台。

（2）清单工程量计算：

按照前面所列工程量计算规则，大理石洗漱台的工程量计算公式应为：

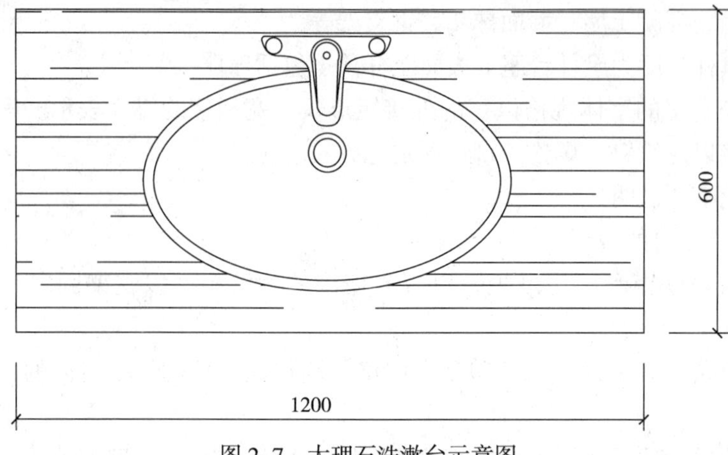

图 2-7　大理石洗漱台示意图

大理石洗漱台工程量 = 台面外接矩形面积 + 挡板面积

故大理石洗漱台工程量 = $1.2 \times 0.6 = 0.72\text{m}^2$

九、思考题与习题

（1）石材楼地面工程量规则包含哪些内容？
（2）防静电活动地板工程量计算规则包含哪些内容？
（3）块料楼梯面层工程量计算规则包含哪些内容？
（4）石材墙面工程量计算规则包含哪些内容？
（5）装饰板墙面工程量计算规则包含哪些内容？
（6）顶棚吊顶工程量计算规则包含哪些内容？
（7）通风口、回风口工程量计算规则包含哪些内容？
（8）石材、门窗套工程量计算规则包含哪些内容？
（9）木窗帘盒工程量计算规则包含哪些内容？
（10）窗帘轨工程量计算规则包含哪些内容？
（11）刷喷涂料工程量计算规则包含哪些内容？
（12）墙纸裱糊工程量计算规则包含哪些内容？
（13）酒吧台工程量计算规则包含哪些内容？

十、学习要求

（1）学生能够掌握工程量计算规则并进行应用。

（2）学生能够应用专业软件填写分部分项工程量清单计价表。

（3）学生能够独立查阅相关资料，能够合作完成分部分项工程量清单计价表填写工作。

任务二　完成某活动中心装饰工程措施项目清单计价表填写工作

一、任务描述

造价员通过对某活动中心装饰工程施工图纸及施工现场的分析思考，完成措施项目清单计价表的填写工作，任务成果是措施项目清单计价表。

二、能力目标

（1）能准确列出措施项目名称。
（2）能正确填写措施项目清单计价表。

三、参考文献

（1）《建筑装饰装修工程计量与计价》；
（2）《建设工程工程量清单计价规范》；
（3）《建设工程工程量清单计价规范》宣贯辅导教材。

四、任务准备与分析

（一）准备与收集资料
（1）设计施工图；
（2）《建设工程工程量清单计价规范》；
（3）施工现场情况；
（4）招标文件规定的相关内容；
（5）相关手册；
（6）其他资料（如补充定额等）。
（二）熟悉图纸
设计施工图纸是编制建筑装饰工程量清单的主要依据，编制人员在编制工程量清单之前，充分、全面地熟悉图纸，了解设计意图，掌握工程全貌，是准确、迅速地编制工程量清单的关键。

五、设备分析

利用专业计价软件进行计算。

六、任务重点、难点分析

（1）重点在于措施项目清单计价表的填写方法和注意事项。
（2）难点在于措施项目的准确列取。

七、任务实施步骤

任务实施步骤一：完成措施项目清单计价表（一）的填写。

措施项目清单计价表（一）

工程名称：活动中心装饰工程　　　　标段：　　　　第1页　共1页

序号	项目名称	计算基础	费率（%）	金额（元）
1	安全文明施工费			
2	夜间施工费			
3	二次搬运费			
4	冬雨期施工			
5	施工排水			
6	施工降水			
7	地上、地下设施、建筑物的临时保护设施			
8	已完工程及设备保护			
合计				

注：1. 本表适用于以“项”计价的措施项目。
2. 根据建设部、财政部发布的《建筑安装工程费用组成》（建标[2003]206号）的规定，“计算基础”可为“直接费”、“人工费”或“人工费+机械费”。

任务实施步骤二：完成措施项目清单计价表（二）的填写。

措施项目清单计价表（二）

工程名称：活动中心装饰工程　　　　标段：　　　　第1页　共1页

序号	项目编码	项目名称	项目特征	计量单位	工程量	金额（元）	
						综合单价	合价
1		大型机械设备进出场及安拆费		项	1		
2		脚手架		项	1		
3		垂直运输机械		项	1		
4		室内空气污染测试		项	1		
5				项	1		
本页小计							
合计							

注：本表适用于以综合单价形式计价的措施项目。

八、主要学习内容

参见基础技术篇。

九、学习要求

（1）学生能够掌握措施项目的列取方法。

（2）学生能够应用专业软件填写措施项目清单计价表。
（3）学生能够查阅相关资料；能够独立完成措施项目清单计价表的填写工作。

任务三　完成某活动中心装饰工程其他项目清单与计价表填写工作

一、任务描述

造价员通过对某活动中心装饰工程施工图及施工现场的分析思考，完成其他项目清单与计价表的填写工作，任务成果是其他项目清单与计价表。

二、能力目标

（1）能准确列出招标人的部分项目名称。
（2）能正确填写其他项目清单与计价表。

三、参考文献

（1）《建筑装饰装修工程计量与计价》；
（2）《建设工程工程量清单计价规范》；
（3）《建设工程工程量清单计价规范》宣贯辅导教材。

四、任务准备与分析

（一）准备与收集资料
（1）设计施工图；
（2）《建设工程工程量清单计价规范》；
（3）施工现场情况；
（4）招标文件规定的相关内容；
（5）相关手册；
（6）其他资料（如补充定额等）。
（二）熟悉图纸
设计施工图纸是编制建筑装饰工程量清单的主要依据，编制人员在编制工程量清单之前，充分、全面地熟悉图纸，了解设计意图，掌握工程全貌，是准确、迅速地编制工程量清单的关键。

五、设备分析

利用专业计价软件进行计算。

六、任务重点、难点分析

（1）重点在于其他项目清单与计价表的填写方法和注意事项。
（2）难点在于其他项目的准确列取。

七、任务实施步骤

任务实施步骤一：完成其他项目清单与计价汇总表的填写。

其他项目清单与计价汇总表

工程名称：活动中心装饰工程　　　　标段：　　　　第1页　共1页

序号	项目名称	计量单位	金额（元）	备注
1	暂列金额	项	27626.92	明细详见表
2	暂估价			
2.1	材料暂估价		—	明细详见表
2.2	专业工程暂估价	项		明细详见表
3	计日工			明细详见表
4	总承包服务费			明细详见表
合　计				—

注：材料暂估单价进入清单项目综合单价，此处不汇总。

任务实施步骤二：完成暂列金额明细表的填写。

暂列金额明细表

工程名称：活动中心装饰工程　　　　标段：　　　　第1页　共1页

序号	名称	计量单位	暂定金额	备注
1			27626.92	
合　计			27626.92	—

注：此表由招标人填写，如不能详列，也可只列暂列金额总额，投标人应将上述暂列金额计入投标总价中。

任务实施步骤三：完成材料暂估单价表的填写。

材料暂估单价表

工程名称：活动中心装饰工程　　　　标段：　　　　第1页　共1页

序号	材料名称、规格、型号	计量单位	单价（元）	备注

注：1. 此表由招标人填写，并在备注栏说明暂估价的材料拟用在哪些清单项目上，投标人应将上述材料暂估单价计入工程量清单综合单价报价中。

2. 材料包括原材料、燃料、构配件以及规定应计入建筑安装工程造价的设备。

任务实施步骤四：完成专业工程暂估价表的填写。

专业工程暂估价表

工程名称：活动中心装饰工程　　　　　　　　标段：　　　　　　　　　第1页　共1页

序号	工程名称	工程内容	金额（元）	备注
1				
合　计				—

注：此表由招标人填写，投标人应将上述专业工程暂估价计入投标总价中。

任务实施步骤五：完成计日工表的填写。

计日工表

工程名称：活动中心装饰工程　　　　　　　　标段：　　　　　　　　　第1页　共1页

编号	项目名称	单位	暂定数量	综合单价	合价
1	人工	工日	0		
1.1					
人工小计					0
2	材料		0		
2.1					
材料小计					0
3	机械	台班	0		
3.1					
机械小计					0
总　计					0

注：此表项目名称、数量由招标人填写，编制招标控制价时，单价由招标人按有关计价规定确定；投标时，单价由投标人自主报价，计入投标总价中。

任务实施步骤六：完成总承包服务费计价表的填写。

总承包服务费计价表

工程名称：活动中心装饰工程　　　　标段：　　　　第1页　共1页

序号	项目名称	项目价值（元）	服务内容	费率（%）	金额（元）
1					
合　计					

八、主要学习内容

参见基础技术篇。

九、学习要求

（1）学生能够掌握其他项目的列取方法及相应的概念。
（2）学生能够应用专业软件填写其他项目清单与计价表。
（3）学生能够查阅相关资料；能够独立完成其他项目清单与计价表的填写工作。

任务四　完成某活动中心装饰工程规费、税金项目清单与计价表填写工作

一、任务描述

造价员通过对某活动中心装饰工程施工图及施工现场的分析思考，完成规费、税金项目清单与计价表的填写工作，任务成果是规费、税金项目清单与计价表。

二、能力目标

（1）能准确列出规费、税金的项目名称。
（2）能正确填写规费、税金的项目清单与计价表。

三、参考文献

（1）《建筑装饰装修工程计量与计价》；
（2）《建设工程工程量清单计价规范》；

（3）《建设工程工程量清单计价规范》宣贯辅导教材。

四、任务准备与分析

（一）准备与收集资料

（1）设计施工图；

（2）《建设工程工程量清单计价规范》；

（3）施工现场情况；

（4）招标文件规定的相关内容；

（5）相关手册；

（6）其他资料（如补充定额等）。

（二）熟悉图纸

设计施工图纸是编制建筑装饰工程量清单的主要依据，编制人员在编制工程量清单之前，充分、全面地熟悉图纸，了解设计意图，掌握工程全貌，是准确、迅速地编制工程量清单的关键。

五、设备分析

利用专业计价软件进行计算。

六、任务重点、难点分析

（1）重点在于规费、税金项目清单与计价表的填写方法和注意事项。

（2）难点在于规费、税金项目的准确列取。

七、任务实施步骤

任务实施步骤：完成规费、税金项目清单与计价表的填写。

规费、税金项目清单与计价表

工程名称：活动中心装饰工程　　　　标段：　　　　第1页　共1页

序号	项目名称	计算基础	费率（%）	金额（元）
1	规费	工程排污费＋社会保障费＋住房公积金＋危险作业意外伤害保险		
1.1	工程排污费	分部分项工程＋措施项目＋其他项目		
1.2	社会保障费	养老保险费＋失业保险费＋医疗保险费		
1.2.1	养老保险费	分部分项工程＋措施项目＋其他项目		
1.2.2	失业保险费	分部分项工程＋措施项目＋其他项目		
1.2.3	医疗保险费	分部分项工程＋措施项目＋其他项目		
1.3	住房公积金	分部分项工程＋措施项目＋其他项目		

续表

序号	项目名称	计算基础	费率（%）	金额（元）
1.4	危险作业意外伤害保险	分部分项工程 + 措施项目 + 其他项目		
2	税金	分部分项工程 + 措施项目 + 其他项目 + 规费		
合　计				

注：根据建设部、财政部发布的《建筑安装工程费用组成》（建标 [2003]206 号）的规定，“计算基础”可为“直接费”、“人工费”或“人工费 + 机械费”。

八、主要学习内容

参见基础技术篇。

九、思考题与习题

（1）什么是规费？

（2）规费的构成是什么？

（3）税金的构成是什么？

十、 学习要求

（1）学生能够掌握规费项目的列取方法。

（2）学生能够应用专业软件填写规费、税金项目的清单与计价表。

（3）学生能够查阅相关资料；能够合作完成规费、税金项目清单与计价表的填写工作。

项目二　某活动中心装饰工程投标项目经济标编制
某活动中心装饰工程项目描述

其项目描述的内容包括：图纸（效果图及施工图）。

图　纸

本项目效果图附后。

本项目施工图附后。

某活动中心装饰工程投标项目经济标编制任务书

序号	项目内涵	具体说明
1	项目说明	本工程项目是某活动中心装饰工程投标项目经济标编制，要求造价员完成该投标文件中的经济标编制工作
2	项目分析	在项目所规定的时间内，完成填写分部分项工程量清单综合单价分析表、分部分项工程量清单计价表、措施项目清单计价表、其他项目清单计价表、规费、税金项目清单与计价表、单位工程投标报价汇总表、其他表格内容等编制环节，最终完成某活动中心装饰工程工程量清单计价的编制任务，并利用专业软件打印成稿，形成投标文件的经济标书
3	项目任务分解	按照工作过程将该项目划分成八个任务完成。 任务一：检验、计算某活动中心装饰工程工程量清单中的工程量。 任务二：编制某活动中心装饰工程分部分项工程量清单综合单价分析表。 任务三：编制某活动中心装饰工程分部分项工程量清单计价表。 任务四：编制某活动中心装饰工程措施项目清单计价表。 任务五：编制某活动中心装饰工程其他项目清单计价表。 任务六：编制某活动中心装饰工程规费、税金项目清单与计价表。 任务七：编制某活动中心装饰工程单位工程投标报价汇总表。 任务八：编制某活动中心装饰工程其他表格内容
4	项目能力分解	该项目任务要求学生具备造价员的岗位能力，同时具备装饰工程识图能力、装饰材料实训能力、装饰构造与施工技术实训能力、专业计算能力及计算机专业软件操作能力和自主学习能力

任务一　检验、计算某活动中心装饰工程工程量清单中的工程量

一、任务描述

造价员通过对某活动中心装饰工程施工图及招标文件的分析思考，完成投标文件工程量的计算并掌握工程内容、项目特征。任务成果是工程数量。

二、能力目标

（1）根据工程内容、项目特征及消耗量定额的规定，能准确列取分部分项工程名称。

（2）能正确计算投标文件的分部分项工程量。

三、参考文献

（1）《建筑装饰装修工程计量与计价》；
（2）建设工程工程量清单计价规范；
（3）《建设工程工程量清单计价规范》宣贯辅导教材；
（4）《装饰装修工程消耗量定额》。

四、任务准备与分析

（一）准备与收集编制资料
1. 施工图纸
2. 有关文件资料
（1）招标书和工程量清单文件；
（2）国家颁发的《建设工程工程量清单计价规范》；
（3）本地区上级主管部门对工程量清单计价的管理办法；
（4）政府主管部门颁发的《装饰装修工程消耗量定额及统一基价表》；
（5）本企业制定的《装饰装修工程消耗量定额及基价表》；
（6）本地区主管部门发布的现行人工、材料、机械台班信息价及市场价格；
（7）工程施工现场的有关资料；
（8）本地区上级主管部门发布的有关文件等。
（二）仔细阅读招标文件，详细了解施工图纸
1. 仔细阅读招标文件
（1）对投标报价有何要求；
（2）工程量清单中总说明所涉及的范围；
（3）清单工程量的项目内容。
2. 详细了解施工图纸

五、设备分析

利用专业计价软件进行计算。

六、任务重点、难点分析

（1）重点在于准确列取投标文件的分部分项工程名称。
（2）难点在于投标文件工程量计算规则的掌握和应用。

七、任务实施步骤

具体参见任务二的任务实施步骤内容。

八、主要学习内容

装饰装修工程消耗量定额工程量计算

工程量是以物理计量单位或自然计量单位表示的各个具体工程和构配件的数量。物理计量单位，主要是指以公制度量表示的长度、面积、体积、重量等。如楼地面和墙面的抹灰面积、顶棚面积等均以平方米为计量单位；木扶手、装饰线、长度以米为计量单位；钢梁、钢柱、钢屋架的质量以吨为计量单位等。自然计量单位，主要是指以物体本身为计量单位表示工程的数量。如门、窗、普通五金以樘为计算单位；消火栓以个为计量单位；设备安装工程以台、套、组、个、件等为计量单位。

工程量是编制工程概、预算的基础和重要的组成部分。工程造价是否正确，主要取决于工程量和综合单价这两个因素。工程量计算是否正确，直接影响工程概、预算造价的准确性。

工程量计算、对建设工程的各项管理工作也都有重要的作用。如编制基本建设计划、施工组织设计、施工作业计划、安排工程进度、组织资源（人力、物力、财力）供应、开展经济核算和统计工作以及财务管理等各方面都离不开工程量指标。

计算工程量是一项比较复杂而又细致的工作。任何粗心大意，都会造成计算上的错误，从而影响概、预算造价的准确性，造成人力、物力、财力上的浪费。

（一）楼地面工程

1. 楼地面工程消耗量定额说明

（1）同一铺贴面上有不同种类、材质的材料，应分别执行相应定额子目。

（2）扶手、栏杆、栏板适用于楼梯、走廊、回廊及其他装饰性栏杆、栏板。

（3）零星项目面层适用于楼梯侧面、台阶的牵边、小便池、蹲便台、池槽，以及面积在 $1m^2$ 以内且定额未列项目的工程。

（4）大理石、花岗石楼地面拼花按成品考虑。

（5）镶贴面积小于 $0.015m^2$ 的石材执行点缀定额。

2. 楼地面工程工程量计算规则

（1）楼地面装饰面积按饰面的净面积计算，不扣除 $0.1m^2$ 以内的孔洞所占面积；拼花部分按实贴面积计算。

（2）楼梯面积（包括踏步、休息平台以及小于 50mm 宽的楼梯井）按水平投影面积计算。

（3）台阶面层（包括踏步以及上一层踏步沿 300mm）按水平投影面积计算。

（4）踢脚线按实贴长乘高以平方米计算，成品踢脚线按实贴延长米计算；楼梯踢脚线按相应定额乘以 1.15 系数。

（5）点缀按个计算，计算主体铺贴地面面积时，不扣除定额所占面积。

（6）零星项目按实铺面积计算。

（7）栏杆、栏板、扶手均按其中心线长度以延长米计算，计算扶手时不扣除弯头所占长度；弯头按个计算。

（8）石材底面刷养护液按底面面积加四个侧面面积，以平方米计算。

3. 楼地面工程计算实例

【例 2–8】如图 2–8 所示，某食堂地面铺 800mm × 800mm 陶瓷地砖，并采用 100mm × 100mm 印度红花岗石进行点缀，计算该地面工程的工程量（门洞口处陶瓷地砖以墙中心线为界）。

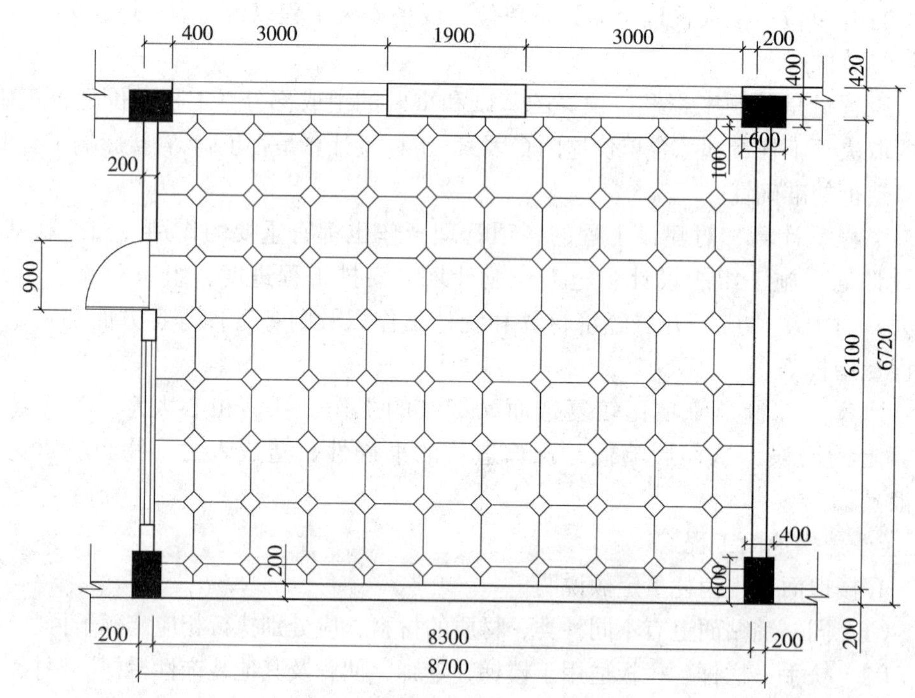

图 2–8　某房间地面铺贴示意图

【解】

（1）地面铺 800mm × 800mm 陶瓷地砖工程量为：

$$8.3 \times 6.1 + 0.1 \times 0.9 = 50.72\text{m}^2$$

（2）印度红花岗石点缀工程量查图为：80 个

（二）墙、柱面工程

1. 墙、柱面工程消耗量定额说明

（1）本章定额凡注明砂浆种类、配合比、饰面材料及型材的型号规格与设计不同时，可按设计规定调整，但人工、机械消耗量不变。

（2）抹灰砂浆厚度，如设计与定额取定不同时，除定额有注明厚度的项目可以换算外，其他一律不作调整，见表 2–7。

抹灰砂浆定额厚度取定表　　表 2–7

定额编号	项目		砂浆	厚度（m²）
2–001	水刷豆石	砖、混凝土墙面	水泥砂浆 1∶3	12
			水泥豆石浆 1∶1.25	12
2–002		毛石墙面	水泥砂浆 1∶3	18
			水泥豆石浆 1∶1.25	12
2–005	水刷白石子	砖、混凝土墙面	水泥砂浆 1∶3	12
			水泥豆石浆 1∶1.25	10
2–006		毛石墙面	水泥砂浆 1∶3	20
			水泥豆石浆 1∶1.25	10
2–009	水刷玻璃渣	砖、混凝土墙面	水泥砂浆 1∶3	12
			水泥玻璃渣浆 1∶1.25	12
2–010		毛石墙面	水泥砂浆 1∶3	18
			水泥玻璃渣浆 1∶1.25	12
2–013	干粘白石子	砖、混凝土墙面	水泥砂浆 1∶3	18
2–014		毛石墙面	水泥砂浆 1∶3	30
2–017	干粘玻璃渣	砖、混凝土墙面	水泥砂浆 1∶3	18
2–018		毛石墙面	水泥砂浆 1∶3	30
2–021	斩假石	砖、混凝土墙面	水泥砂浆 1∶3	12
			水泥白石子浆 1∶1.5	10
2–022		毛石墙面	水泥砂浆 1∶3	18
			水泥白石子浆 1∶1.5	10
2–025	墙柱面拉条	砖墙面	混合砂浆 1∶0.5∶2	14
			混合砂浆 1∶0.5∶1	10
2–026	墙柱面拉条	混凝土墙面	水泥砂浆 1∶3	14
			混合砂浆 1∶0.5∶1	10
2–027	墙柱面甩毛	砖墙面	混合砂浆 1∶1∶6	12
			混合砂浆 1∶1∶4	6
2–028		混凝土墙面	水泥砂浆 1∶3	10
			水泥砂浆 1∶2.5	6

注：1. 每增减一遍水泥砂浆或 108 胶素水泥浆，每平方米增减人工 0.01 工日，素水泥浆或 108 胶素水泥浆 0.0012m³。

2. 每增减 1mm 厚砂浆，每平方米增减砂浆 0.0012m³。

（3）圆弧形、锯齿形等不规则墙面抹灰，镶贴块料按相应项目人工乘以系数 1.15，材料乘以系数 1.05。

（4）离缝镶贴面砖定额子目，面砖消耗量分别按缝宽 5mm、10mm 和 20mm 考虑，如灰缝不同或灰缝超过 20mm 以上者，其块料及灰缝材料（水泥砂浆 1∶1）用量允许调整，其他不变。

（5）镶贴块料和装饰抹灰的“零星项目”适用于挑檐、天沟、腰线、窗台线、门窗套、压顶、扶手、雨篷周边等。

（6）木龙骨基层是按双向计算的，如设计为单向时，材料、人工用量乘以系数0.55。

（7）定额木材种类除注明者外，均以一、二类木种为准，如采用三、四类木种时，人工及机械乘以系数1.3。

（8）面层、隔墙（间壁）、隔断（护壁）定额内，除注明者外均未包括压条、收边、装饰线（板），如设计要求时，应按相应子目执行。

（9）面层、木基层均未包括刷防火涂料，如设计要求时，应按相应子目执行。

（10）玻璃幕墙设计有平开、推拉窗者，仍执行幕墙定额，窗型材、窗五金相应增加，其他不变。

（11）玻璃幕墙中的玻璃按成品玻璃考虑，幕墙中的避雷装置、防火隔离层定额已综合，但幕墙的封边、封顶的费用另行计算。

（12）隔离（间壁）、隔断（护壁）、幕墙等定额中龙骨间距、规格如与设计不同时，定额用量允许调整。

2. 墙、柱面工程工程量计算规则

（1）外墙面装饰抹灰面积，按垂直投影面积计算，扣除门窗洞口和0.3m^2以上的孔洞所占的面积，门窗洞口及孔洞侧壁面积亦不增加。附墙柱侧面抹灰面积并入外墙抹灰面积工程量内。

（2）柱抹灰按结构断面周长乘高计算。

（3）女儿墙（包括泛水、挑砖）阳台栏板（不扣除花格所占孔洞面积）内侧抹灰按垂直投影面积乘以系数1.10，带压顶者乘系数1.30，按墙面定额执行。

（4）“零星项目”按设计图示尺寸以展开面积计算。

（5）墙面贴块料面层，按实贴面积计算。

（6）墙面贴块料、饰面高度在300mm以内者，按踢脚板定额执行。

（7）柱饰面面积按外围饰面尺寸乘以高度计算。

（8）挂贴大理石、花岗石中其他零星项目的花岗石、大理石是按成品考虑的，花岗石、大理石柱墩、柱帽按最大外径周长计算。

（9）除定额已列有柱帽、柱墩的项目外，其他项目的柱帽、柱墩工程量按设计图示尺寸展开面积计算，并入相应柱面积内，每个柱帽或柱墩另增人工：抹灰0.25工日，块料0.38工日，饰面0.5工日。

（10）隔断按墙的净长乘净高计算，扣除门窗洞口及0.3m^2以上的孔洞所占面积。

（11）全玻璃隔断的不锈钢边框工程量按边框展开面积计算。

（12）全玻隔断、全玻幕墙如有加强肋者，工程量按其展开面积计算；玻璃幕墙、铝板幕墙以框外围面积计算。

（13）装饰抹灰分格、嵌缝按装饰抹灰面积计算。

3. 墙面工程计算实例

【例 2-9】如图 2-9 所示，某卫生间墙面水泥砂浆粘贴 150mm × 75mm 面砖，灰缝 8mm，计算该墙面粘贴面砖的工程量（门洞口以墙中心线为界），门尺寸 900mm × 2000mm，窗尺寸 1800mm × 1800mm，蹲位处设置台阶 h=150mm。

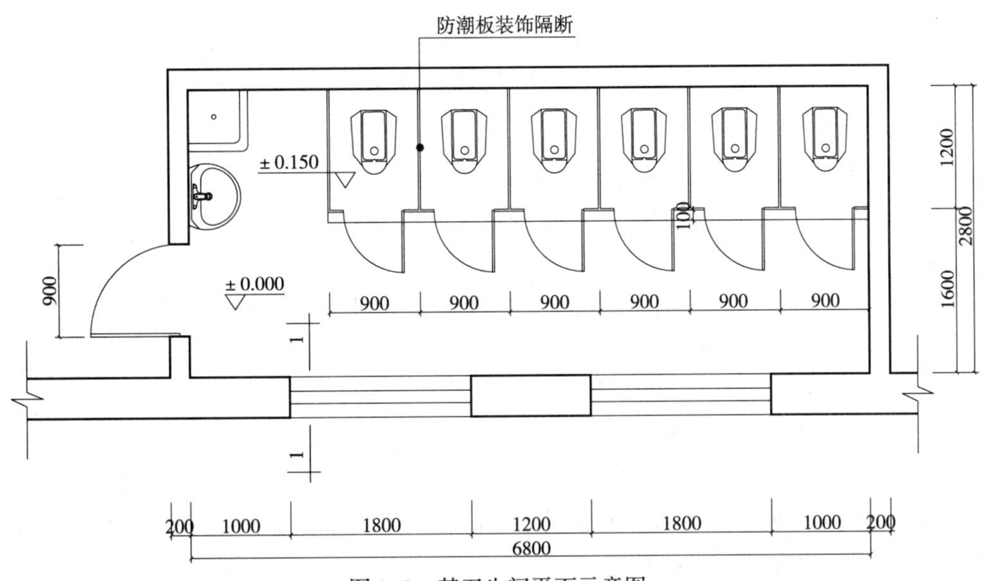

图 2-9　某卫生间平面示意图

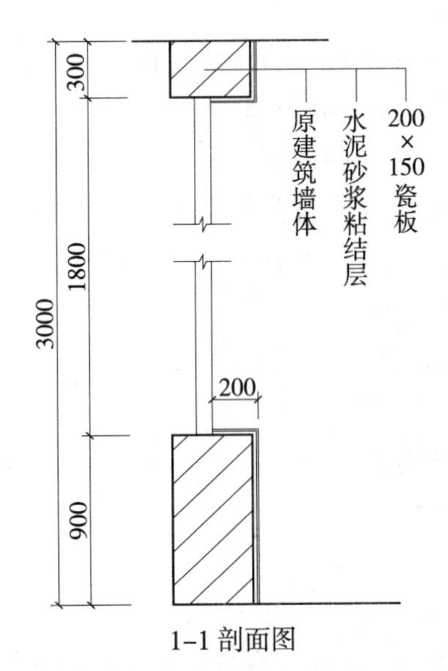

1-1 剖面图

【解】

墙面水泥砂浆粘贴 150mm × 75mm（灰缝 8mm）的工程量为：

$$
\begin{aligned}
&(6.8+2.8)\times 2\times 3-1.8\times 1.8\times 2+0.2\times(1.8+1.8)\times 2\times 2-0.9\times 2\\
&\quad+0.1\times(2\times 2+0.9)-0.9\times 6\times 0.15-1.3\times 0.15\\
&\quad=57.6-6.48+2.88-1.8+0.49-0.81-0.195\\
&\quad=51.69\text{m}^2
\end{aligned}
$$

（三）顶棚工程

1. 顶棚工程消耗量定额说明

（1）本定额除部分项目为龙骨、基层、面层合并列项外，其余均为顶棚龙骨、基层、面层分别列项编制。

（2）本定额龙骨的种类、间距、规格和基层、面层材料的型号、规格是按常用材料和常用做法考虑的，如设计要求不同时，材料可以调整，但人工、机械不变。

（3）顶棚面层在同一标高者为平面顶棚，顶棚面层不在同一标高者为迭级顶棚（迭级顶棚其面层人工乘以系数 1.1）。

（4）轻钢龙骨、铝合金龙骨定额中为双层结构（即中、小龙骨紧贴大龙骨底面吊挂），如为单层结构时（大、中龙骨底面在同一水平上），人工乘 0.85 系数。

（5）本定额中平面顶棚和迭级顶棚指一般直线型顶棚，不包括灯光槽的制作安装。灯光槽制作安装应按相应子目执行。艺术造型顶棚项目中包括灯光槽的制作安装。

（6）龙骨架、基层、面层的防火处理，应按相应子目执行。

（7）顶棚检查孔的工料已包括在定额项目内，不另计算。

2. 顶棚工程工程量计算规则

（1）各种吊顶顶棚龙骨按主墙间净空面积计算，不扣除间壁墙、检查洞、附墙烟囱、柱、垛和管道所占面积。

（2）顶棚基层按展开面积计算。

（3）顶棚装饰面层，按主墙间实钉（胶）面积以平方米计算，不扣除间壁墙、检查洞、附墙烟囱、垛和管道所占面积，但应扣除 $0.3m^2$ 以上的孔洞、独立柱、灯槽及与顶棚相连的窗帘盒所占的面积。

（4）定额中龙骨、基层、面层合并列项的子目，工程量计算规则同第一条。

（5）板式楼梯底面的装饰工程量按水平投影面积乘以 1.15 系数计算，梁式楼梯底面按展开面积计算。

（6）灯光槽按延长米计算。

（7）保温层按实铺面积计算。

（8）网架按水平投影面积计算。

（9）嵌缝按延长米计算。

3. 顶棚工程计算实例

【例 2–10】某办公楼吊顶如图 2–10 所示，采用装配式 U 形轻钢顶棚龙骨（不上人型），面层规格为 450mm × 450mm，石膏板顶棚面层，计算该吊顶工程的工程量。

【解】

（1）装配式 U 形轻钢顶棚龙骨（不上人型），面层规格为 450mm × 450mm 的工程量为：

$$(0.6+5+0.6)\times(0.6+3.8+0.6)=6.2\times5=31m^2$$

（2）石膏板顶棚面层的工程量为：

$$6.2\times5+0.2\times(5+3.8)\times2-0.5\times0.5=34.27m^2$$

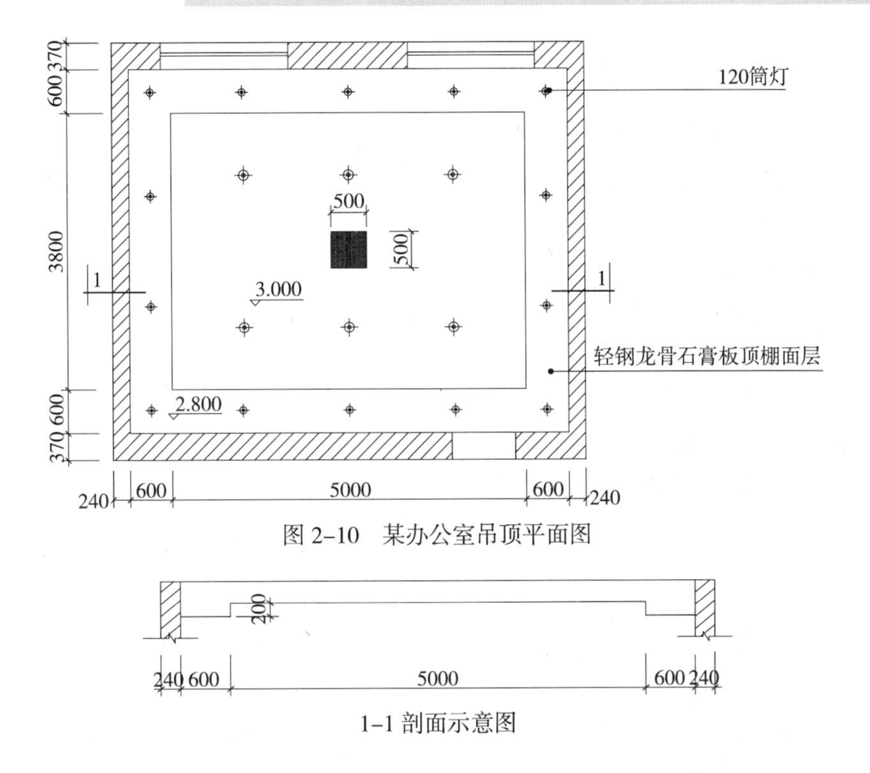

图 2-10　某办公室吊顶平面图

1-1 剖面示意图

（四）门窗工程

1. 门窗工程消耗量定额说明

（1）铝合金门窗制作、安装项目不分现场或施工企业附属加工厂制作，均执行本定额。

（2）铝合金地弹门制作型材（框料）按 101.6mm × 44.5mm、厚 1.5mm 方管制定，单扇平开门、双扇平开门窗按 38 系列制定，推拉窗按 90 系列（厚 1.5mm）制定。如实际采用的型材断面及厚度与定额取定规格不符者，可按图示尺寸乘以密度加 6% 的施工耗损计算型材重量。

（3）装饰板门扇制作安装按木龙骨、基层、饰面板面层分别计算。

（4）成品门窗安装项目中，门窗附件按包含在成品门窗单价内考虑：铝合金门窗制作、安装项目中未含五金配件，五金配件按附表选用。

2. 门窗工程量计算规则

（1）铝合金门窗、彩板组角门窗、塑钢门窗安装均按洞口面积以平方米计算。纱扇制作安装按扇外围面积计算。

（2）卷闸门安装按其安装高度乘以门的实际宽度以平方米计算。安装高度算至滚筒顶点为准。带卷闸罩的按展开面积增加。电动装置安装以套计算，小门安装以个计算，小门面积不扣除。

（3）防盗门、防盗窗、不锈钢格栅门按框外围面积以平方米计算。

（4）成品防火门以框外围面积计算，防火卷帘门从地（楼）面算至端板顶点乘以设计宽度。

（5）实木门框制作安装以延长米计算。实木门扇制作安装及装饰门扇制作按扇外围面积计算。装饰门扇及成品门扇安装按扇计算。

（6）木门扇皮制隔声面层和装饰板隔声面层，按单面面积计算。

（7）不锈钢板包门框、门窗套、花岗石门套、门窗筒子板按展开面积计算。门窗贴脸、窗帘盒、窗帘轨按延长米计算。

（8）窗台板按实铺面积计算。

（9）电子感应门及转门按定额尺寸以樘计算。

（10）不锈钢电动伸缩门以樘计算。

3. 门窗工程计算实例

【例 2–11】某电动卷闸门安装示意如图 2–11 所示，带小门，小门尺寸为 800mm × 2000mm，求各工程量。

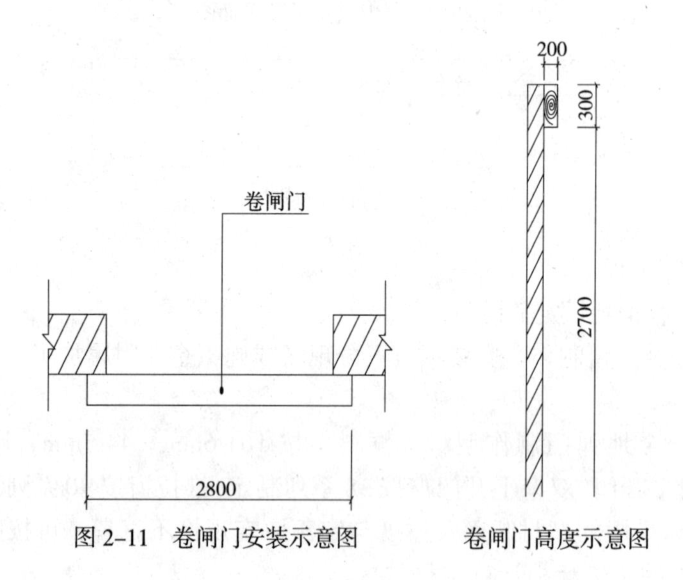

图 2–11　卷闸门安装示意图　　　卷闸门高度示意图

【解】

（1）卷闸门安装的工程量为：

$2.8 \times 3 + 0.2 \times 2 \times 2.8 + 0.2 \times 0.3 \times 2 = 9.64\text{m}^2$

（2）电动装置的工程量为：

1 套

（3）小门增加费的工程量为：

1 扇

（五）油漆、涂料、裱糊工程

1. 油漆、涂料、裱糊工程消耗量定额说明

1）本定额刷涂、刷油采用手工操作；喷塑、喷涂采用机械操作。操作方法不同时，不予调整。

2）油漆浅、中、深各种颜色，已综合在定额内，颜色不同，不另调整。

3）本定额在同一平面上的分色及门窗内外分色已综合考虑。如须做美术图案者，另行计算。

4）定额内规定的喷、涂、刷遍数与要求不同时，可按每增加一遍定额项目进行调整。

5）喷塑（一塑三油）、底油、装饰漆、面油，其规格划分如下：

（1）大压花：喷点压平、点面积在 1.2m^2。

（2）中压花：喷点压平、点面积在 1~1.2m^2。

（3）喷中点、幼点：喷点面积在 1cm^2 以下。

6）定额中的双层木门窗（单裁口）是指双层框扇。三层二玻一纱窗是指双层框三层扇。

7）定额中的单层木门刷油是按双面刷油考虑的，如采用单面刷油，其定额含量乘以 0.49 系数计算。

8）定额中的木扶手油漆为不带托板考虑。

2. 油漆、涂料、裱糊工程工程量计算规则

1）楼地面、顶棚、墙、柱、梁面的喷（刷）涂料、抹灰面油漆及裱糊工程，均按附表相应的计算规则计算。

2）木材面的工程量分别按附表相应的计算规则计算。

3）金属构件油漆的工程量按构件重量计算。

4）定额中的隔断、护壁、柱、顶棚木龙骨及木地板中木龙骨带毛地板，刷防火涂料工程量计算规则如下：

（1）隔墙、护壁木龙骨按面层正立面投影面积计算。

（2）柱龙骨按其面层外围面积计算。

（3）顶棚木龙骨按其水平投影面积计算。

（4）木地板中木龙骨及木龙骨带毛地板按地板面积计算。

5）隔墙、护壁、柱、顶棚面层及木地板刷防火涂料，执行其他木材刷防火涂料子目。

6）木楼梯（不包括底面）油漆，按水平投影面积乘以 2.3 系数，执行木地板相应子目。

3. 附表（表 2–8~ 表 2–12）

1）木材面油漆

执行木门定额工程量系数表　　　　表 2–8

项目名称	系数	工程量计算方法
单层木门	1.00	按单面洞口面积计算
双层（一玻一纱）木门	1.36	
双层（单裁口）木门	2.00	
单层全玻门	0.83	
木百叶门	1.25	

执行木窗定额工程量系数表　　表 2-9

项目名称	系数	工程量计算方法
单层玻璃窗	1.00	按单面洞口面积计算
双层（一玻一纱）木窗	1.36	
双层框扇（单裁口）木窗	2.00	
双层框三层（二玻一纱）木窗	2.60	
单层组合窗	0.83	
双层组合窗	1.13	
木百叶窗	1.50	

执行木扶手定额工程量系数表　　表 2-10

项目名称	系数	工程量计算方法
木扶手（不带托板）	1.00	按延长米计算
木扶手（带托板）	2.60	
窗帘盒	2.04	
封檐板、顺水板	1.74	
挂衣板、黑板框、单独木线条 100mm 以外	0.52	
挂镜线、窗帘棍、单独木线条 100mm 以内	0.35	

执行其他木材面定额工程量系数表　　表 2-11

项目名称	系数	工程量计算方法
木板、纤维板、胶合板顶棚	1.00	长 × 宽
木护墙、木墙裙	1.00	
窗帘板、筒子板、盖板、门窗套、踢脚线	1.00	
清水板条天棚、檐口	1.07	
木方格吊顶顶棚	1.20	
吸声板墙面、顶棚面	0.87	
散热器罩	1.28	
木间壁、木隔断	1.90	单面外围面积
玻璃间壁露明墙筋	1.65	
木栅栏、木栏杆（带扶手）	1.82	
衣柜、壁柜	1.00	按实刷展开面积
零星木装修	1.10	展开面积
梁柱饰面	1.00	展开面积

抹灰面油漆、涂料、裱糊工程量系数表　　表 2-12

项目名称	系数	工程量计算方法
混凝土楼梯底（板式）	1.15	水平投影面积
混凝土楼梯底（梁式）	1.00	展开面积
混凝土花格窗、栏杆花饰	1.82	单面外围面积
楼地面、顶棚、墙、柱、梁面	1.00	展开面积

2）抹灰面油漆、涂料、裱糊

4. 油漆、涂料、裱糊工程计算实例

【例 2-12】某房间双层（一玻一纱）木门，洞口尺寸为 900mm × 2000mm，共 19 樘，设计采用润油粉、刮腻子、调合漆一遍、磁漆三遍，计算木门油漆的工程量。

【解】

双层（一玻一纱）木门润油粉、刮腻子、调合漆一遍、磁漆三遍的工程量为：

$$0.9 \times 2 \times 19 \times 1.36=46.51\text{m}^2$$

（六）其他工程

1. 其他工程消耗量定额说明

1）本章定额项目在实际施工中使用的材料品种、规格与定额取定不同时，可以换算，但人工、材料不变。

2）本章定额中铁件已包括刷防锈漆一遍，如设计须涂刷油漆、防火涂料，按油漆、涂料、裱糊工程相应子目执行。

3）招牌基层：

（1）平面招牌是指安装在门前的墙面上；箱式招牌、竖式招牌是指六面体固定在墙面上；沿雨篷、檐口、阳台走向立式招牌，按平面招牌复杂项目执行。

（2）一般招牌和矩形招牌是指正立面平整无凸面；复杂招牌和异型招牌是指正立面有凹凸造型。

（3）招牌的灯饰均不包括在定额内。

4）美术字安装：

（1）美术字均以成品安装固定为准。

（2）美术字不分字体均执行本定额。

5）装饰线条：

（1）木装饰线、石膏装饰线均以成品安装为准。

（2）石材装饰线条均以成品安装为准。石材装饰线条磨边、磨圆角均包括在成品的单价中，不再另计。

6）石材磨边、磨斜边、磨半圆边及台面开孔子目均为现场磨制。

7）装饰线条以墙面上直线安装为准，如顶棚安装直线形、圆弧形或其他图案者，按以下规定计算：

（1）顶棚面安装直线装饰线条，人工乘 1.34 系数。

（2）顶棚面安装圆弧装饰线条，人工乘 1.6 系数，材料乘 1.1 系数。

（3）墙面安装圆弧装饰线条，人工乘 1.2 系数，材料乘 1.1 系数。

（4）装饰线条做艺术图案者，人工乘以 1.8 系数，材料乘以 1.1 系数。

8）散热器罩挂板式是指钩挂在散热器上；平墙式是指凹入墙内，明式是指凸出墙面；半凹半凸式按明式定额子目执行。

9）货架、柜类定额中未考虑面板拼花及饰面板上贴其他材料的花饰、造型艺术品。

2. 其他工程工程量计算规则

1）招牌、灯箱：

（1）平面招牌基层按正立面面积计算，复杂性的凹凸造型部分亦不增减。

（2）沿雨篷、檐口或阳台走向的立式招牌基层，按平面招牌复杂性执行时，应按展开面积计算。

（3）箱体招牌和竖式标箱的基层，按外围体积计算。突出箱外的灯饰、店徽及其他艺术装潢等均另行计算。

（4）灯箱的面层按展开面积以平方米计算。

（5）广告牌钢骨架以吨计算。

2）美术字安装按字的最大外围矩形面积以个计算。

3）压条、装饰线条均按延长米计算。

4）散热器罩（包括脚的高度在内）按边框外围尺寸垂直投影面积计算。

5）镜面玻璃安装、盥洗室木镜箱以正立面面积计算。

6）塑料镜箱、毛巾环、肥皂盒、金属帘子杆、浴缸拉手、毛巾杆安装以只或副计算。不锈钢旗杆以延长米计算。大理石洗漱台以台面投影面积计算（不扣除空洞面积）。

7）货架、橱柜类均以正立面的高（包括脚的高度在内）乘以宽以平方米计算。

8）收银台、试衣间等以个计算，其他以延长米为单位计算。

9）拆除工程量按拆除面积或长度计算，执行相应子目。

3. 其他工程计算实例

【例 2–13】某卫生间墙面立面图，如图 2–12 所示，计算该立面墙镜面不锈钢边、镜面玻璃、不锈钢毛巾环、挂贴啡网纹石材装饰线（及现场捣 45° 斜边）、不锈钢卫生纸盒等安装的工程量。

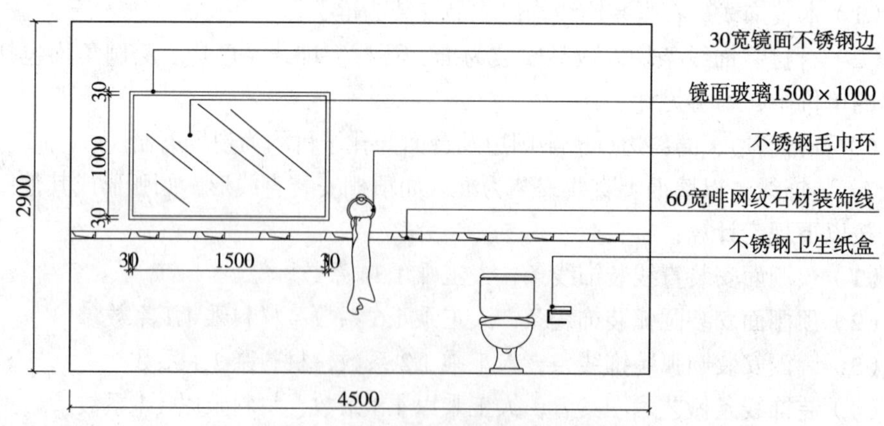

图 2–12　某卫生间墙面立面示意图

【解】

（1）30mm 宽镜面不锈钢装饰线制作安装的工程量为：

$$(0.03\times2+1.5)\times2+1\times2=5.12m$$

（2）镜面玻璃制作安装的工程量为：

$$1.5\times1=1.5m^2$$

（3）挂贴 60mm 宽啡网纹石材装饰线的工程量为：

4.5m

（4）60mm 宽啡网纹石材现场磨 45° 斜边的工程量为：

4.5m

（5）不锈钢毛巾环安装的工程量为：

1 只

（6）不锈钢卫生纸盒安装的工程量为：

1 只

（七）装饰装修脚手架及项目成品保护费

1. 装饰装修脚手架及项目成品保护费说明

（1）装饰装修脚手架包括满樘脚手架、外脚手架、内墙面粉饰脚手架，安全过道、封闭式安全笆、斜挑式安全笆、满挂安全网。吊篮架由各省、市根据当地实际情况编制。

（2）项目成品保护费包括楼地面、楼梯、台阶、独立柱、内墙面饰面面层。

2. 装饰装修脚手架及项目成品保护费工程量计算规则

1）装饰装修脚手架

（1）满樘脚手架，按实际搭设的水平投影面积，不扣除附墙柱、柱所占的面积，其基本层高以 3.6m 以上至 5.2m 为准。凡超过 3.6m、在 5.2m 以内的顶棚抹灰及装饰装修，应计算满樘脚手架基本层；层高超过 5.2m，每增加 1.2m 计算一个增加层，增加层的层数 =（层高 −5.2m）÷ 1.2m，按四舍五入取整数。室内凡计算满堂脚手架者，其内墙面粉饰不再计算粉饰架，只按每 100m^2 墙面垂直投影面积增加改架工 1.28 工日。

（2）装饰装修外脚手架，按外墙的外边线长乘墙高以平方米计算，不扣除门窗洞口的面积。同一建筑物各面墙的高度不同，且不在同一定额布距内时，应分别计算工程量。定额中所指的檐口高度 5~45m 以内，系指建筑物自设计室外地坪面至外墙顶面或构筑物顶面的高度。

（3）利用主体外脚手架改变其步高作外墙面装饰架时，按每 100m^2 外墙面垂直投影面积，增加改架工 1.28 工日；独立柱按柱周长增加 3.6m 乘柱高套用装饰装修外脚手架相应高度的定额。

（4）内墙面粉饰脚手架，均按内墙面垂直投影面积计算，不扣除门窗洞口的面积。

（5）安全过道按实际搭设的水平投影面积（架宽 × 架长）计算。

（6）封闭式安全笆按实际封闭的垂直投影面积计算。实际用封闭材料与定额不符时，不作调整。

（7）斜挑式安全笆按实际搭设的（长 × 宽）斜面面积计算。

（8）满挂安全网按实际满挂的垂直投影面积计算。

2）项目成品保护工程量计算规则按相应子目规则执行。

3. 装饰装修脚手架及项目成品保护费计算实例

【例 2–14】某多功能厅平面及剖面示意图，如图 2–13 所示，顶棚装饰为轻钢龙骨石膏板吊顶，计算脚手架工程量及相应的增加层数。

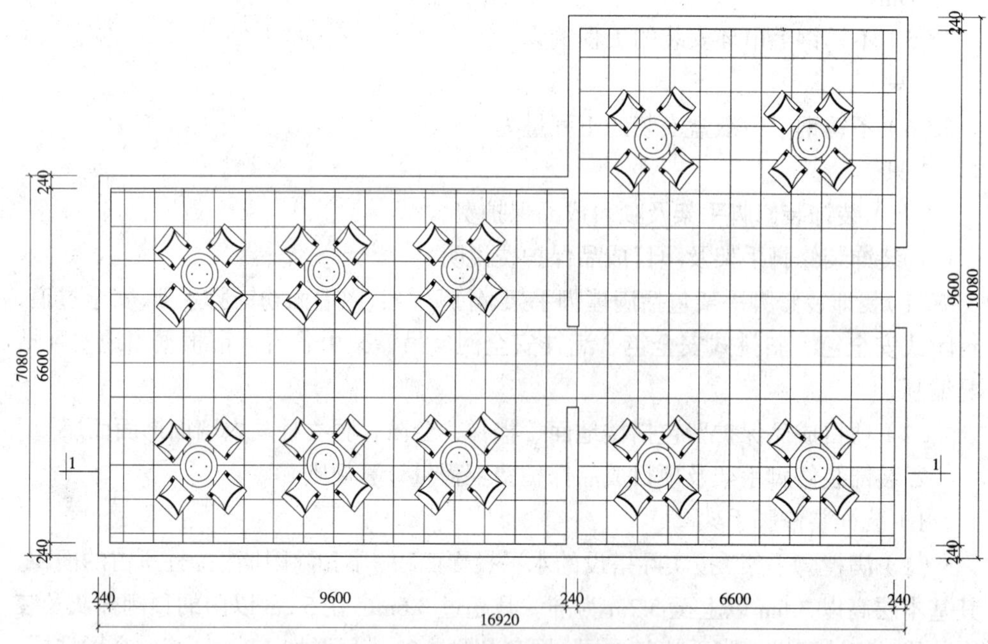

图 2–13　某多功能厅平面示意图

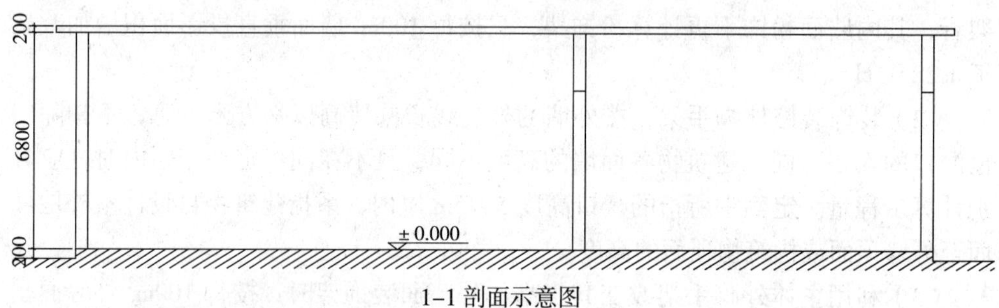

1–1 剖面示意图

【解】

（1）满樘脚手架的工程量为：

$$9.6 \times 6.6 + 6.6 \times 9.6 = 126.72\text{m}^2$$

（2）增加层数为：

$$\frac{6.8-5.2}{1.2} \approx 1.33\text{（取 1 个增加层）}$$

（八）垂直运输及超高增加费

1. 垂直运输及超高增加费说明

1）垂直运输费

（1）本定额不包括特大型机械进出场及安拆费。垂直运输费定额按多层建筑物和单层建筑物划分。多层建筑物又根据建筑物檐高和垂直运输高度划分为 21 个定额子目。单层建筑物按建筑物檐高分 2 个定额子目。

（2）垂直运输高度：设计室外地坪以上部分指室外地坪至相应地（楼）面的高度。设计室外地坪以下部分指室外地坪至相应地（楼）面的高度。

（3）单层建筑物檐高高度在 3.6m 以内时，不计算垂直运输机械费。

（4）带一层地下室的建筑物，若地下室垂直运输高度小于 3.6m，则地下层不计算垂直运输机械费。

（5）再次装饰装修利用电梯进行垂直运输或通过楼梯人力进行垂直运输的按实计算。

2）超高增加费

（1）本定额用于建筑物檐高 20m 以上的工程。

（2）檐高是指设计室外地坪檐口的高度。突出主体建筑屋顶的电梯间、水箱间等不计入檐高之内。

2. 垂直运输及超高增加费工程量计算规则

1）垂直运输工程量

装饰装修楼层（包括楼层所有装饰装修工程量）区别不同垂直运输高度（单层建筑物系檐高度）按定额工日分别计算。

（1）地下层超过二层或层高超过 3.6m 时，计取垂直运输费，其工程量按地下层全面积计算。

（2）垂直运输费定额工程量内容包括：各种材料垂直运输、施工人员的上、下班使用外用电梯等。

2）超高增加费工程量

（1）超高增加费定额适用于建筑物檐高在 20m 以上的工程。建筑物檐高在 20m 以内的不计取超高增加费。

（2）檐高是指设计室外地坪至檐口的高度，突出主体建筑屋顶的电梯间、水箱间等不计入檐高之内。

（3）超高增加费定额按多层建筑物和单层建筑物划分，多层建筑物定额按垂直运输高度每 20m 为一档次，共分五个定额子目。而单层建筑物定额按建筑物檐高每 10m 为一档次，共分三个定额子目。

（4）超高增加费包括：工人上下班降低工效、上楼工作前休息及自然增加的时间及由于人工降效引起的机械降效等。

（5）装饰装修楼面（包括楼层所有装饰装修工程量）区别不同的垂直运输高度（单层建筑物系檐口高度）以人工费与机械费之和按元分别计算。

3. 垂直运输及超高增加费计算实例

【例 2–15】某建筑物如图 2–14 所示，该建筑物楼层装饰装修工程量总工日为 3000 工日，计算该建筑物的垂直运输高度。

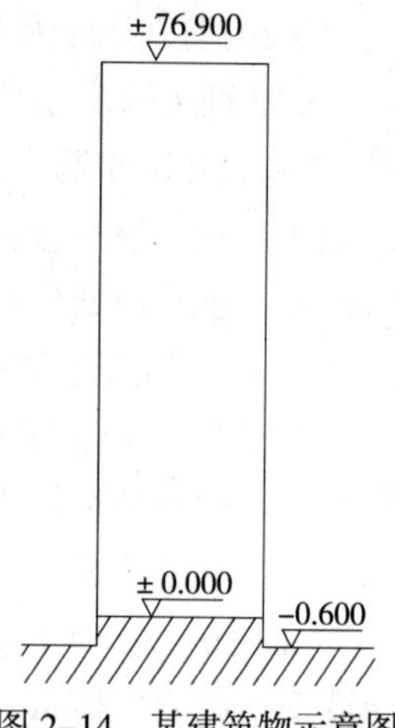

图 2–14　某建筑物示意图

【解】:

该建筑物的垂直运输高度为：

$$76.9+0.6=77.50\text{m}$$

九、思考题与习题

（1）台阶铺大理石工程量的计算规则是什么？
（2）楼梯铺花岗石工程量的计算规则是什么？
（3）什么是点缀？
（4）墙面贴瓷板工程量的计算规则是什么？
（5）在圆弧形墙上贴大理石，其人工、材料如何换算？
（6）什么是平面顶棚？什么是迭级顶棚？
（7）什么是一般直线型顶棚？艺术造型顶棚有哪几种形式？
（8）铝合金门窗制作、安装工程量如何计算？
（9）人造石窗台板安装工程量如何计算？
（10）隔墙木龙骨刷防火涂料工程量如何计算？
（11）（板式）混凝土楼梯底刷乳胶漆工程量如何计算？
（12）什么是平面招牌？什么是箱式招牌？
（13）大理石洗漱台工程量如何计算？
（14）满堂脚手架增加层的层数计算公式是什么？
（15）内墙面粉饰脚手架工程量如何计算？
（16）垂直运输高度指什么？超高增加是指檐高为多少以上的工程？

十、学习要求

（1）学生能够掌握装饰装修工程消耗量定额的说明内容。
（2）学生能够掌握装饰装修工程消耗量定额、工程量计算规则、并进行应用。

任务二　编制某活动中心装饰工程分部分项工程量清单综合单价分析表

一、任务描述

造价员通过对某活动中心装饰工程施工图及招标文件的分析思考，完成投标文件各分部分项工程综合单价的计算，任务成果是分部分项工程量清单综合单价分析表。

二、能力目标

（1）能够掌握综合单价的各项费用构成。

（2）能够正确进行综合单价的计算。

三、参考文献

（1）《建筑装饰装修工程计量与计价》;

（2）《建设工程工程量清单计价规范》;

（3）《建设工程工程量清单计价规范》宣贯辅导教材;

（4）《装饰装修工程消耗量定额》。

四、任务准备与分析

（一）准备与收集编制资料

1. 施工图纸

2. 有关文件资料

（1）招标书和工程量清单文件;

（2）国家颁发的《建设工程工程量清单计价规范》;

（3）本地区上级主管部门对工程量清单计价的管理办法;

（4）政府主管部门颁发的《装饰装修工程消耗量定额及统一基价表》;

（5）本企业制定的《装饰装修工程消耗量定额及基价表》;

（6）本地区主管部门发布的现行人工、材料、机械台班信息价及市场价格;

（7）工程施工现场的有关资料;

（8）本地区上级主管部门发布的有关文件等。

（二）仔细阅读招标文件，详细了解施工图纸

1. 仔细阅读招标文件

（1）对投标报价有何要求;

（2）工程量清单中总说明所涉及的范围;

（3）清单工程量的项目内容。

2. 详细了解施工图纸

五、设备分析

利用专业计价软件进行计算。

六、任务重点、难点分析

（1）重点在于综合单价的费用构成。

（2）难点在于综合单价的计算。

七、任务实施步骤

任务实施步骤：完成分部分项工程量清单综合单价分析表的填写。

工程量清单综合单价分析表

工程名称：活动中心装饰工程

第 1 页　共 39 页

项目编码	020302001001	项目名称	顶棚吊顶	计量单位	m^2

清单综合单价组成明细

定额编号	定额名称	定额单位	数量	单价				合价			
				人工费	材料费	机械费	管理费和利润	人工费	材料费	机械费	管理费和利润
3-157	锯齿形顶棚直线形	m^2	1	16.12	81.86	0.24	10.96	16.12	81.86	0.24	10.96
3-180 换	锯齿形顶棚直线形细木工板	m^2	0.196	9.46	50.88		6.43	1.85	9.97		1.26
3-210	锯齿形顶棚直线形石膏板	m^2	1.046	12.62	15.95		8.58	13.2	16.68		8.97
5-163	防火涂料两遍基层板面双面	m^2	0.196	4.09	6.77		2.79	0.8	1.33		0.55
5-165	每增加一遍防火涂料基层板面双面	m^2	0.196	1.79	3.44		1.22	0.35	0.67		0.24
3-211	锯齿形顶棚直线形白橡饰面板	m^2	0.008	11.92	71.71		8.11	0.1	0.6		0.07
5-136	水清木器面漆五遍磨退刷底油、刮腻子、漆片、修色、刷油、磨退其他木材面	m^2	0.008	24.18	75.58		16.44	0.2	0.63		0.14
人工单价				小计				32.63	111.74	0.24	22.18
综合工日 35.05 元 / 工日				未计价材料费							
清单项目综合单价								166.79			

材料费明细	主要材料名称、规格、型号	单位	数量	单价（元）	合价（元）	暂估单价（元）	暂估合价（元）
	吊筋	kg	1.5	3.36	5.04		
	膨胀螺栓	套	2	1.84	3.68		
	合金钢钻头	个	0.01	4.77	0.05		
	射钉	个	0.096	0.03			
	细木工板	m^2	0.225	43.87	9.89		
	石膏板	m^2	1.203	12.22	14.7		
	铁钉	kg	0.017	4.84	0.08		
	石膏粉	kg	0	0.77			

续表

	主要材料名称、规格、型号	单位	数量	单价（元）	合价（元）	暂估单价（元）	暂估合价（元）
材料费明细	砂纸	张	0.005	0.31			
	防火涂料	kg	0.117	16.29	1.9		
	白布	m	0.005	7.33	0.03		
	催干剂	kg	0.002	16.8	0.03		
	油漆溶剂油	kg	0.011	3.77	0.04		
	紧固件	套	2	0.43	0.86		
	吊件 38 系列	件	4.5	0.69	3.1		
	轻钢大龙骨	m	2.47	8	19.76		
	轻钢中小龙骨	m	8.23	5.5	45.26		
	轻钢龙骨平面连接件	个	7.6	0.5	3.8		
	轻钢龙骨主接件	个	0.6	0.5	0.3		
	自攻螺钉	个	61.71	0.03	1.85		
	胶粘剂	kg	0.005	15.42	0.08		
	白橡饰面板 3mm	m^2	0.01	54	0.52		
	大白粉	kg	0.002	0.31			
	水砂纸	张	0.005	0.51			
	泡沫塑料 30mm 厚	m^2	0	7.2			
	棉花	kg	0	14.76			
	滑石粉	kg		0.26			
	色粉	kg	0	1.22			
	天拿水	L	0.007	19.09	0.13		
	煤油	kg		3.87			
	乙醇	kg	0.001	9.22			
	漆片	kg	0	28.5			
	砂蜡	kg	0.005	1.83	0.01		
	上光蜡	kg	0.008	8.14	0.06		

续表

	主要材料名称、规格、型号	单位	数量	单价（元）	合价（元）	暂估单价（元）	暂估合价（元）
材料费明细	骨胶	kg		8.14			
	水清木器底漆	L	0.002	50	0.09		
	水清木器面漆	L	0.006	55	0.32		
	其他材料费			—	0.13	—	—
	材料费小计			—	111.74	—	

工程量清单综合单价分析表

工程名称：活动中心装饰工程

第2页 共39页

项目编码		020507001001		项目名称	顶棚刷喷涂料					计量单位	m²
清单综合单价组成明细											
定额编号	定额名称	定额单位	数量	单价				合价			
				人工费	材料费	机械费	管理费和利润	人工费	材料费	机械费	管理费和利润
3-277	石膏板缝贴绷带、刮腻子	m	3	1.79	1.1		1.22	5.37	3.3		3.66
黑补-106借	室内刮大白（两遍）抹灰面	$100m^2$	0.01	107.25	303.87	1.43	72.94	1.07	3.04	0.01	0.73
黑补-107借	室内刮大白每增加一遍	$100m^2$	0.01	56.78	97.92	0.61	38.61	0.57	0.98	0.01	0.39
5-217	抹灰面刷乳胶漆三遍	m^2	1	4.28	9.25		2.91	4.28	9.25		2.91
人工单价				小计				11.29	16.57	0.02	7.69
综合工日35.05元/工日				未计价材料费							
清单项目综合单价								35.56			

续表

	主要材料名称、规格、型号	单位	数量	单价（元）	合价（元）	暂估单价（元）	暂估合价（元）
材料费明细	嵌缝膏	kg	0.753	1.88	1.42		
	石膏粉	kg	0.021	0.77	0.02		
	砂纸	张	0.08	0.31	0.02		
	聚醋酸乙烯乳液	kg	0.06	4.89	0.29		
	羧甲基纤维素	kg	0.012	4.32	0.05		
	白布	m	0.002	7.33	0.02		
	绷带	m	3.15	0.6	1.89		
	聚乙烯醇	kg	0.135	17.72	2.39		
	大白粉	kg	2.7	0.31	0.84		
	石膏粉	kg	0.75	0.77	0.58		
	砂纸	张	0.06	0.31	0.02		
	水	m^3	0.005	7.5	0.04		
	大白粉	kg	0.528	0.31	0.16		
	滑石粉	kg	0.139	0.26	0.04		
	乳胶漆	kg	0.433	20	8.65		
	其他材料费			—	0.15	—	—
	材料费小计			—	16.58	—	

工程量清单综合单价分析表

工程名称：活动中心装饰工程　　　　第 3 页　共 39 页

项目编码		BB：001		项目名称		造型铝塑板吊棚				计量单位	m^2
清单综合单价组成明细											
定额编号	定额名称	定额单位	数量	单价				合价			
				人工费	材料费	机械费	管理费和利润	人工费	材料费	机械费	管理费和利润
补子目 8	造型铝塑板吊棚	m^2	1								
人工单价				小计							

工程量清单综合单价分析表

工程名称：活动中心装饰工程　　　　第 4 页　共 39 页

项目编码		BB：002		项目名称		顶棚柔性天花				计量单位	m^2
清单综合单价组成明细											
定额编号	定额名称	定额单位	数量	单价				合价			
				人工费	材料费	机械费	管理费和利润	人工费	材料费	机械费	管理费和利润
补子目 9	顶棚柔性天花	m^2	1								
人工单价				小计							

工程量清单综合单价分析表

工程名称：活动中心装饰工程　　　　第 5 页　共 39 页

项目编码	BB：003			项目名称		造型包梁、包柱			计量单位		m²
清单综合单价组成明细											
定额编号	定额名称	定额单位	数量	单价				合价			
				人工费	材料费	机械费	管理费和利润	人工费	材料费	机械费	管理费和利润
补子目 10	造型包梁、包柱	m²	1								
人工单价				小计							

工程量清单综合单价分析表

工程名称：活动中心装饰工程　　　　第 6 页　共 39 页

项目编码		020504012001		项目名称		梁柱饰面基层板刷防火涂料				计量单位	m²
清单综合单价组成明细											
定额编号	定额名称	定额单位	数量	单价				合价			
				人工费	材料费	机械费	管理费和利润	人工费	材料费	机械费	管理费和利润
5-164	防火涂料两遍基层板面单面	m²	1	2.05	3.39		1.4	2.05	3.39		1.4
5-166	每增加一遍防火涂料基层板面单面	m²	1	0.89	1.73		0.61	0.89	1.73		0.61
人工单价				小计				2.94	5.12		2.01
综合工日 35.05 元 / 工日				未计价材料费							
清单项目综合单价								10.07			

续表

	主要材料名称、规格、型号	单位	数量	单价（元）	合价（元）	暂估单价（元）	暂估合价（元）
材料费明细	防火涂料	kg	0.298	16.29	4.85		
	白布	m	0.012	7.33	0.09		
	催干剂	kg	0.005	16.8	0.08		
	油漆溶剂油	kg	0.025	3.77	0.09		
	材料费小计			—	5.12	—	

工程量清单综合单价分析表

工程名称：活动中心装饰工程　　　　第7页　共39页

项目编码	BB：004		项目名称	造型吸声板墙面						计量单位	m^2
清单综合单价组成明细											
定额编号	定额名称	定额单位	数量	单价				合价			
				人工费	材料费	机械费	管理费和利润	人工费	材料费	机械费	管理费和利润
补子目11	造型吸声板墙面	m^2	1								
人工单价				小计							

工程量清单综合单价分析表

工程名称：活动中心装饰工程　　　　第 8 页　共 39 页

项目编码		020504006001		项目名称		吸声板墙面基层板刷防火涂料				计量单位	m^2
清单综合单价组成明细											
定额编号	定额名称	定额单位	数量	单价				合价			
				人工费	材料费	机械费	管理费和利润	人工费	材料费	机械费	管理费和利润
5-164	防火涂料两遍基层板面单面	m^2	1	2.05	3.39		1.4	2.05	3.39		1.4
5-166	每增加一遍防火涂料基层板面单面	m^2	1	0.89	1.73		0.61	0.89	1.73		0.61
人工单价				小计				2.94	5.12		2.01
综合工日 35.05 元 / 工日				未计价材料费							
清单项目综合单价								10.07			
材料费明细	主要材料名称、规格、型号					单位	数量	单价（元）	合价（元）	暂估单价（元）	暂估合价（元）
	防火涂料					kg	0.298	16.29	4.85		
	白布					m	0.012	7.33	0.09		
	催干剂					kg	0.005	16.8	0.08		
	油漆溶剂油					kg	0.025	3.77	0.09		
	材料费小计							—	5.12	—	

工程量清单综合单价分析表

工程名称：活动中心装饰工程　　　　　　　　　　第9页　共39页

项目编码		020604002001		项目名称		木质装饰线			计量单位		m
清单综合单价组成明细											
定额编号	定额名称	定额单位	数量	单价				合价			
				人工费	材料费	机械费	管理费和利润	人工费	材料费	机械费	管理费和利润
6-69	木质装饰线 50mm 以内	m	1	1.05	10.73		0.72	1.05	10.73		0.72
5-135	水清木器面漆五遍磨退刷底油、刮腻子、漆片、修色、刷油、磨退木扶手（不带托板）	m	0.35	9.53	14.43		6.49	3.34	5.05		2.27
人工单价				小计				4.39	15.78		2.99
综合工日 35.05 元 / 工日				未计价材料费							
清单项目综合单价								23.16			
材料费明细	主要材料名称、规格、型号					单位	数量	单价（元）	合价（元）	暂估单价（元）	暂估合价（元）
	铁钉					kg	0.007	4.84	0.03		
	石膏粉					kg	0.003	0.77			
	砂纸					张	0.035	0.31	0.01		
	202 胶 FSC-2					kg	0.008	14.31	0.11		
	白布					m	0.001	7.33	0.01		
	油漆溶剂油					kg	0.01	3.77	0.04		
	大白粉					kg	0.012	0.31			
	水砂纸					张	0.035	0.51	0.02		

续表

	主要材料名称、规格、型号	单位	数量	单价（元）	合价（元）	暂估单价（元）	暂估合价（元）
材料费明细	泡沫塑料 30mm 厚	m^2	0.004	7.2	0.03		
	棉花	kg	0.001	14.76	0.02		
	滑石粉	kg	0	0.26			
	色粉	kg	0.001	1.22			
	天拿水	L	0.053	19.09	1.02		
	煤油	kg	0	3.87			
	乙醇	kg	0.004	9.22	0.04		
	漆片	kg	0.001	28.5	0.04		
	砂蜡	kg	0.041	1.83	0.07		
	上光蜡	kg	0.061	8.14	0.5		
	骨胶	kg	0	8.14			
	水清木器底漆	L	0.014	50	0.72		
	水清木器面漆	L	0.046	55	2.54		
	木楔	m^3	0	824.58	0.08		
	木质装饰线 30mm × 10mm	m	1.05	10	10.5		
	材料费小计			—	15.78	—	

工程量清单综合单价分析表

工程名称：活动中心装饰工程　　　　第 10 页　共 39 页

项目编码		020207001001		项目名称		装饰板墙面				计量单位	m^2
清单综合单价组成明细											
定额编号	定额名称	定额单位	数量	单价				合价			
				人工费	材料费	机械费	管理费和利润	人工费	材料费	机械费	管理费和利润
2–185	轻钢龙骨中距（mm 以内）竖 603 横 1500	m^2	1	3.06	37.57	3.25	2.08	3.06	37.57	3.25	2.08
2–193	细木工板基层	m^2	1	2.9	46.92	2.34	1.97	2.9	46.92	2.34	1.97
2–232	木制饰面板拼色、拼花	m^2	0.476	14.02	69.6	3.53	9.53	6.67	33.14	1.68	4.54
2–210	贴丝绒墙面、墙裙	m^2	0.524	5.4	79.4		3.67	2.83	41.6		1.92
5–164	防火涂料两遍基层板面单面	m^2	1	2.05	3.39		1.4	2.05	3.39		1.4
5–166	每增加一遍防火涂料基层板面单面	m^2	1	0.89	1.73		0.61	0.89	1.73		0.61
5–136	水清木器面漆五遍磨退刷底油、刮腻子、漆片、修色、刷油、磨退其他木材面	m^2	0.476	24.18	75.58		16.44	11.51	35.98		7.83
人工单价				小计				29.92	200.33	7.27	20.35
综合工日 35.05 元 / 工日				未计价材料费							
清单项目综合单价								257.85			
材料费明细	主要材料名称、规格、型号					单位	数量	单价（元）	合价（元）	暂估单价（元）	暂估合价（元）
	合金钢钻头					个	0.062	4.77	0.3		
	射钉					个	1.471	0.03	0.04		
	细木工板					m^2	1.05	43.87	46.06		

续表

	主要材料名称、规格、型号	单位	数量	单价（元）	合价（元）	暂估单价（元）	暂估合价（元）
材料费明细	膨胀螺栓 M16mm	套	2.268	2.77	6.28		
	铆钉	个	9.4	0.05	0.47		
	轻钢龙骨 75mm×50mm×0.63mm	m	1.995	10.5	20.94		
	轻钢龙骨 75mm×40mm×0.63mm	m	1.064	9	9.57		
	铁钉	kg	0.031	4.84	0.15		
	石膏粉	kg	0.018	0.77	0.01		
	砂纸	张	0.257	0.31	0.08		
	聚醋酸乙烯乳液	kg	0.341	4.89	1.67		
	防火涂料	kg	0.298	16.29	4.85		
	白布	m	0.017	7.33	0.12		
	催干剂	kg	0.005	16.8	0.08		
	油漆溶剂油	kg	0.094	3.77	0.35		
	大白粉	kg	0.083	0.31	0.03		
	水砂纸	张	0.257	0.51	0.13		
	泡沫塑料 30mm 厚	m^2	0.01	7.2	0.07		
	棉花	kg	0.008	14.76	0.11		
	滑石粉	kg	0.001	0.26			
	色粉	kg	0.005	1.22	0.01		
	天拿水	L	0.382	19.09	7.29		
	煤油	kg	0.001	3.87			
	乙醇	kg	0.03	9.22	0.27		
	漆片	kg	0.01	28.5	0.27		
	砂蜡	kg	0.294	1.83	0.54		

续表

	主要材料名称、规格、型号	单位	数量	单价（元）	合价（元）	暂估单价（元）	暂估合价（元）
材料费明细	上光蜡	kg	0.437	8.14	3.55		
	骨胶	kg	0.002	8.14	0.02		
	水清木器底漆	l	0.103	50	5.14		
	水清木器面漆	l	0.33	55	18.16		
	实木板 3mm	m^2	0.595	54	32.14		
	贴缝纸带	m	0.262	5.14	1.35		
	薄板（红松一等）	m^2	0	1231.78	0.32		
	万能胶	kg	0.115	15.42	1.78		
	丝绒面料	m^2	0.587	65	38.14		
	材料费小计			—	200.36	—	

工程量清单综合单价分析表

工程名称：活动中心装饰工程　　　　第 11 页　共 39 页

项目编码		020604002002		项目名称	木质装饰线				计量单位	m
清单综合单价组成明细										
定额编号	定额名称	定额单位	数量	单价				合价		
				人工费	材料费	机械费	管理费和利润	人工费	材料费	机械费	管理费和利润
1-173	成品木踢脚板	m	1	1.25	31.07	0.01	0.86	1.25	31.07	0.01	0.86
5-135	水清木器面漆五遍磨退刷底油、刮腻子、漆片、修色、刷油、磨退木扶手（不带托板）	m	0.52	9.53	14.43		6.49	4.96	7.5		3.37

续表

人工单价		小计			6.21	38.57	0.01	4.23
综合工日 35.05 元 / 工日		未计价材料费						
清单项目综合单价					49.02			
材料费明细	主要材料名称、规格、型号		单位	数量	单价（元）	合价（元）	暂估单价（元）	暂估合价（元）
	铁钉		kg	0.009	4.84	0.04		
	石膏粉		kg	0.004	0.77			
	砂纸		张	0.052	0.31	0.02		
	白布		m	0.002	7.33	0.02		
	油漆溶剂油		kg	0.015	3.77	0.05		
	木砖		m^3	0.002	773.68	1.63		
	大白粉		kg	0.017	0.31	0.01		
	水砂纸		张	0.052	0.51	0.03		
	泡沫塑料 30mm 厚		m^2	0.005	7.2	0.04		
	棉花		kg	0.002	14.76	0.02		
	滑石粉		kg	0	0.26			
	色粉		kg	0.001	1.22			
	天拿水		l	0.079	19.09	1.51		
	煤油		kg	0.001	3.87			
	乙醇		kg	0.006	9.22	0.06		
	漆片		kg	0.002	28.5	0.06		
	砂蜡		kg	0.061	1.83	0.11		
	上光蜡		kg	0.091	8.14	0.74		
	骨胶		kg	0.001	8.14			
	水清木器底漆		l	0.021	50	1.07		

续表

材料费明细	主要材料名称、规格、型号	单位	数量	单价（元）	合价（元）	暂估单价（元）	暂估合价（元）
	水清木器面漆	L	0.069	55	3.77		
	木踢脚板	m	1.05	28	29.4		
	材料费小计			—	38.57	—	

工程量清单综合单价分析表

工程名称：活动中心装饰工程　　　　第 12 页　共 39 页

项目编码		020507001002		项目名称		墙面刷喷涂料				计量单位	m²
清单综合单价组成明细											
定额编号	定额名称	定额单位	数量	单价				合价			
				人工费	材料费	机械费	管理费和利润	人工费	材料费	机械费	管理费和利润
黑补 –106 借	室内刮大白（两遍）抹灰面	100m²	0.01	107.25	303.87	1.43	72.94	1.07	3.04	0.01	0.73
黑补 –107 借	室内刮大白每增加一遍	100m²	0.01	56.78	97.92	0.61	38.61	0.57	0.98	0.01	0.39
5–217	抹灰面刷乳胶漆三遍	m²	1	4.28	9.25		2.91	4.28	9.25		2.91
人工单价				小计				5.92	13.27	0.02	4.03
综合工日 35.05 元 / 工日				未计价材料费							
清单项目综合单价								23.24			

材料费明细	主要材料名称、规格、型号	单位	数量	单价（元）	合价（元）	暂估单价（元）	暂估合价（元）
	石膏粉	kg	0.021	0.77	0.02		
	砂纸	张	0.08	0.31	0.02		

续表

	主要材料名称、规格、型号	单位	数量	单价（元）	合价（元）	暂估单价（元）	暂估合价（元）
材料费明细	聚醋酸乙烯乳液	kg	0.06	4.89	0.29		
	羧甲基纤维素	kg	0.012	4.32	0.05		
	白布	m	0.002	7.33	0.02		
	聚乙烯醇	kg	0.135	17.72	2.39		
	大白粉	kg	2.7	0.31	0.84		
	石膏粉	kg	0.75	0.77	0.58		
	砂纸	张	0.06	0.31	0.02		
	水	m^3	0.005	7.5	0.04		
	大白粉	kg	0.528	0.31	0.16		
	滑石粉	kg	0.139	0.26	0.04		
	乳胶漆	kg	0.433	20	8.65		
	其他材料费			—	0.15	—	—
	材料费小计			—	13.27	—	

工程量清单综合单价分析表

工程名称：活动中心装饰工程　　　　第 13 页　共 39 页

项目编码		020409003001		项目名称	石材窗台板					计量单位	m
清单综合单价组成明细											
定额编号	定额名称	定额单位	数量	单价				合价			
				人工费	材料费	机械费	管理费和利润	人工费	材料费	机械费	管理费和利润
4-94 换	窗台板细木工板基层	m^2	0.45	12.62	58.13		8.58	5.68	26.15		3.86

续表

4–95	窗台板（厚 25mm），人造石	m^2	0.45	23.48	250.1	0.62	15.97	10.56	112.52	0.28	7.18
5–164	防火涂料二遍基层板面单面	m^2	0.45	2.05	3.39		1.4	0.92	1.53		0.63
5–166	每增加一遍防火涂料基层板面单面	m^2	0.45	0.89	1.73		0.61	0.4	0.78		0.27
6–93	石材装饰线现场磨边半圆边	m	1	7.79	0.13	4.1	5.3	7.79	0.13	4.1	5.3
人工单价				小计				25.35	141.11	4.38	17.25
综合工日 35.05 元 / 工日				未计价材料费							
清单项目综合单价								188.09			
材料费明细	主要材料名称、规格、型号					单位	数量	单价（元）	合价（元）	暂估单价（元）	暂估合价（元）
	细木工板					m^2	0.472	43.87	20.72		
	铁钉					kg	0.077	4.84	0.37		
	聚醋酸乙烯乳液					kg	0.135	4.89	0.66		
	石料切割锯片					片	0.002	20.56	0.03		
	水泥砂浆 1：2.5					m^3	0.009	248.88	2.35		
	人造石板					m^2	0.459	240	110.14		
	小方（白松一等）					m^3	0.003	1600	4.32		
	砂轮片 ϕ20mm					片	0.081	1.59	0.13		
	防火涂料					kg	0.134	16.29	2.18		
	白布					m	0.005	7.33	0.04		
	催干剂					kg	0.002	16.8	0.04		
	油漆溶剂油					kg	0.011	3.77	0.04		
	其他材料费							—	0.08	—	—
	材料费小计							—	141.09	—	

工程量清单综合单价分析表

工程名称：活动中心装饰工程　　　　第 14 页　共 39 页

项目编码		BB：005		项目名称		地台装饰				计量单位	m^2
清单综合单价组成明细											
定额编号	定额名称	定额单位	数量	单价				合价			
				人工费	材料费	机械费	管理费和利润	人工费	材料费	机械费	管理费和利润
1–151 换	硬木不拼花地板铺在毛地板上（双层）企口	m^2	1	19.14	205.48	2.83	13.02	19.14	205.48	2.83	13.02
6–64	镜面不锈钢装饰线 60mm 以内	m	0.467	1.95	11.55		1.33	0.91	5.39		0.62
人工单价				小计				20.05	210.87	2.83	13.64
综合工日 35.05 元 / 工日				未计价材料费				120.75			
清单项目综合单价								247.4			
材料费明细	主要材料名称、规格、型号					单位	数量	单价（元）	合价（元）	暂估单价（元）	暂估合价（元）
	铁钉					kg	0.268	4.84	1.3		
	202 胶 FSC–2					kg	0.001	14.31	0.01		
	棉纱头					kg	0.01	5.29	0.05		
	胶合板 3mm					m^2	0.02	8	0.16		
	煤油					kg	0.056	3.87	0.22		
	镀锌钢丝 10 号					kg	0.301	3.37	1.02		
	预埋铁件					kg	0.5	4.61	2.31		
	油毡（油纸）					m^2	1.08	2.6	2.81		
	氟化钠					kg	0.245	0.73	0.18		
	臭油水					kg	0.284	3.42	0.97		

续表

	主要材料名称、规格、型号	单位	数量	单价（元）	合价（元）	暂估单价（元）	暂估合价（元）
材料费明细	硬木地板企口	m^2	1.05	115	120.75		
	小方（红松）	m^3	0.014	2100	29.82		
	细木工板	m^2	1.05	43.87	46.06		
	镜面不锈钢板 6K	m^2	0.025	211	5.22		
	材料费小计			—	210.86	—	

工程量清单综合单价分析表

工程名称：活动中心装饰工程　　　　第 15 页　共 39 页

项目编码		BB：006		项目名称		改架用工				计量单位	工日
清单综合单价组成明细											
定额编号	定额名称	定额单位	数量	单价				合价			
				人工费	材料费	机械费	管理费和利润	人工费	材料费	机械费	管理费和利润
补子目 13	改架用工	工日	0.941	35.05			23.84	32.96			22.42
人工单价				小计				32.96			22.42

工程量清单综合单价分析表

工程名称：活动中心装饰工程　　　　第 16 页　共 39 页

项目编码		020302001002		项目名称	顶棚吊顶					计量单位	m^2
清单综合单价组成明细											
定额编号	定额名称	定额单位	数量	单价				合价			
				人工费	材料费	机械费	管理费和利润	人工费	材料费	机械费	管理费和利润
3-153	吊挂式顶棚圆形	m^2	1	8.76	67.27	0.24	5.96	8.76	67.27	0.24	5.96
3-159	方木顶棚龙骨圆形	m^2	0.095	5.08	50.49	0.21	3.45	0.48	4.81	0.02	0.33
3-172 换	吊挂式顶棚圆形细木工板	m^2	0.48	5.96	57.35		4.05	2.86	27.55		1.95
3-198	吊挂式顶棚圆形石膏板	m^2	1.576	7.01	17.01		4.77	11.04	26.8		7.52
5-163	防火涂料两遍基层板面双面	m^2	0.48	4.09	6.77		2.79	1.96	3.25		1.34
5-165	每增加一遍防火涂料基层板面双面	m^2	0.48	1.79	3.44		1.22	0.86	1.65		0.59
5-176	防火涂料两遍顶棚方木骨架	m^2	0.095	5.43	5.17		3.7	0.52	0.49		0.35
5-178	每增加一遍防火涂料顶棚方木骨架	m^2	0.095	2.17	2.7		1.48	0.21	0.26		0.14
人工单价				小计				26.7	132.08	0.26	18.17
综合工日 35.05 元 / 工日				未计价材料费							
清单项目综合单价								177.21			
材料费明细	主要材料名称、规格、型号					单位	数量	单价（元）	合价（元）	暂估单价（元）	暂估合价（元）
	吊筋					kg	1.5	3.36	5.04		
	膨胀螺栓					套	2.162	1.84	3.98		
	合金钢钻头					个	0.011	4.77	0.05		

续表

	主要材料名称、规格、型号	单位	数量	单价（元）	合价（元）	暂估单价（元）	暂估合价（元）
材料费明细	细木工板	m^2	0.625	43.87	27.4		
	铁钉	kg	0.052	4.84	0.25		
	防火涂料	kg	0.33	16.29	5.38		
	白布	m	0.011	7.33	0.08		
	催干剂	kg	0.006	16.8	0.09		
	油漆溶剂油	kg	0.028	3.77	0.1		
	紧固件	套	2	0.43	0.86		
	吊件 38 系列	件	4.5	0.69	3.1		
	轻钢大龙骨	m	2.07	8	16.56		
	轻钢中小龙骨	m	6.16	5.5	33.88		
	轻钢龙骨平面连接件	个	7.6	0.5	3.8		
	轻钢龙骨主接件	个	0.6	0.5	0.3		
	自攻螺钉	个	51.994	0.03	1.56		
	石膏板	m^2	2.048	12.22	25.03		
	镀锌钢丝	kg	0.003	3.37	0.01		
	小方（红松）	m^3	0.002	2100	4.4		
	其他材料费			—	0.21	—	—
	材料费小计			—	132.1	—	

工程量清单综合单价分析表

工程名称：活动中心装饰工程　　　　第 17 页　共 39 页

项目编码		020507001003		项目名称		顶棚刷喷涂料				计量单位	m^2
清单综合单价组成明细											
定额编号	定额名称	定额单位	数量	单价				合价			
				人工费	材料费	机械费	管理费和利润	人工费	材料费	机械费	管理费和利润
3-277	石膏板缝贴绷带、刮腻子	m	3	1.79	1.1		1.22	5.37	3.3		3.66
黑补 -106 借	室内刮大白（两遍）抹灰面	$100m^2$	0.01	107.25	303.87	1.43	72.94	1.07	3.04	0.01	0.73
黑补 -107 借	室内刮大白每增加一遍	$100m^2$	0.01	56.78	97.92	0.61	38.61	0.57	0.98	0.01	0.39
5-217	抹灰面刷乳胶漆三遍	m^2	1	4.28	9.25		2.91	4.28	9.25		2.91
人工单价				小计				11.29	16.57	0.02	7.69
综合工日 35.05 元 / 工日				未计价材料费							
清单项目综合单价								35.56			
材料费明细	主要材料名称、规格、型号					单位	数量	单价（元）	合价（元）	暂估单价（元）	暂估合价（元）
	嵌缝膏					kg	0.753	1.88	1.42		
	石膏粉					kg	0.021	0.77	0.02		
	砂纸					张	0.08	0.31	0.02		
	聚醋酸乙烯乳液					kg	0.06	4.89	0.29		
	羧甲基纤维素					kg	0.012	4.32	0.05		
	白布					m	0.002	7.33	0.02		
	绷带					m	3.15	0.6	1.89		
	聚乙烯醇					kg	0.135	17.72	2.39		

续表

	主要材料名称、规格、型号	单位	数量	单价（元）	合价（元）	暂估单价（元）	暂估合价（元）
材料费明细	大白粉	kg	2.7	0.31	0.84		
	石膏粉	kg	0.75	0.77	0.58		
	砂纸	张	0.06	0.31	0.02		
	水	m^3	0.005	7.5	0.04		
	大白粉	kg	0.528	0.31	0.16		
	滑石粉	kg	0.139	0.26	0.04		
	乳胶漆	kg	0.433	20	8.65		
	其他材料费			—	0.15	—	—
	材料费小计			—	16.58	—	

工程量清单综合单价分析表

工程名称：活动中心装饰工程　　第 18 页　共 39 页

项目编码		020207001002		项目名称		装饰板墙面			计量单位		m^2
清单综合单价组成明细											
定额编号	定额名称	定额单位	数量	单价				合价			
				人工费	材料费	机械费	管理费和利润	人工费	材料费	机械费	管理费和利润
2-185	轻钢龙骨中距（mm 以内）竖 603 横 1500	m^2	1	3.06	37.57	3.25	2.08	3.06	37.57	3.25	2.08

续表

2-193	细木工板基层	m^2	1	2.9	46.92	2.34	1.97	2.9	46.92	2.34	1.97
2-232	木制饰面板拼色、拼花	m^2	1	14.02	69.6	3.53	9.53	14.02	69.6	3.53	9.53
5-164	防火涂料两遍基层板面单面	m^2	1	2.05	3.39		1.4	2.05	3.39		1.4
5-166	每增加一遍防火涂料基层板面单面	m^2	1	0.89	1.73		0.61	0.89	1.73		0.61
5-136	水清木器面漆五遍磨退刷底油、刮腻子、漆片、修色、刷油、磨退其他木材面	m^2	1	24.18	75.58		16.44	24.18	75.58		16.44
人工单价				小计				47.1	234.79	9.12	32.03
综合工日 35.05 元 / 工日				未计价材料费							
清单项目综合单价								323.04			
材料费明细	主要材料名称、规格、型号					单位	数量	单价（元）	合价（元）	暂估单价（元）	暂估合价（元）
	合金钢钻头					个	0.062	4.77	0.3		
	射钉					个	2.1	0.03	0.06		
	细木工板					m^2	1.05	43.87	46.06		
	膨胀螺栓 M16mm					套	2.268	2.77	6.28		
	铆钉					个	9.4	0.05	0.47		
	轻钢龙骨 75mm × 50mm × 0.63mm					m	1.995	10.5	20.94		
	轻钢龙骨 75mm × 40mm × 0.63mm					m	1.064	9	9.57		
	铁钉					kg	0.029	4.84	0.14		
	石膏粉					kg	0.037	0.77	0.03		
	聚醋酸乙烯乳液					kg	0.562	4.89	2.75		
	防火涂料					kg	0.298	16.29	4.85		

续表

	主要材料名称、规格、型号	单位	数量	单价（元）	合价（元）	暂估单价（元）	暂估合价（元）
材料费明细	白布	m	0.022	7.33	0.16		
	催干剂	kg	0.005	16.8	0.08		
	油漆溶剂油	kg	0.17	3.77	0.64		
	大白粉	kg	0.175	0.31	0.05		
	水砂纸	张	0.54	0.51	0.28		
	泡沫塑料 30mm 厚	m^2	0.02	7.2	0.14		
	棉花	kg	0.016	14.76	0.24		
	滑石粉	kg	0.001	0.26			
	色粉	kg	0.011	1.22	0.01		
	天拿水	l	0.803	19.09	15.32		
	煤油	kg	0.002	3.87	0.01		
	乙醇	kg	0.062	9.22	0.57		
	漆片	kg	0.02	28.5	0.57		
	砂蜡	kg	0.617	1.83	1.13		
	上光蜡	kg	0.917	8.14	7.46		
	骨胶	kg	0.005	8.14	0.04		
	水清木器底漆	l	0.216	50	10.8		
	水清木器面漆	l	0.694	55	38.14		
	实木板 3mm	m^2	1.25	54	67.5		
	材料费小计			—	234.78	—	

工程量清单综合单价分析表

工程名称：活动中心装饰工程　　　　第 19 页　共 39 页

项目编码		020207001003		项目名称		装饰板墙面（A 立面）				计量单位	m^2
清单综合单价组成明细											
定额编号	定额名称	定额单位	数量	单价				合价			
				人工费	材料费	机械费	管理费和利润	人工费	材料费	机械费	管理费和利润
2-185	轻钢龙骨中距（mm 以内）竖 603 横 1500	m^2	1	3.06	37.57	3.25	2.08	3.06	37.58	3.25	2.08
2-193	细木工板基层	m^2	1	2.9	46.92	2.34	1.97	2.9	46.93	2.34	1.97
2-215	石膏板墙面	m^2	1	3.43	13.11		2.34	3.43	13.11		2.34
5-163	防火涂料两遍基层板面双面	m^2	1	4.09	6.77		2.79	4.09	6.77		2.79
5-165	每增加一遍防火涂料基层板面双面	m^2	1	1.79	3.44		1.22	1.79	3.44		1.22
人工单价				小计				15.27	107.83	5.59	10.4
综合工日 35.05 元 / 工日				未计价材料费							
清单项目综合单价								139.09			
材料费明细	主要材料名称、规格、型号					单位	数量	单价（元）	合价（元）	暂估单价（元）	暂估合价（元）
	合金钢钻头					个	0.062	4.77	0.3		
	射钉					个	0.9	0.03	0.03		
	细木工板					m^2	1.05	43.87	46.07		
	膨胀螺栓 M16mm					套	2.268	2.77	6.28		
	铆钉					个	9.402	0.05	0.47		
	轻钢龙骨 75mm × 50mm × 0.63mm					m	1.995	10.5	20.95		

续表

	主要材料名称、规格、型号	单位	数量	单价（元）	合价（元）	暂估单价（元）	暂估合价（元）
材料费明细	轻钢龙骨 75mm×40mm×0.63mm	m	1.064	9	9.58		
	石膏板	m^2	1.05	12.22	12.83		
	铁钉	kg	0.08	4.84	0.39		
	嵌缝膏	kg	0.02	1.88	0.04		
	聚醋酸乙烯乳液	kg	0.14	4.89	0.69		
	防火涂料	kg	0.595	16.29	9.69		
	白布	m	0.023	7.33	0.17		
	催干剂	kg	0.01	16.8	0.17		
	油漆溶剂油	kg	0.05	3.77	0.19		
	材料费小计			—	107.83	—	

工程量清单综合单价分析表

工程名称：活动中心装饰工程　　　　第 20 页　共 39 页

项目编码		020207001004		项目名称	装饰板墙面（C 立面）					计量单位	m^2
清单综合单价组成明细											
定额编号	定额名称	定额单位	数量	单价				合价			
				人工费	材料费	机械费	管理费和利润	人工费	材料费	机械费	管理费和利润
2-185	轻钢龙骨中距（mm 以内）竖 603 横 1500	m^2	1	3.06	37.57	3.25	2.08	3.06	37.58	3.25	2.08

续表

2-193	细木工板基层	m^2	1	2.9	46.92	2.34	1.97	2.9	46.93	2.34	1.97
2-215	石膏板墙面	m^2	1	3.43	13.11		2.34	3.43	13.11		2.34
5-163	防火涂料两遍基层板面双面	m^2	1	4.09	6.77		2.79	4.09	6.77		2.79
5-165	每增加一遍防火涂料基层板面双面	m^2	1	1.79	3.44		1.22	1.79	3.44		1.22
人工单价				小计				15.27	107.84	5.59	10.4
综合工日 35.05 元 / 工日				未计价材料费							
清单项目综合单价								139.11			
材料费明细	主要材料名称、规格、型号					单位	数量	单价（元）	合价（元）	暂估单价（元）	暂估合价（元）
	合金钢钻头					个	0.062	4.77	0.3		
	射钉					个	0.9	0.03	0.03		
	细木工板					m^2	1.05	43.87	46.08		
	膨胀螺栓 M16mm					套	2.268	2.77	6.28		
	铆钉					个	9.403	0.05	0.47		
	轻钢龙骨 75mm × 50mm × 0.63mm					m	1.995	10.5	20.95		
	轻钢龙骨 75mm × 40mm × 0.63mm					m	1.064	9	9.58		
	石膏板					m^2	1.05	12.22	12.83		
	铁钉					kg	0.08	4.84	0.39		
	嵌缝膏					kg	0.02	1.88	0.04		
	聚醋酸乙烯乳液					kg	0.14	4.89	0.69		
	防火涂料					kg	0.595	16.29	9.7		
	白布					m	0.023	7.33	0.17		

续表

材料费明细	主要材料名称、规格、型号	单位	数量	单价（元）	合价（元）	暂估单价（元）	暂估合价（元）
	催干剂	kg	0.01	16.8	0.17		
	油漆溶剂油	kg	0.05	3.77	0.19		
	材料费小计			—	107.84	—	

工程量清单综合单价分析表

工程名称：活动中心装饰工程　　　　第21页　共39页

项目编码		020604002003		项目名称		木质装饰线				计量单位	m
清单综合单价组成明细											
定额编号	定额名称	定额单位	数量	单价				合价			
				人工费	材料费	机械费	管理费和利润	人工费	材料费	机械费	管理费和利润
1–173	成品木踢脚板	m	1	1.25	31.07	0.01	0.86	1.25	31.07	0.01	0.86
5–135	水清木器面漆五遍磨退刷底油、刮腻子、漆片、修色、刷油、磨退木扶手（不带托板）	m	0.52	9.53	14.43		6.49	4.96	7.5		3.37
人工单价				小计				6.21	38.57	0.01	4.23
综合工日35.05元/工日				未计价材料费							
清单项目综合单价								49.02			
材料费明细	主要材料名称、规格、型号					单位	数量	单价（元）	合价（元）	暂估单价（元）	暂估合价（元）
	铁钉					kg	0.009	4.84	0.04		

续表

	主要材料名称、规格、型号	单位	数量	单价（元）	合价（元）	暂估单价（元）	暂估合价（元）
材料费明细	石膏粉	kg	0.004	0.77			
	砂纸	张	0.052	0.31	0.02		
	白布	m	0.002	7.33	0.02		
	油漆溶剂油	kg	0.015	3.77	0.05		
	木砖	m^3	0.002	773.68	1.62		
	大白粉	kg	0.017	0.31	0.01		
	水砂纸	张	0.052	0.51	0.03		
	泡沫塑料 30mm 厚	m^2	0.005	7.2	0.04		
	棉花	kg	0.002	14.76	0.02		
	滑石粉	kg	0	0.26			
	色粉	kg	0.001	1.22			
	天拿水	l	0.079	19.09	1.51		
	煤油	kg	0.001	3.87			
	乙醇	kg	0.006	9.22	0.06		
	漆片	kg	0.002	28.5	0.06		
	砂蜡	kg	0.061	1.83	0.11		
	上光蜡	kg	0.091	8.14	0.74		
	骨胶	kg	0.001	8.14			
	水清木器底漆	l	0.021	50	1.07		
	水清木器面漆	l	0.069	55	3.77		
	木踢脚板	m	1.05	28	29.4		
	材料费小计			—	38.57	—	

工程量清单综合单价分析表

工程名称：活动中心装饰工程　　　　第 22 页　共 39 页

项目编码		020604002004		项目名称		木质装饰线				计量单位	m
清单综合单价组成明细											
定额编号	定额名称	定额单位	数量	单价				合价			
				人工费	材料费	机械费	管理费和利润	人工费	材料费	机械费	管理费和利润
6-69	木质装饰线 50mm 以内	m	1	1.05	10.73		0.72	1.05	10.73		0.72
5-135	水清木器面漆五遍磨退刷底油、刮腻子、漆片、修色、刷油、磨退木扶手（不带托板）	m	0.35	9.53	14.43		6.49	3.34	5.05		2.27
人工单价				小计				4.39	15.78		2.99
综合工日 35.05 元 / 工日				未计价材料费							
清单项目综合单价								23.16			
材料费明细	主要材料名称、规格、型号					单位	数量	单价（元）	合价（元）	暂估单价（元）	暂估合价（元）
	铁钉					kg	0.007	4.84	0.03		
	石膏粉					kg	0.003	0.77			
	砂纸					张	0.035	0.31	0.01		
	202 胶 FSC-2					kg	0.008	14.31	0.11		
	白布					m	0.001	7.33	0.01		
	油漆溶剂油					kg	0.01	3.77	0.04		
	大白粉					kg	0.012	0.31			

续表

材料费明细	主要材料名称、规格、型号	单位	数量	单价（元）	合价（元）	暂估单价（元）	暂估合价（元）	
	水砂纸		张	0.035	0.51	0.02		
	主要材料名称、规格、型号		单位	数量	单价（元）	合价（元）	暂估单价（元）	暂估合价（元）
	泡沫塑料 30mm 厚		m^2	0.004	7.2	0.03		
	棉花		kg	0.001	14.76	0.02		
	滑石粉		kg	0	0.26			
	色粉		kg	0.001	1.22			
	天拿水		l	0.053	19.09	1.02		
	煤油		kg	0	3.87			
	乙醇		kg	0.004	9.22	0.04		
	漆片		kg	0.001	28.5	0.04		
	砂蜡		kg	0.041	1.83	0.07		
	上光蜡		kg	0.061	8.14	0.5		
	骨胶		kg	0	8.14			
	水清木器底漆		l	0.014	50	0.72		
	水清木器面漆		l	0.046	55	2.54		
	木楔		m^3	0	824.58	0.08		
	木质装饰线 30mm × 10mm		m	1.05	10	10.5		
	材料费小计				—	15.78	—	

工程量清单综合单价分析表

工程名称：活动中心装饰工程　　　　第 23 页　共 39 页

项目编码		020507001004		项目名称		墙面刷喷涂料				计量单位	m^2
清单综合单价组成明细											
定额编号	定额名称	定额单位	数量	单价				合价			
				人工费	材料费	机械费	管理费和利润	人工费	材料费	机械费	管理费和利润
黑补 -106 借	室内刮大白（两遍）抹灰面	$100m^2$	0.01	107.25	303.87	1.43	72.94	1.07	3.04	0.01	0.73
黑补 -107 借	室内刮大白每增加一遍	$100m^2$	0.01	56.78	97.92	0.61	38.61	0.57	0.98	0.01	0.39
5-217	抹灰面刷乳胶漆三遍	m^2	1	4.28	9.25		2.91	4.28	9.25		2.91
人工单价				小计				5.92	13.27	0.02	4.03
综合工日 35.05 元 / 工日				未计价材料费							
清单项目综合单价								23.24			
材料费明细	主要材料名称、规格、型号					单位	数量	单价（元）	合价（元）	暂估单价（元）	暂估合价（元）
	石膏粉					kg	0.021	0.77	0.02		
	砂纸					张	0.08	0.31	0.02		
	聚醋酸乙烯乳液					kg	0.06	4.89	0.29		
	羧甲基纤维素					kg	0.012	4.32	0.05		
	白布					m	0.002	7.33	0.02		
	聚乙烯醇					kg	0.135	17.72	2.39		
	大白粉					kg	2.7	0.31	0.84		
	石膏粉					kg	0.75	0.77	0.58		

续表

	主要材料名称、规格、型号	单位	数量	单价（元）	合价（元）	暂估单价（元）	暂估合价（元）
材料费明细	砂纸	张	0.06	0.31	0.02		
	水	m^3	0.005	7.5	0.04		
	大白粉	kg	0.528	0.31	0.16		
	滑石粉	kg	0.139	0.26	0.04		
	乳胶漆	kg	0.433	20	8.65		
	其他材料费			—	0.15	—	—
	材料费小计			—	13.27	—	

工程量清单综合单价分析表

工程名称：活动中心装饰工程　　　　第 24 页　共 39 页

项目编码		020409003002		项目名称		石材窗台板				计量单位	m
清单综合单价组成明细											
定额编号	定额名称	定额单位	数量	单价				合价			
				人工费	材料费	机械费	管理费和利润	人工费	材料费	机械费	管理费和利润
4-94 换	窗台板细木工板基层	m^2	0.449	12.62	58.13		8.58	5.67	26.1		3.85
4-95	窗台板　窗台板（厚 25mm）人造石	m^2	0.449	23.48	250.1	0.62	15.97	10.54	112.29	0.28	7.17
5-164	防火涂料两遍基层板面单面	m^2	0.449	2.05	3.39		1.4	0.92	1.52		0.63
5-166	每增加一遍防火涂料基层板面单面	m^2	0.449	0.89	1.73		0.61	0.4	0.78		0.27
6-93	石材装饰线现场磨边半圆边	m	1	7.79	0.13	4.1	5.3	7.79	0.13	4.1	5.3

续表

人工单价		小计			25.32	140.82	4.38	17.23
综合工日 35.05 元 / 工日		未计价材料费						
清单项目综合单价					187.76			
材料费明细	主要材料名称、规格、型号		单位	数量	单价（元）	合价（元）	暂估单价（元）	暂估合价（元）
	细木工板		m^2	0.472	43.87	20.68		
	铁钉		kg	0.076	4.84	0.37		
	聚醋酸乙烯乳液		kg	0.135	4.89	0.66		
	石料切割锯片		片	0.002	20.56	0.03		
	水泥砂浆 1：2.5		m^3	0.009	248.88	2.35		
	人造石板		m^2	0.458	240	109.92		
	小方（白松一等）		m^3	0.003	1600	4.31		
	砂轮片 ϕ20mm		片	0.081	1.59	0.13		
	防火涂料		kg	0.134	16.29	2.18		
	白布		m	0.005	7.33	0.04		
	催干剂		kg	0.002	16.8	0.04		
	油漆溶剂油		kg	0.011	3.77	0.04		
	其他材料费				—	0.08	—	—
	材料费小计				—	140.83	—	

工程量清单综合单价分析表

工程名称：活动中心装饰工程　　　　第 25 页　共 39 页

项目编码	BB：007	项目名称	改架用工					计量单位		工日
清单综合单价组成明细										
定额编号	定额名称	定额单位	数量	单价				合价		
				人工费	材料费	机械费	管理费和利润	人工费	材料费	机械费	管理费和利润
补子目 14	改架用工	工日	0.891	35.05			23.84	31.22			21.23
人工单价				小计				31.22			21.23

工程量清单综合单价分析表

工程名称：活动中心装饰工程　　　　第 26 页　共 39 页

项目编码		020302001003		项目名称		顶棚吊顶				计量单位	m^2
清单综合单价组成明细											
定额编号	定额名称	定额单位	数量	单价				合价			
				人工费	材料费	机械费	管理费和利润	人工费	材料费	机械费	管理费和利润
3-155	阶梯形顶棚直线形	m^2	1	16.12	74.56	0.24	10.96	16.12	74.57	0.24	10.96
3-176 换	阶梯形顶棚直线形细木板	m^2	0.339	9.81	50.86		6.68	3.33	17.24		2.26
3-204	阶梯形顶棚直线形石膏板	m^2	1.339	13.32	15.86		9.06	17.84	21.24		12.13
5-163	防火涂料两遍基层板面双面	m^2	0.339	4.09	6.77		2.79	1.39	2.3		0.95
5-165	每增加一遍防火涂料基层板面双面	m^2	0.339	1.79	3.44		1.22	0.61	1.17		0.41

续表

人工单价				小计	39.28	116.51	0.24	26.72
综合工日 35.05 元 / 工日				未计价材料费				
清单项目综合单价					182.74			
材料费明细	主要材料名称、规格、型号	单位	数量		单价（元）	合价（元）	暂估单价（元）	暂估合价（元）
	吊筋	kg	1.5		3.36	5.04		
	膨胀螺栓	套	2		1.84	3.68		
	合金钢钻头	个	0.01		4.77	0.05		
	细木工板	m^2	0.39		43.87	17.1		
	石膏板	m^2	1.54		12.22	18.82		
	铁钉	kg	0.028		4.84	0.14		
	防火涂料	kg	0.202		16.29	3.29		
	白布	m	0.008		7.33	0.06		
	催干剂	kg	0.003		16.8	0.06		
	油漆溶剂油	kg	0.017		3.77	0.06		
	紧固件	套	2		0.43	0.86		
	吊件 38 系列	件	4.5		0.69	3.11		
	轻钢大龙骨	m	2.19		8	17.52		
	轻钢中小龙骨	m	7.31		5.5	40.21		
	轻钢龙骨平面连接件	个	7.601		0.5	3.8		
	轻钢龙骨主接件	个	0.6		0.5	0.3		
	自攻螺钉	个	74.983		0.03	2.25		
	其他材料费				—	0.17	—	—
	材料费小计				—	116.5	—	

工程量清单综合单价分析表

工程名称：活动中心装饰工程　　　　第 27 页　共 39 页

项目编码		020507001005		项目名称		顶棚刷喷涂料				计量单位	m^2
清单综合单价组成明细											
定额编号	定额名称	定额单位	数量	单价				合价			
				人工费	材料费	机械费	管理费和利润	人工费	材料费	机械费	管理费和利润
3-277	石膏板缝贴绷带、刮腻子	m	3	1.79	1.1		1.22	5.37	3.3		3.66
黑补-106借	室内刮大白（两遍）抹灰面	$100m^2$	0.01	107.25	303.87	1.43	72.94	1.07	3.04	0.01	0.73
黑补-107借	室内刮大白每增加一遍	$100m^2$	0.01	56.78	97.92	0.61	38.61	0.57	0.98	0.01	0.39
5-217	抹灰面刷乳胶漆三遍	m^2	1	4.28	9.25		2.91	4.28	9.25		2.91
人工单价				小计				11.29	16.57	0.02	7.69
综合工日 35.05 元 / 工日				未计价材料费							
清单项目综合单价								35.56			
材料费明细	主要材料名称、规格、型号					单位	数量	单价（元）	合价（元）	暂估单价（元）	暂估合价（元）
	嵌缝膏					kg	0.753	1.88	1.42		
	石膏粉					kg	0.021	0.77	0.02		
	砂纸					张	0.08	0.31	0.02		
	聚醋酸乙烯乳液					kg	0.06	4.89	0.29		
	羧甲基纤维素					kg	0.012	4.32	0.05		
	白布					m	0.002	7.33	0.02		
	绷带					m	3.15	0.6	1.89		

续表

	主要材料名称、规格、型号	单位	数量	单价（元）	合价（元）	暂估单价（元）	暂估合价（元）
材料费明细	聚乙烯醇	kg	0.135	17.72	2.39		
	大白粉	kg	2.7	0.31	0.84		
	石膏粉	kg	0.75	0.77	0.58		
	砂纸	张	0.06	0.31	0.02		
	水	m^3	0.005	7.5	0.04		
	大白粉	kg	0.528	0.31	0.16		
	滑石粉	kg	0.139	0.26	0.04		
	乳胶漆	kg	0.433	20	8.65		
	其他材料费			—	0.15	—	—
	材料费小计			—	16.58	—	

工程量清单综合单价分析表

工程名称：活动中心装饰工程　　　　第 28 页　共 39 页

项目编码	020408001001		项目名称	窗帘盒						计量单位	m
清单综合单价组成明细											
定额编号	定额名称	定额单位	数量	单价				合价			
				人工费	材料费	机械费	管理费和利润	人工费	材料费	机械费	管理费和利润
5-157	刷防火涂料两遍木扶手（不带托板）	m	2.04	1.13	0.68		0.77	2.31	1.39		1.57
4-90	窗帘盒　窗帘盒细木工板	m	1	2.8	21.97	0.13	1.9	2.8	21.97	0.13	1.9

续表

人工单价		小计		5.11	23.36	0.13	3.47
综合工日 35.05 元 / 工日		未计价材料费					
清单项目综合单价				32.06			
材料费明细	主要材料名称、规格、型号	单位	数量	单价（元）	合价（元）	暂估单价（元）	暂估合价（元）
	膨胀螺栓	套	1.1	1.84	2.02		
	细木工板	m^2	0.45	43.87	19.74		
	防火涂料	kg	0.077	16.29	1.26		
	白布	m	0.002	7.33	0.01		
	催干剂	kg	0.002	16.8	0.03		
	油漆溶剂油	kg	0.022	3.77	0.08		
	合金钢钻头 ϕ 10mm	个	0.007	20.37	0.14		
	其他材料费			—	0.07	—	—
	材料费小计			—	23.35	—	

工程量清单综合单价分析表

工程名称：活动中心装饰工程　　　　第 29 页　共 39 页

项目编码		020404080040001		项目名称	窗帘轨					计量单位	m
清单综合单价组成明细											
定额编号	定额名称	定额单位	数量	单价				合价			
				人工费	材料费	机械费	管理费和利润	人工费	材料费	机械费	管理费和利润
4–96	不锈钢管	m	1.198	1.4	26.58		0.95	1.68	31.85		1.14

续表

人工单价		小计		1.68	31.85		1.14
综合工日 35.05 元 / 工日		未计价材料费					
清单项目综合单价				34.67			
材料费明细	主要材料名称、规格、型号	单位	数量	单价（元）	合价（元）	暂估单价（元）	暂估合价（元）
	不锈钢法兰 ϕ 58mm	个	0.666	15.44	10.28		
	不锈钢管 ϕ 20mm × 0.8mm	m	1.198	18	21.57		
	材料费小计			—	31.85	—	

工程量清单综合单价分析表

工程名称：活动中心装饰工程　　　　第 30 页　共 39 页

项目编码		020207001005		项目名称	装饰板墙面					计量单位	m^2
清单综合单价组成明细											
定额编号	定额名称	定额单位	数量	单价				合价			
				人工费	材料费	机械费	管理费和利润	人工费	材料费	机械费	管理费和利润
2–185	轻钢龙骨中距（mm 以内）竖 603 横 1500	m^2	1	3.06	37.57	3.25	2.08	3.06	37.57	3.25	2.08
2–215	石膏板墙面	m^2	1	3.43	13.11		2.34	3.43	13.11		2.34
人工单价				小计				6.49	50.67	3.25	4.42
综合工日 35.05 元 / 工日				未计价材料费							
清单项目综合单价								64.83			

续表

	主要材料名称、规格、型号	单位	数量	单价（元）	合价（元）	暂估单价（元）	暂估合价（元）
材料费明细	合金钢钻头	个	0.062	4.77	0.3		
	膨胀螺栓 M16mm	套	2.267	2.77	6.28		
	铆钉	个	9.399	0.05	0.47		
	轻钢龙骨 75mm × 50mm × 0.63mm	m	1.994	10.5	20.94		
	轻钢龙骨 75mm × 40mm × 0.63mm	m	1.064	9	9.57		
	石膏板	m^2	1.05	12.22	12.83		
	铁钉	kg	0.051	4.84	0.25		
	嵌缝膏	kg	0.02	1.88	0.04		
	材料费小计			—	50.67	—	

工程量清单综合单价分析表

工程名称：活动中心装饰工程　　　　第 31 页　共 39 页

项目编码		020208001001		项目名称		柱（梁）面装饰				计量单位	m^2
清单综合单价组成明细											
定额编号	定额名称	定额单位	数量	单价				合价			
				人工费	材料费	机械费	管理费和利润	人工费	材料费	机械费	管理费和利润
2-193	细木工板基层	m^2	1	2.9	46.92	2.34	1.97	2.9	46.92	2.34	1.97
2-200	聚漆玻璃柱（梁）面在细木工板上粘贴	m^2	1	5.61	364.92		3.82	5.61	364.92		3.82

续表

5–164	防火涂料两遍基层板面单面	m^2	1	2.05	3.39		1.4	2.05	3.39		1.4
5–166	每增加一遍防火涂料基层板面单面	m^2	1	0.89	1.73		0.61	0.89	1.73		0.61
人工单价				小计				11.45	416.96	2.34	7.8
综合工日 35.05 元 / 工日				未计价材料费							
清单项目综合单价								438.55			
材料费明细	主要材料名称、规格、型号					单位	数量	单价（元）	合价（元）	暂估单价（元）	暂估合价（元）
	射钉					个	0.9	0.03	0.03		
	细木工板					m^2	1.05	43.87	46.06		
	铁钉					kg	0.029	4.84	0.14		
	聚醋酸乙烯乳液					kg	0.14	4.89	0.69		
	防火涂料					kg	0.298	16.29	4.85		
	白布					m	0.012	7.33	0.09		
	催干剂					kg	0.005	16.8	0.08		
	油漆溶剂油					kg	0.025	3.77	0.09		
	玻璃胶 350g					支	1.08	12.22	13.2		
	镀锌螺钉					个	9.642	0.06	0.58		
	不锈钢钉					kg	0.045	25.65	1.15		
	不锈钢压条 6.5mm × 15mm					m	1.826	28.09	51.29		
	聚漆玻璃					m^2	1.03	290	298.7		
	材料费小计							—	416.96	—	

工程量清单综合单价分析表

工程名称：活动中心装饰工程　　　　第32页　共39页

项目编码		020207001006		项目名称		装饰板墙面				计量单位	m^2
清单综合单价组成明细											
定额编号	定额名称	定额单位	数量	单价				合价			
				人工费	材料费	机械费	管理费和利润	人工费	材料费	机械费	管理费和利润
2-193	细木工板基层	m^2	1	2.9	46.92	2.34	1.97	2.9	46.92	2.34	1.97
5-164	防火涂料两遍基层板面单面	m^2	1	2.05	3.39		1.4	2.05	3.39		1.4
5-166	每增加一遍防火涂料基层板面单面	m^2	1	0.89	1.73		0.61	0.89	1.73		0.61
2-232	木制饰面板拼色、拼花	m^2	0.5	14.02	69.6	3.53	9.53	7.01	34.8	1.77	4.77
5-136	水清木器面漆五遍磨退刷底油、刮腻子、漆片、修色、刷油、磨退其他木材面	m^2	0.5	24.18	75.58		16.44	12.09	37.79		8.22
人工单价				小计				24.94	124.63	4.11	16.97
综合工日35.05元/工日				未计价材料费							
清单项目综合单价								170.64			
材料费明细	主要材料名称、规格、型号					单位	数量	单价（元）	合价（元）	暂估单价（元）	暂估合价（元）
	射钉					个	1.5	0.03	0.05		
	细木工板					m^2	1.05	43.87	46.06		
	铁钉					kg	0.029	4.84	0.14		
	石膏粉					kg	0.019	0.77	0.01		
	砂纸					张	0.27	0.31	0.08		
	聚醋酸乙烯乳液					kg	0.351	4.89	1.72		
	防火涂料					kg	0.298	16.29	4.85		
	白布					m	0.017	7.33	0.12		

续表

	主要材料名称、规格、型号	单位	数量	单价（元）	合价（元）	暂估单价（元）	暂估合价（元）
材料费明细	催干剂	kg	0.005	16.8	0.08		
	油漆溶剂油	kg	0.098	3.77	0.37		
	大白粉	kg	0.087	0.31	0.03		
	水砂纸	张	0.27	0.51	0.14		
	泡沫塑料 30mm 厚	m^2	0.01	7.2	0.07		
	棉花	kg	0.008	14.76	0.12		
	滑石粉	kg	0.001	0.26			
	色粉	kg	0.006	1.22	0.01		
	天拿水	l	0.401	19.09	7.66		
	煤油	kg	0.001	3.87			
	乙醇	kg	0.031	9.22	0.29		
	漆片	kg	0.01	28.5	0.29		
	砂蜡	kg	0.309	1.83	0.56		
	上光蜡	kg	0.459	8.14	3.73		
	骨胶	kg	0.003	8.14	0.02		
	水清木器底漆	l	0.108	50	5.4		
	水清木器面漆	l	0.347	55	19.07		
	实木板 3mm	m^2	0.625	54	33.75		
	材料费小计			—	124.63	—	

工程量清单综合单价分析表

工程名称：活动中心装饰工程　　　　第 33 页　共 39 页

项目编码		020604002005		项目名称		木质装饰线				计量单位	m
清单综合单价组成明细											
定额编号	定额名称	定额单位	数量	单价				合价			
				人工费	材料费	机械费	管理费和利润	人工费	材料费	机械费	管理费和利润
6-69	木质装饰线 50mm 以内	m	1	1.05	15.98		0.72	1.05	15.98		0.72
5-135	水清木器面漆五遍磨退刷底油、刮腻子、漆片、修色、刷油、磨退木扶手（不带托板）	m	0.35	9.53	14.43		6.49	3.34	5.05		2.27
人工单价				小计				4.39	21.03		2.99
综合工日 35.05 元 / 工日				未计价材料费							
清单项目综合单价								28.41			
材料费明细	主要材料名称、规格、型号					单位	数量	单价（元）	合价（元）	暂估单价（元）	暂估合价（元）
	铁钉					kg	0.007	4.84	0.03		
	石膏粉					kg	0.003	0.77			
	砂纸					张	0.035	0.31	0.01		
	202 胶 FSC-2					kg	0.008	14.31	0.11		
	白布					m	0.001	7.33	0.01		
	油漆溶剂油					kg	0.01	3.77	0.04		
	大白粉					kg	0.012	0.31			
	水砂纸					张	0.035	0.51	0.02		
	泡沫塑料 30mm 厚					m^2	0.004	7.2	0.03		
	棉花					kg	0.001	14.76	0.02		
	滑石粉					kg	0	0.26			

续表

	主要材料名称、规格、型号	单位	数量	单价（元）	合价（元）	暂估单价（元）	暂估合价（元）
材料费明细	色粉	kg	0.001	1.22			
	天拿水	l	0.053	19.09	1.02		
	煤油	kg	0	3.87			
	乙醇	kg	0.004	9.22	0.04		
	漆片	kg	0.001	28.5	0.04		
	砂蜡	kg	0.041	1.83	0.07		
	上光蜡	kg	0.061	8.14	0.5		
	骨胶	kg	0	8.14			
	水清木器底漆	l	0.014	50	0.72		
	水清木器面漆	l	0.046	55	2.54		
	木楔	m^3	0	824.58	0.08		
	木质装饰线 50mm×20mm	m	1.05	15	15.75		
	材料费小计			—	21.03	—	

工程量清单综合单价分析表

工程名称：活动中心装饰工程　　　　第34页　共39页

项目编码		020207001007		项目名称	装饰板墙面				计量单位	m^2
清单综合单价组成明细										
定额编号	定额名称	定额单位	数量	单价				合价		
				人工费	材料费	机械费	管理费和利润	人工费	材料费	机械费	管理费和利润
2–185	轻钢龙骨中距（mm以内）竖603横1500	m^2	1	3.06	37.57	3.25	2.08	3.06	37.57	3.25	2.08

续表

2-215	石膏板墙面		m^2	1	3.43	13.11		2.34	3.43	13.11		2.34
人工单价					小计				6.49	50.68	3.25	4.42
综合工日 35.05 元 / 工日					未计价材料费							
清单项目综合单价									64.84			
材料费明细	主要材料名称、规格、型号						单位	数量	单价（元）	合价（元）	暂估单价（元）	暂估合价（元）
	合金钢钻头						个	0.062	4.77	0.3		
	膨胀螺栓 M16mm						套	2.268	2.77	6.28		
	铆钉						个	9.4	0.05	0.47		
	轻钢龙骨 75mm × 50mm × 0.63mm						m	1.995	10.5	20.94		
	轻钢龙骨 75mm × 40mm × 0.63mm						m	1.064	9	9.57		
	石膏板						m^2	1.05	12.22	12.83		
	铁钉						kg	0.051	4.84	0.25		
	嵌缝膏						kg	0.02	1.88	0.04		
	材料费小计								—	50.68	—	

工程量清单综合单价分析表

工程名称：活动中心装饰工程　　　　第 35 页　共 39 页

项目编码		020509001001		项目名称		墙纸裱糊			计量单位		m^2
清单综合单价组成明细											
定额编号	定额名称	定额单位	数量	单价				合价			
				人工费	材料费	机械费	管理费和利润	人工费	材料费	机械费	管理费和利润
5-312	柱面贴装饰纸墙纸对花	m^2	0.999	8.41	51.45		5.72	8.4	51.41		5.72

续表

黑补 -106 借	室内刮大白（两遍）抹灰面	100m^2	0.01	107.25	303.87	1.43	72.94	1.07	3.04	0.01	0.73
黑补 -107 借	室内刮大白每增加一遍	100m^2	0.01	56.78	97.92	0.61	38.61	0.57	0.98	0.01	0.39
人工单价				小计				10.04	55.43	0.02	6.83
综合工日 35.05 元 / 工日				未计价材料费							
清单项目综合单价								72.33			
材料费明细	主要材料名称、规格、型号					单位	数量	单价（元）	合价（元）	暂估单价（元）	暂估合价（元）
	聚醋酸乙烯乳液					kg	0.251	4.89	1.23		
	羧甲基纤维素					kg	0.017	4.32	0.07		
	油漆溶剂油					kg	0.03	3.77	0.11		
	聚乙烯醇					kg	0.135	17.72	2.39		
	大白粉					kg	2.7	0.31	0.84		
	石膏粉					kg	0.75	0.77	0.58		
	砂纸					张	0.06	0.31	0.02		
	水					m^3	0.005	7.5	0.04		
	大白粉					kg	0.235	0.31	0.07		
	酚醛清漆					kg	0.07	11.81	0.83		
	墙纸					m^2	1.228	40	49.11		
	其他材料费							—	0.15	—	—
	材料费小计							—	55.43	—	

工程量清单综合单价分析表

工程名称：活动中心装饰工程　　　　第 36 页　共 39 页

项目编码		020507001006		项目名称		墙面刷喷涂料				计量单位	m^2
清单综合单价组成明细											
定额编号	定额名称	定额单位	数量	单价				合价			
				人工费	材料费	机械费	管理费和利润	人工费	材料费	机械费	管理费和利润
黑补 -106 借	室内刮大白（两遍）抹灰面	$100m^2$	0.01	107.25	303.87	1.43	72.94	1.07	3.04	0.01	0.73
黑补 -107 借	室内刮大白每增加一遍	$100m^2$	0.01	56.78	97.92	0.61	38.61	0.57	0.98	0.01	0.39
5-217	抹灰面刷乳胶漆三遍	m^2	1	4.28	9.25		2.91	4.28	9.25		2.91
人工单价				小计				5.92	13.27	0.02	4.03
综合工日 35.05 元 / 工日				未计价材料费							
清单项目综合单价								23.23			
材料费明细	主要材料名称、规格、型号					单位	数量	单价（元）	合价（元）	暂估单价（元）	暂估合价（元）
	石膏粉					kg	0.021	0.77	0.02		
	砂纸					张	0.08	0.31	0.02		
	聚醋酸乙烯乳液					kg	0.06	4.89	0.29		
	羧甲基纤维素					kg	0.012	4.32	0.05		
	白布					m	0.002	7.33	0.02		
	聚乙烯醇					kg	0.135	17.72	2.39		
	大白粉					kg	2.7	0.31	0.84		
	石膏粉					kg	0.75	0.77	0.58		

续表

材料费明细	主要材料名称、规格、型号	单位	数量	单价（元）	合价（元）	暂估单价（元）	暂估合价（元）
	砂纸	张	0.06	0.31	0.02		
	水	m^3	0.005	7.5	0.04		
	大白粉	kg	0.528	0.31	0.16		
	滑石粉	kg	0.139	0.26	0.04		
	乳胶漆	kg	0.433	20	8.65		
	其他材料费			—	0.15	—	—
	材料费小计			—	13.27	—	

工程量清单综合单价分析表

工程名称：活动中心装饰工程　　　　第 37 页　共 39 页

项目编码		020604002006		项目名称		木质装饰线			计量单位		m
清单综合单价组成明细											
定额编号	定额名称	定额单位	数量	单价				合价			
				人工费	材料费	机械费	管理费和利润	人工费	材料费	机械费	管理费和利润
1-173	成品木踢脚板	m	1	1.25	31.07	0.01	0.86	1.25	31.07	0.01	0.86
5-135	水清木器面漆五遍磨退刷底油、刮腻子、漆片、修色、刷油、磨退木扶手（不带托板）	m	0.52	9.53	14.43		6.49	4.96	7.5		3.37
人工单价				小计				6.21	38.57	0.01	4.23
综合工日 35.05 元 / 工日				未计价材料费							
清单项目综合单价								49.02			

续表

	主要材料名称、规格、型号	单位	数量	单价（元）	合价（元）	暂估单价（元）	暂估合价（元）
材料费明细	铁钉	kg	0.009	4.84	0.04		
	石膏粉	kg	0.004	0.77			
	砂纸	张	0.052	0.31	0.02		
	白布	m	0.002	7.33	0.02		
	油漆溶剂油	kg	0.015	3.77	0.05		
	木砖	m^3	0.002	773.68	1.62		
	大白粉	kg	0.017	0.31	0.01		
	水砂纸	张	0.052	0.51	0.03		
	泡沫塑料 30mm 厚	m^2	0.005	7.2	0.04		
	棉花	kg	0.002	14.76	0.02		
	滑石粉	kg	0	0.26			
	色粉	kg	0.001	1.22			
	天拿水	l	0.079	19.09	1.51		
	煤油	kg	0.001	3.87			
	乙醇	kg	0.006	9.22	0.06		
	漆片	kg	0.002	28.5	0.06		
	砂蜡	kg	0.061	1.83	0.11		
	上光蜡	kg	0.091	8.14	0.74		
	骨胶	kg	0.001	8.14			
	水清木器底漆	l	0.021	50	1.07		
	水清木器面漆	l	0.069	55	3.77		
	木踢脚板	m	1.05	28	29.4		
	材料费小计			—	38.57	—	

工程量清单综合单价分析表

工程名称：活动中心装饰工程　　　　　　　　　　　　　　　　　　　　　　　　第 38 页　共 39 页

<table>
<tr><td colspan="2">项目编码</td><td colspan="2">020409003003</td><td colspan="2">项目名称</td><td colspan="4">石材窗台板</td><td>计量单位</td><td>m</td></tr>
<tr><td colspan="12">清单综合单价组成明细</td></tr>
<tr><td rowspan="2">定额编号</td><td rowspan="2">定额名称</td><td rowspan="2">定额单位</td><td rowspan="2">数量</td><td colspan="4">单价</td><td colspan="4">合价</td></tr>
<tr><td>人工费</td><td>材料费</td><td>机械费</td><td>管理费和利润</td><td>人工费</td><td>材料费</td><td>机械费</td><td>管理费和利润</td></tr>
<tr><td>4-94 换</td><td>窗台板细木工板基层</td><td>m²</td><td>0.45</td><td>12.62</td><td>58.13</td><td></td><td>8.58</td><td>5.68</td><td>26.16</td><td></td><td>3.86</td></tr>
<tr><td>4-95</td><td>窗台板　窗台板（厚 25mm）人造石</td><td>m²</td><td>0.45</td><td>23.48</td><td>250.1</td><td>0.62</td><td>15.97</td><td>10.57</td><td>112.55</td><td>0.28</td><td>7.19</td></tr>
<tr><td>5-164</td><td>防火涂料两遍基层板面单面</td><td>m²</td><td>0.45</td><td>2.05</td><td>3.39</td><td></td><td>1.4</td><td>0.92</td><td>1.53</td><td></td><td>0.63</td></tr>
<tr><td>5-166</td><td>每增加一遍防火涂料基层板面单面</td><td>m²</td><td>0.45</td><td>0.89</td><td>1.73</td><td></td><td>0.61</td><td>0.4</td><td>0.78</td><td></td><td>0.27</td></tr>
<tr><td>6-93</td><td>石材装饰线现场磨边半圆边</td><td>m</td><td>1</td><td>7.79</td><td>0.13</td><td>4.1</td><td>5.3</td><td>7.79</td><td>0.13</td><td>4.1</td><td>5.3</td></tr>
<tr><td colspan="4">人工单价</td><td colspan="4">小计</td><td>25.36</td><td>141.14</td><td>4.38</td><td>17.25</td></tr>
<tr><td colspan="4">综合工日 35.05 元 / 工日</td><td colspan="4">未计价材料费</td><td colspan="4"></td></tr>
<tr><td colspan="8">清单项目综合单价</td><td colspan="4">188.13</td></tr>
<tr><td rowspan="8">材料费明细</td><td colspan="5">主要材料名称、规格、型号</td><td>单位</td><td>数量</td><td>单价（元）</td><td>合价（元）</td><td>暂估单价（元）</td><td>暂估合价（元）</td></tr>
<tr><td colspan="5">细木工板</td><td>m²</td><td>0.473</td><td>43.87</td><td>20.73</td><td></td><td></td></tr>
<tr><td colspan="5">铁钉</td><td>kg</td><td>0.077</td><td>4.84</td><td>0.37</td><td></td><td></td></tr>
<tr><td colspan="5">聚醋酸乙烯乳液</td><td>kg</td><td>0.135</td><td>4.89</td><td>0.66</td><td></td><td></td></tr>
<tr><td colspan="5">石料切割锯片</td><td>片</td><td>0.002</td><td>20.56</td><td>0.03</td><td></td><td></td></tr>
<tr><td colspan="5">水泥砂浆 1 ： 2.5</td><td>m³</td><td>0.01</td><td>248.88</td><td>2.35</td><td></td><td></td></tr>
<tr><td colspan="5">人造石板</td><td>m²</td><td>0.459</td><td>240</td><td>110.16</td><td></td><td></td></tr>
<tr><td colspan="5">小方（白松一等）</td><td>m³</td><td>0.003</td><td>1600</td><td>4.33</td><td></td><td></td></tr>
</table>

续表

	主要材料名称、规格、型号	单位	数量	单价（元）	合价（元）	暂估单价（元）	暂估合价（元）
材料费明细	砂轮片 ϕ20mm	片	0.081	1.59	0.13		
	防火涂料	kg	0.134	16.29	2.18		
	白布	m	0.005	7.33	0.04		
	催干剂	kg	0.002	16.8	0.04		
	油漆溶剂油	kg	0.011	3.77	0.04		
	其他材料费			—	0.08	—	—
	材料费小计			—	141.15	—	

工程量清单综合单价分析表

工程名称：活动中心装饰工程　　　　第39页　共39页

项目编码		BB：008		项目名称			改架用工			计量单位	工日
清单综合单价组成明细											
定额编号	定额名称	定额单位	数量	单价				合价			
				人工费	材料费	机械费	管理费和利润	人工费	材料费	机械费	管理费和利润
补子目15	改架用工	工日	0.825	35.05			23.84	28.9			19.66
人工单价				小计				28.9			19.66

八、主要学习内容

下面具体介绍各分部分项工程量清单综合单价计算和分析。

（一）楼地面工程

楼地面工程，主要包括整体面层、块料面层、橡塑面层、其他材料面层、踢脚线、楼梯、台阶、扶手栏杆及零星装饰项目等。

【例 2–16】一工程楼面铺花岗石，水泥砂浆结合层，工程数量为 $200m^2$，1∶3 水泥砂浆找平层，酸洗打蜡，工程数量为 $200m^2$。

【解】

综合单价计算分析：

（1）花岗石面层（20mm 厚）

1）人工费：36 元 / 工日 ×0.1618 工日 /m^2 + 25 元 / 工日 ×0.0538 工日/m^2 = 7.17 元 /m^2

2）材料费：

花岗石板：550 元 /m^2 × 1.02m^2/m^2 = 561 元 /m^2

白水泥：0.75 元 /kg × 0.1kg/m^2 = 0.08 元 /m^2

水泥砂浆 1∶1 ：317.03 元 /m^3 × 0.0051m^3/m^2 = 1.62 元 /m^2

素水泥浆：511.31 元 /m^3 × 0.001m^3/m^2 = 0.51 元 /m^2

水：2.1 元 /m^3 × 0.026m^3/m^2 = 0.05 元 /m^2

其他材料费：563.26 元 /m^2 × 0.1% = 0.56 元 /m^2

小计：563.82 元 /m^2

3）机械费：

灰浆搅拌机：49.18 元 / 台班 ×0.0009 台班 /m^2 = 0.04 元 /m^2

石料切割机：52 元 / 台班 ×0.016 台班 /m^2 = 0.83 元 /m^2

小计：0.87 元 /m^2

4）合计：571.86 元 /m^2 × 200m^2 = 114372 元

（2）水泥砂浆找平层 1∶3

1）人工费：36 元 / 工日 ×0.0439 工日 /m^2 + 25 元 / 工日 ×0.0254 工日/m^2 = 2.21 元 /m^2

2）材料费：

水泥砂浆 1∶3：225.86 元 /m^3 × 0.0202m^3/m^2 = 4.56 元 /m^2

水：2.1 元 /m^3 × 0.006m^3/m^2 = 0.013 元 /m^2

其他材料费：4.57 元 /m^2 × 3.1% = 0.14 元 /m^2

小计：4.71 元 /m^2

3）机械费：

灰浆搅拌机：49.18 元 / 台班 ×0.0025 台班 /m^2 = 0.12 元 /m^2

4）合计：7.04 元 /m^2 × 200m^2 = 1408 元

（3）酸洗打蜡

1）人工费：36元/工日 ×0.04工日/m^2＋25元/工日 ×0.004工日/m^2＝1.54元/m^2

2）材料费：

软白蜡：3.1元/kg×0.0265kg/m^2＝0.08元/m^2

草酸：6.27元/kg×0.01 kg/m^2＝0.06元/m^2

清油：12.3元/kg×0.0053kg/m^2＝0.07元/m^2

其他材料费：0.07元/m^2

小计：0.28元/m^2

3）合计：1.82元/m^2×200m^2＝364元

（4）综合

1）直接费合计：116144元

2）管理费：116144×8%＝9291.52元

3）利润：116144×2%＝2322.88元

4）总计：127758.40元

5）综合单价：127758.40元 ÷200m^2＝638.79元/m^2

（二）墙、柱面工程

墙、柱面工程，主要包括墙、柱面一级抹灰，墙、柱面装饰抹灰，墙柱面块料贴面、石材墙面和柱面，装饰板墙面、隔断、玻璃幕墙等。

在报价时应注意，抹面层是指一级抹灰的普通抹灰（一层底层和一层面层或木分层一遍成活），中级抹灰（一层底层、一层中层和一层面层或一层底层、一层面层），高级抹灰（一层底层、数层中层和一层面层）的面层。

抹装饰面，是指装饰抹灰（抹底灰、涂刷107胶溶液、刷水泥浆、抹中层、抹装饰面层）的面层。

【例2–17】某一工程钢筋混凝土矩形柱面贴大理石，水泥砂浆结合，经计算工程数量为60m^2，柱面进行嵌缝剂嵌缝、酸洗、打蜡。

【解】综合单价计算分析：

（1）矩形柱面贴大理石

1）人工费：36元/工日 ×0.5985工日/m^2＋25元/工日 ×0.1748工日/m^2＝25.92元/m^2

2）材料费：

大理石板20厚：230元/m^2×1.02m^2/m^2＝234.6元/m^2

水泥砂浆1∶2.5：253.4元/m^3×0.0283m^3/m^2＝7.17元/m^2

素水泥浆：511.31元/m^3×0.001m^3/m^2＝0.51元/m^2

白水泥：0.75元/kg×0.15kg/m^2＝0.11元/m^2

石料切割锯片：56.4元/片 ×0.0269片/m^2＝1.52元/m^2

聚氯乙烯薄膜：1.8元/m^2×0.2805m^2/m^2＝0.5元/m^2

水：2.1元/m^3×0.96m^3/m^2＝2.02元/m^2

棉砂头：12元/kg×0.01kg/m^2＝0.12元/m^2

其他材料费：246.55 元 /m^2 × 0.96% = 2.37 元 /m^2

小计：248.92 元 /m^2

3）机械费：

灰浆搅拌机：49.18 元 / 台班 × 0.0033 台班 /m^2 = 0.16 元 /m^2

石料切割机：52 元 / 台班 × 0.0408 台班 /m^2 = 2.12 元 /m^2

小计：2.28 元 /m^2

4）合计：277.12 元 /m^2 × 60m^2 = 16627.20 元

（2）柱面大理石嵌缝

1）人工费：36元/工日 × 0.079工日 /m^2 + 25元/工日 × 0.0079工日 /m^2 = 3.04 元 /m^2

2）材料费：

嵌缝剂：18.22 元 /kg × 5.712kg/m^2 = 103.96 元 /m^2

水：2.1 元 /m^3 × 0.0042m^3/m^2 = 0.01 元 /m^2

小计：103.97 元 /m^2

3）合计：107.01 元 /m^2 × 60m^2 = 6420.60 元

（3）柱面大理石酸洗打蜡

1）人工费：36 元 / 工日 × 0.044 工日 /m^2 + 25 元 / 工日 × 0.0044 工日 /m^2 = 1.69 元 /m^2

2）材料费：

软白蜡：3.1 元 /kg × 0.0283kg/m^2 = 0.09 元 /m^2

草酸：6.27 元 /kg × 0.1285kg/m^2 = 0.81 元 /m^2

清油：12.3 元 /kg × 0.007kg/m^2 = 0.09 元 /m^2

棉纱头：12 元 /kg × 0.0131kg/m^2 = 0.16 元 /m^2

其他材料费：1.15 元 /m^2 × 6% = 0.07 元 /m^2

小计：1.22 元 /m^2

3）合计：2.91 元 /m^2 × 60m^2 = 174.60 元

（4）综合

1）直接费合计：23222.40 元

2）管理费：23222.40 元 × 8% = 1857.79 元

3）利润：23222.40 元 × 2% = 464.45 元

4）总计：25544.64 元

5）综合单价：25544.64 元 ÷ 60m^2 = 425.74 元

（三）顶棚工程

顶棚工程，主要包括顶棚抹灰、顶棚吊顶、顶棚其他装饰等。

应在报价时注意，顶棚的检修孔，顶棚内的检修走道、灯槽等应包括在报价内。

【例 2–18】某工程顶棚进行灯带施工，木基层胶合板面层，工程数量为 22.29m^2。

【解】综合单价计算分析：

（1）顶棚灯带

1）人工费：36 元 / 工日 ×0.1741 工日 /m^2 ＋ 25 元 / 工日 ×0.0195 工日 /m^2 ＝ 6.76 元 /m^2

2）材料费：

九夹板：38.2 元 /m^2 × 0.63m^2/m^2 ＝ 24.07 元 /m^2

小方木：1500 元 /m^3 × 0.0082m^3/m^2 ＝ 12.30 元 /m^2

镀锌薄钢板：52.6 元 /m^2 × 0.6784m^2/m^2 ＝ 35.66 元 /m^2

防火漆：22 元 /kg × 0.1323kg/m^2 ＝ 2.91 元 /m^2

圆钉：6.85 元 /kg × 0.0889kg/m^2 ＝ 0.61 元 /m^2

其他材料费：75.73 元 /m^2 × 0.48% ＝ 0.36 元 /m^2

小计：76.09 元 /m^2

3）机械费：

木工圆锯机：24.45 元 / 台班 ×0.0277 台班 /m^2 ＝ 0.68 元 /m^2

木工截口机：33.40 元 / 台班 ×0.0164 台班 /m^2 ＝ 0.55 元 /m^2

单面压刨机：26.74 元 / 台班 ×0.009 台班 /m^2 ＝ 0.24 元 /m^2

小计：1.47 元 /m^2

4）合计：84.32 元 /m^2 × 22.29m^2 ＝ 1879.49 元

（2）综合

1）直接费合计：1879.49 元

2）管理费：1879.49 元 ×8% ＝ 150.36 元

3）利润：1879.49 元 ×2% ＝ 37.59 元

4）总计：2067.44 元

5）综合单价：2067.44 元 ÷22.29m^2 ＝ 92.75 元 /m^2

（四）门窗工程

门窗工程，主要包括木门、木窗、金属门、金属窗、金属卷帘门、其他门、门窗套、窗帘盒、窗台板等。

【例 2-4】某一工程窗台安装大理石板，已知清单工程量为 15.9m，折合面积为 7.95m^2。窗台板外口进行磨边，并酸洗打蜡。

【解】综合单价计算分析：

（1）大理石窗台板

1）人工费：36 元 / 工日 ×0.6776 工日 /m^2 ＋ 25 元 / 工日 ×0.1759 工日 /m^2 ＝ 28.79 元 /m^2

2）材料费：

大理石板：230 元 /m^2 × 1.02m^2/m^2 ＝ 234.6 元 /m^2

水泥砂浆 1：2.5：253.4 元 /m^3 × 0.0266m^3/m^2 ＝ 6.74 元 /m^2

白水泥：0.75 元 /kg × 0.17kg/m^2 ＝ 0.13 元 /m^2

水：2.1 元 /m^3 × 0.0063m^3/m^2 ＝ 0.01 元 /m^2

石料切割锯片：56.4 元 / 片 ×0.0299 片 /m^2 ＝ 1.69 元 /m^2

聚氯乙烯薄膜：1.8 元 /m^2 × 0.2805m^2/m^2 = 0.51 元 /m^2

棉砂头：12 元 /kg × 0.011kg/m^2 = 0.13 元 /m^2

其他材料费：243.81 元 /m^2 × 0.87% = 2.12 元 /m^2

小计：245.93 元 /m^2

3）机械费：

灰浆搅拌机：49.18 元 / 台班 × 0.0037 台班 /m^2 = 0.18 元 /m^2

石料切割机：52 元 / 台班 × 0.0449 台班 /m^2 = 2.33 元 /m^2

小计：2.51 元 /m^2

4）合计：277.23 元 /m^2 × 7.95m^2 = 2203.98 元

（2）大理石板磨边

1）人工费：36 元 / 工日 × 0.063 工日 /m + 25 元 / 工日 × 0.011 工日 /m = 2.55 元 /m

2）材料费：

合金钢砂轮片：250 元 / 片 × 0.0269 片 /m = 0.67 元 /m

3）机械费：

磨边机：28.3 元 / 台班 × 0.0408 台班 /m = 1.15 元 /m

4）合计：4.37 元 /m × 15.9m = 69.48 元

（3）大理石板酸洗打蜡

1）人工费：36 元 / 工日 × 0.044 工日 /m^2 + 25 元 / 工日 × 0.0044 工日 /m^2 = 1.69 元 /m^2

2）材料费：

清油：12.3 元 /kg × 0.007kg/m^2 = 0.09 元 /m^2

软白蜡：3.1 元 /kg × 0.0283kg/m^2 = 0.09 元 /m^2

草酸：6.275 元 /kg × 0.1285kg/m^2 = 0.81 元 /m^2

松节油：6.3 元 /kg × 0.0064kg/m^2 = 0.04 元 /m^2

煤油：2.8 元 /kg × 0.0463kg/m^2 = 0.13 元 /m^2

棉砂头：12 元 /kg × 0.0131kg/m^2 = 0.16 元 /m^2

小计：1.32 元 /m^2

3）合计：3.01 元 /m^2 × 7.95m^2 = 23.93 元

（4）综合

1）直接费合计：2297.39 元

2）管理费：2297.39 元 × 8% = 183.79 元

3）利润：2297.39 元 × 2% = 45.95 元

4）总计：2527.13 元

5）综合单价：2527.13 元 ÷ 15.9m = 158.94 元 /m

（五）油漆、涂料、裱糊工程

油漆、涂料、裱糊工程，主要包括门油漆、窗油漆、木扶手及其他板条线条油漆、木材面油漆、金属面油漆、抹灰面油漆、喷刷、涂料及裱糊工程。

【例 2-5】某工程内墙面进行满批腻子，刷乳胶漆三遍施工。经计算墙面工程数量为 291.29m^2。

【解】综合单价计算分析：

（1）内墙面刷乳胶漆三遍

1）人工费：36 元 / 工日 ×0.1098 工日 /m^2 + 25 元 / 工日 ×0.0122 工日 /m^2 = 4.26 元 /m^2

2）材料费：

建筑石膏粉：0.38 元 /kg × 0.0205kg/m^2 = 0.01 元 /m^2

干志粉：0.32 元 /kg × 0.528kg/m^2 = 0.17 元 /m^2

砂纸：0.4 元 / 张 ×0.08 张 /m^2 = 0.03 元 /m^2

乳胶漆：16.4 元 /kg × 0.4326kg/m^2 = 7.09 元 /m^2

白胶水：9.5 元 /kg × 0.06kg/m^2 = 0.57 元 /m^2

酸甲基 14 维素：16 元 /kg × 0.012kg/m^2 = 0.19 元 /m^2

白布 900 宽：10 元 /m × 0.0021m/m^2 = 0.02 元 /m^2

其他材料费：8.08 元 /m^2 × 1.06% = 0.09 元 /m^2

小计：8.17 元 /m^2

3）合计：12.43 元 /m^2 × 291.29m^2 = 3620.73 元

（2）综合

1）直接费合计：3620.73 元

2）管理费：3620.73 元 ×8% = 289.66 元

3）利润：3620.73 元 ×2% = 72.41 元

4）总计：3982.80 元

5）综合单价：3982.80 元 ÷291.29m^2 = 13.67 元 /m^2

（六）其他工程

其他工程，主要包括框点、货架、散热器罩、浴厕配件、压条、压线、雨篷、旋杆、招牌、灯箱等。

【例 2-6】某工程室内安装石膏顶角线条（100mm × 100mm），工程数量为 72.63m。

【解】综合单价计算分析：

（1）石膏线条安装

1）人工费：36 元 / 工日 ×0.031 工日 /m+25 元 / 工日 ×0.0031 工日 /m=1.2 元 /m

2）材料费：石膏线条：13.5 元 /m × 1.05m/m=14.18 元 /m

小方木材：1500 元 /m^3 × 0.0002m^3/m=0.3 元 /m

白胶水：9.5 元 /kg × 0.0058kg/m=0.06 元 /m^3

自攻螺钉：0.05 元 / 只 ×4.09 个 /m=0.25 元 /m^2

其他材料费：14.79 元 /m × 5.94%=0.88 元 /m

小计：15.67 元 /m

3）机械费

小提式电钻：12.31 元 / 台班 ×0.0577 台班 /m = 0.71 元 /m

4）合计：17.58 元 /m × 72.63m ＝ 1276.84 元

（2）综合：

1）直接费合计：1276.84 元

2）管理费：1276.84 元 × 8% ＝ 102.15 元

3）利润：1276.84 元 × 2% ＝ 25.54 元

4）总计：1404.53 元

5）综合单价：1404.53 元 ÷ 72.63m ＝ 19.34 元 /m

九、学习要求

（1）学生能够掌握综合单价的费用构成。

（2）学生能够掌握综合单价的计算方法。

（3）学生能够查阅相关资料；能够独立完成分部分项工程量清单综合单价分析表。

任务三　编制某活动中心装饰工程分部分项工程量清单计价表

一、任务描述

造价员通过对某活动中心装饰工程施工图及招标文件的分析思考，完成投标文件各分部分项工程量清单的计价，任务成果是分部分项工程量清单计价表。

二、能力目标

（1）能准确进行各分部分项工程量清单的计价。

（2）能正确编制分部分项工程量清单计价表。

三、参考文献

（1）《建筑装饰装修工程计量与计价》；

（2）《建设工程工程量清单计价规范》；

（3）《建设工程工程量清单计价规范》宣贯辅导教材；

（4）《装饰装修工程消耗量定额》。

四、任务准备与分析

（一）准备与收集编制资料

1. 施工图纸

2. 有关文件资料

（1）招标书和工程量清单文件；

（2）国家颁发的《建设工程工程量清单计价规范》；

（3）本地区上级主管部门对工程量清单计价的管理办法；

（4）政府主管部门颁发的《装饰装修工程消耗量定额及统一基价表》；

（5）本企业制定的《装饰装修工程消耗量定额及基价表》；

（6）本地区主管部门发布的现行人工、材料、机械台班信息价及市场价格；
（7）工程施工现场的有关资料；
（8）本地区上级主管部门发布的有关文件等。
（二）仔细阅读招标文件，详细了解施工图纸
1. 仔细阅读招标文件
（1）对投标报价有何要求；
（2）工程量清单中总说明所涉及的范围；
（3）清单工程量的项目内容。
2. 详细了解施工图纸

五、设备分析

利用专业计价软件进行计算。

六、任务重点、难点分析

（1）重点在于分部分项工程量清单计价表的编制格式。
（2）难点在于分部分项工程量清单计价表的编制方法。

七、任务实施步骤

任务实施步骤：分部分项工程量清单计价表的填写。

分部分项工程量清单计价表

工程名称：活动中心装饰工程　　　　标段：　　　　第1页　共5页

序号	项目编码	项目名称	项目特征	计量单位	工程数量	金额（元）		
						综合单价	合价	其中：暂估价
		二层多功能厅						
1	020302001001	顶棚吊顶	1. 50系列轻钢龙骨 2. 细木工板基层造型 3. 12mm厚石膏板面层 4. 细木工板基层刷防火涂料三遍 5. 白橡板饰面 6. 白橡板水清木器面漆五遍磨退刷底油、刮腻子、漆片、修色、刷油、磨退	m^2	446.5	166.79	74471.74	
2	020507001001	顶棚刷喷涂料	1. 石膏板缝贴绷带 2. 刮大白三遍 3. 乳胶漆三遍	m^2	467.01	35.56	16606.88	
3	BB：001	造型铝塑板吊棚		m^2	66.88	428.56	28662.09	
4	BB：002	顶棚柔性天花		m^2	61.5	230	14145	
5	BB：003	造型包梁、包柱		m^2	113.89	361.96	41223.62	

续表

序号	项目编码	项目名称	项目特征	计量单位	工程数量	金额（元）		
						综合单价	合价	其中：暂估价
6	020504012001	梁柱饰面基层板刷防火涂料	细木工板基层刷防火涂料三遍	m^2	113.89	10.07	1146.87	
7	BB：004	造型吸声板墙面		m^2	156.71	420.26	65858.94	
8	020504006001	吸声板墙面基层板刷防火涂料	细木工板基层刷防火涂料三遍	m^2	156.71	10.07	1578.07	
9	020604002001	木质装饰线	1. 30mm × 10 mm 实木线 2. 水清木器面漆五遍磨退刷底油、刮腻子、漆片、修色、刷油、磨退	m	91.14	23.16	2110.8	
10	020207001001	装饰板墙面	1. 75 轻钢隔墙龙骨 2. 细木工板基层 3. 丝绒面层 4. 木制饰面板拼色、拼花 5. 细木工板基层刷防火涂料三遍 6. 饰面板水清木器面漆五遍磨退刷底油、刮腻子、漆片、修色、刷油、磨退	m^2	43.36	257.85	11180.38	
11	020604002002	木质装饰线	1. 实木踢脚板 2. 水清木器面漆五遍磨退刷底油、刮腻子、漆片、修色、刷油、磨退	m	62.79	49.02	3077.97	
本页小计							260062.36	

注：根据建设部、财政部发布的《建筑安装工程费用组成》（建标[2003]206号）的规定，为记取规费等的使用，可以在表中增设“直接费”、“人工费”或“人工费+机械费”。

分部分项工程量清单计价表

工程名称：活动中心装饰工程　　标段：　　第2页　共5页

序号	项目编码	项目名称	项目特征	计量单位	工程数量	金额（元）		
						综合单价	合价	其中：暂估价
12	020507001002	墙面刷喷涂料	1. 刮大白三遍 2. 乳胶漆三遍	m^2	16.6	23.24	385.78	
13	020409003001	石材窗台板	1. 细木工板基层 2. 人造石窗台板 3. 细木工板基层刷防火涂料三遍 4. 石材磨边	m	25.29	188.09	4756.8	
14	BB：005	地台装饰	1. 30mm × 40 mm 红松木棱 2. 细木工板基层 3. 复合地板 4. 不锈钢装饰压线	m^2	36.18	247.4	8950.93	

续表

序号	项目编码	项目名称	项目特征	计量单位	工程数量	金额（元）		
						综合单价	合价	其中：暂估价
15	BB：006	改架用工		工日	5	55.39	276.95	
		【二层多功能厅】小计					274432.82	
		二层小会议室（一）						
16	020302001002	顶棚吊顶	1. 50系列轻钢龙骨 2. 30mm×40mm红松木方局部造型 3. 细木工板基层造型 4. 12mm厚石膏板面层 5. 细木工板基层刷防火涂料三遍 6. 木龙骨刷防火涂料三遍	m^2	59.35	177.21	10517.41	
17	020507001003	顶棚刷喷涂料	1. 石膏板缝贴绷带 2. 刮大白三遍 3. 乳胶漆三遍	m^2	93.51	35.56	3325.22	
18	020207001002	装饰板墙面	1. 75轻钢隔墙龙骨 2. 细木工板基层 3. 木制饰面板拼色、拼花 4. 细木工板基层刷防火涂料三遍 5. 木制饰面板水清木器面漆五遍磨退刷底油、刮腻子、漆片、修色、刷油、磨退	m^2	45.84	323.04	14808.15	
19	020207001003	装饰板墙面（A立面）	1. 75轻钢隔墙龙骨 2. 细木工板基层 3. 12mm厚石膏板面层 4. 细木工板基层刷防火涂料三遍	m^2	23.15	139.09	3219.93	
本页小计							46241.17	

注：根据建设部、财政部发布的《建筑安装工程费用组成》（建标[2003]206号）的规定，为记取规费等的使用，可以在表中增设“直接费”、“人工费”或“人工费＋机械费”。

分部分项工程量清单计价表

工程名称：活动中心装饰工程　　　　标段：　　　　第3页　共5页

序号	项目编码	项目名称	项目特征	计量单位	工程数量	金额（元）		
						综合单价	合价	其中：暂估价
20	020207001004	装饰板墙面（C立面）	1. 75轻钢隔墙龙骨 2. 细木工板基层 3. 12mm厚石膏板面层 4. 细木工板基层刷防火涂料三遍	m^2	15.33	139.11	2132.56	

续表

序号	项目编码	项目名称	项目特征	计量单位	工程数量	金额（元）		
						综合单价	合价	其中：暂估价
21	020604002003	木质装饰线	1. 实木踢脚板 2. 水清木器面漆五遍磨退刷底油、刮腻子、漆片、修色、刷油、磨退	m	31.16	49.02	1527.46	
22	020604002004	木质装饰线	1. 30mm × 10mm 实木线 2. 水清木器面漆五遍磨退刷底油、刮腻子、漆片、修色、刷油、磨退	m	14.4	23.16	333.5	
23	020507001004	墙面刷喷涂料	1. 刮大白三遍 2. 乳胶漆三遍	m^2	47.5	23.24	1103.9	
24	020409003002	石材窗台板	1. 细木工板基层 2. 人造石窗台板 3. 细木工板基层刷防火涂料三遍 4. 石材磨边	m	4.68	187.76	878.72	
25	BB：007	改架用工		工日	2	52.45	104.9	
		【二层小会议室（一）】小计					37951.75	
		二层小会议室（二）						
26	020302001003	顶棚吊顶	1. 50 系列轻钢龙骨 2. 细木工板基层造型 3. 12mm 厚石膏板面 4. 细木工板基层刷防火涂料三遍	m^2	52.6	182.74	9612.12	
27	020507001005	顶棚刷喷涂料	1. 石膏板缝贴绷带 2. 刮大白三遍 3. 乳胶漆三遍	m^2	70.43	35.56	2504.49	
本页小计							18197.65	

注：根据建设部、财政部发布的《建筑安装工程费用组成》（建标 [2003]206 号）的规定，为记取规费等的使用，可以在表中增设“直接费”、“人工费”或“人工费 + 机械费”。

分部分项工程量清单计价表

工程名称：活动中心装饰工程　　　　标段：　　　　第 4 页　共 5 页

序号	项目编码	项目名称	项目特征	计量单位	工程数量	金额（元）		
						综合单价	合价	其中：暂估价
28	020408001001	窗帘盒	1. 细木工板窗帘盒 2. 细木工板刷防火涂料两遍	m	9.36	32.06	300.08	

续表

序号	项目编码	项目名称	项目特征	计量单位	工程数量	金额（元）		
						综合单价	合价	其中：暂估价
29	020408004001	窗帘轨	不锈钢窗帘轨	m	4.84	34.67	167.8	
30	020207001005	装饰板墙面	1. 75 轻钢隔墙龙骨 2. 12mm 厚石膏板面层	m^2	42.88	64.83	2779.91	
31	020208001001	柱（梁）面装饰	1. 细木工板基层 2. 聚漆玻璃饰面 3. 细木工板基层刷防火涂料三遍	m^2	2.96	438.55	1298.11	
32	020207001006	装饰板墙面	1. 细木工板基层 2. 木制饰面板拼色、拼花 3. 细木工板基层刷防火涂料三遍 4. 木制饰面板水清木器面漆五遍磨退刷底油、刮腻子、漆片、修色、刷油、磨退	m^2	3.18	170.64	542.64	
33	020604002005	木质装饰线	1. 50mm × 20 mm 实木线 2. 水清木器面漆五遍磨退刷底油、刮腻子、漆片、修色、刷油、磨退	m	39.75	28.41	1129.3	
34	020207001007	装饰板墙面	1. 75 轻钢隔墙龙骨 2. 12mm 厚石膏板面层	m^2	15.66	64.84	1015.39	
35	020509001001	墙纸裱糊	1. 刮大白三遍 2. 贴对花壁纸	m^2	5.72	72.33	413.73	
36	020507001006	墙面刷喷涂料	1. 刮大白三遍 2. 乳胶漆三遍	m^2	93.68	23.23	2176.19	
37	020604002006	木质装饰线	1. 实木踢脚板 2. 水清木器面漆五遍磨退刷底油、刮腻子、漆片、修色、刷油、磨退	m	29.96	49.02	1468.64	
38	020409003003	石材窗台板	1. 细木工板基层 2. 人造石窗台板 3. 细木工板基层刷防火涂料三遍 4. 石材磨边	m	4.8	188.13	903.02	
39	BB：008	改架用工		工日	2	48.56	97.12	
	本页小计						12291.93	

注：根据建设部、财政部发布的《建筑安装工程费用组成》（建标［2003］206 号）的规定，为记取规费等的使用，可以在表中增设“直接费”、“人工费”或“人工费＋机械费”。

分部分项工程量清单计价表

工程名称：活动中心装饰工程　　　　标段：　　　　第5页　共5页

序号	项目编码	项目名称	项目特征	计量单位	工程数量	金额（元）		
						综合单价	合价	其中：暂估价
		【二层小会议室（二）】小计					24408.54	
本页小计								
合 计								

注：根据建设部、财政部发布的《建筑安装工程费用组成》（建标［2003］206号）的规定，为记取规费等的使用，可以在表中增设“直接费”、“人工费”或“人工费＋机械费”。

八、主要学习内容

参见基础技术篇。

九、学习要求

（1）学生能够掌握分部分项工程量清单计价表的格式。

（2）学生能够掌握分部分项工程量清单计价表的编制方法。

（3）学生能够查阅相关资料，能够独立完成分部分项工程量清单计价表的编制工作。

任务四　编制某活动中心装饰工程措施项目清单计价表

一、任务描述

造价员通过对某活动中心装饰工程施工图及招标文件的分析思考，完成投标文件的措施项目清单的计价，任务成果是措施项目清单计价表。

二、能力目标

（1）能准确进行措施项目清单的计价。

（2）能正确编制措施项目清单计价表。

三、参考文献

（1）《建筑装饰装修工程计量与计价》；

（2）《建设工程工程量清单计价规范》；

（3）《建设工程工程量清单计价规范》宣贯辅导教材；

（4）《装饰装修工程消耗量定额》。

四、任务准备与分析

（一）准备与收集编制资料

1. 施工图纸

2. 有关文件资料

（1）招标书和工程量清单文件；

（2）国家颁发的《建设工程工程量清单计价规范》；

（3）本地区上级主管部门对工程量清单计价的管理办法；

（4）政府主管部门颁发的《装饰装修工程消耗量定额及统一基价表》；

（5）本企业制定的《装饰装修工程消耗量定额及基价表》；

（6）本地区主管部门发布的现行人工、材料、机械台班信息价及市场价格；

（7）工程施工现场的有关资料；

（8）本地区上级主管部门发布的有关文件等。

（二）仔细阅读招标文件，详细了解施工图纸

1. 仔细阅读招标文件

（1）对投标报价有何要求；

（2）工程量清单中总说明所涉及的范围；

（3）清单工程量的项目内容。

2. 详细了解施工图纸

五、设备分析

利用专业计价软件进行计算。

六、任务重点、难点分析

（1）重点在于措施项目清单计价表的编制格式。

（2）难点在于措施项目清单计价表的编制方法。

七、任务实施步骤

任务实施步骤一：完成措施项目清单计价表（一）的填写。

措施项目清单计价表（一）

工程名称：活动中心装饰工程　　　　标段：　　　　第1页　共1页

序号	项目名称	基数说明	费率（%）	金额（元）
1	安全文明施工费	分部分项合计＋扣安全文明施工费后的措施项目费合计＋其他项目合计	1.04	3846.05
2	夜间施工费	分部分项人工费＋技术措施项目人工费	0.1	36.86
3	二次搬运费	分部分项人工费＋技术措施项目人工费	0.3	110.57

续表

序号	项目名称	基数说明	费率（%）	金额（元）
4	冬雨期施工	分部分项人工费＋技术措施项目人工费	1.5	552.86
5	施工排水			
6	施工降水			
7	地上、地下设施、建筑物的临时保护设施			
8	已完工程及设备保护	分部分项人工费＋技术措施项目人工费	0.25	92.14
合　计				4638.48

注：1. 本表适用于以“项”计价的措施项目。
2. 根据建设部、财政部发布的《建筑安装工程费用组成》（建标［2003］206号）的规定，“计算基础”可为“直接费”、“人工费”或“人工费＋机械费”。

任务实施步骤二：完成措施项目清单计价表（二）的填写。

措施项目清单计价表（二）

工程名称：活动中心装饰工程　　标段：　　第1页　共1页

序号	项目编码	项目名称	项目特征	计量单位	工程量	金额（元）	
						综合单价	合价
1		大型机械设备进出场及安拆费		项	1		
2		脚手架		项	1	4599.63	4599.63
3		垂直运输机械		项	1		
4		室内空气污染测试		项	1		
5				项	1		
本页小计							4599.63
合　计							4599.63

注：本表适用于以综合单价形式计价的措施项目。

八、主要学习内容

参见基础技术篇。

九、学习要求

（1）学生能够掌握措施项目清单计价表的格式。
（2）学生能够掌握措施项目清单计价表的编制方法。
（3）学生能够查阅相关资料，能够独立完成措施项目清单计价表的编制工作。

任务五　编制某活动中心装饰工程其他项目清单计价表

一、任务描述

造价员通过对某活动中心装饰工程施工图及招标文件的分析思考，完成投标文件的其他项目清单的计价，任务成果是其他项目清单计价表。

二、能力目标

（1）能准确进行其他项目清单的计价。

（2）能正确编制其他项目清单计价表。

三、参考文献

（1）《建筑装饰装修工程计量与计价》；

（2）《建设工程工程量清单计价规范》；

（3）《建设工程工程量清单计价规范》宣贯辅导教材；

（4）《装饰装修工程消耗量定额》。

四、任务准备与分析

（一）准备与收集编制资料

1. 施工图纸

2. 有关文件资料

（1）招标书和工程量清单文件；

（2）国家颁发的《建设工程工程量清单计价规范》；

（3）本地区上级主管部门对工程量清单计价的管理办法；

（4）政府主管部门颁发的《装饰装修工程消耗量定额及统一基价表》；

（5）本企业制定的《装饰装修工程消耗量定额及基价表》；

（6）本地区主管部门发布的现行人工、材料、机械台班信息价及市场价格；

（7）工程施工现场的有关资料；

（8）本地区上级主管部门发布的有关文件等。

（二）仔细阅读招标文件，详细了解施工图纸

1. 仔细阅读招标文件

（1）对投标报价有何要求；

（2）工程量清单中总说明所涉及的范围；

（3）清单工程量的项目内容。

2. 详细了解施工图纸

五、设备分析

利用专业计价软件进行计算。

六、任务重点、难点分析

（1）重点在于其他项目清单计价表的编制格式。
（2）难点在于其他项目清单计价表的编制方法。

七、任务实施步骤

任务实施步骤：完成其他项目清单与计价汇总表的填写。

其他项目清单与计价汇总表

工程名称：活动中心装饰工程　　　　标段：　　　　第1页　共1页

序号	项目名称	计量单位	金额（元）	备注
1	暂列金额	项	27626.92	明细详见表12–1
2	暂估价			
2.1	材料暂估价		—	明细详见表12–2
2.2	专业工程暂估价	项		明细详见表12–3
3	计日工			明细详见表12–4
4	总承包服务费			明细详见表12–5
合　计			27626.92	—

注：材料暂估单价进入清单项目综合单价，此处不汇总。

八、主要学习内容

参见基础技术篇。

九、学习要求

（1）学生能够掌握其他项目清单计价表的格式。
（2）学生能够掌握其他项目清单计价表的编制方法。
（3）学生能够查阅相关资料，能够独立完成其他项目清单计价表的编制工作。

任务六　编制某活动中心装饰工程规费、税金项目清单与计价表

一、任务描述

造价员通过对某活动中心装饰工程施工图及施工现场的分析思考，完成规费、税金项目清单与计价表的填写工作，任务成果是规费、税金项目清单与计价表。

二、能力目标

（1）能准确进行规费、税金项目清单的计价。

（2）能正确编制规费、税金项目清单与计价表。

三、参考文献

（1）《建筑装饰装修工程计量与计价》；
（2）《建设工程工程量清单计价规范》；
（3）《建设工程工程量清单计价规范》宣贯辅导教材；
（4）《装饰装修工程消耗量定额》。

四、任务准备与分析

（一）准备与收集编制资料
1. 施工图纸
2. 有关文件资料
（1）招标书和工程量清单文件；
（2）国家颁发的《建设工程工程量清单计价规范》；
（3）本地区上级主管部门对工程量清单计价的管理办法；
（4）政府主管部门颁发的《装饰装修工程消耗量定额及统一基价表》；
（5）本企业制定的《装饰装修工程消耗量定额及基价表》；
（6）本地区主管部门发布的现行人工、材料、机械台班信息价及市场价格；
（7）工程施工现场的有关资料；
（8）本地区上级主管部门发布的有关文件等。
（二）仔细阅读招标文件，详细了解施工图纸
1. 仔细阅读招标文件
（1）对投标报价有何要求；
（2）工程量清单中总说明所涉及的范围；
（3）清单工程量的项目内容。
2. 详细了解施工图纸

五、设备分析

利用专业计价软件进行计算。

六、任务重点、难点分析

（1）重点在于规费、税金项目清单与计价表的编制格式。
（2）难点在于规费、税金项目清单与计价表的编制方法。

七、任务实施步骤

任务实施步骤：完成规费、税金项目清单与计价表的填写。

规费、税金项目清单与计价表

工程名称：活动中心装饰工程　　　　标段：　　　　第1页 共1页

序号	项目名称	计算基础	费率（%）	金额（元）
1	规费	工程排污费＋社会保障费＋住房公积金＋危险作业意外伤害保险		15282.61
1.1	工程排污费	分部分项工程＋措施项目＋其他项目	0.06	224.19
1.2	社会保障费	养老保险费＋失业保险费＋医疗保险费		13040.67
1.2.1	养老保险费	分部分项工程＋措施项目＋其他项目	2.99	11172.38
1.2.2	失业保险费	分部分项工程＋措施项目＋其他项目	0.1	373.66
1.2.3	医疗保险费	分部分项工程＋措施项目＋其他项目	0.4	1494.63
1.3	住房公积金	分部分项工程＋措施项目＋其他项目	0.43	1606.73
1.4	危险作业意外伤害保险	分部分项工程＋措施项目＋其他项目	0.11	411.02
2	税金	分部分项工程＋措施项目＋其他项目＋规费	3.44	13379.56
合 计				28662.17

注：根据建设部、财政部发布的《建筑安装工程费用组成》（建标［2003］206号）的规定，“计算基础”可为“直接费”、“人工费”或“人工费＋机械费”。

八、主要学习内容

参见基础技术篇。

九、思考题与习题

（1）规费的计算方法是什么？

（2）税金的计算方法是什么？

十、学习要求

（1）学生能够掌握规费项目的计算方法。

（2）学生能够应用专业软件填写规费、税金项目清单与计价表。

（3）学生能够查阅相关资料；能够合作完成规费、税金项目清单与计价表的填写工作。

任务七 编制某活动中心装饰工程单位工程投标报价汇总表

一、任务描述

造价员通过对某活动中心装饰工程施工图及招标文件的分析思考，完成投标文件单位工程费用汇总表的计算，任务成果是单位工程投标报价汇总表。

二、能力目标

（1）能准确进行单位工程费用的计算。
（2）能正确编制单位工程投标报价汇总表。

三、参考文献

（1）《建筑装饰装修工程计量与计价》；
（2）《建设工程工程量清单计价规范》；
（3）《建设工程工程量清单计价规范》宣贯辅导教材；
（4）《装饰装修工程消耗量定额》。

四、任务准备与分析

（一）准备与收集编制资料
1. 施工图纸
2. 有关文件资料
（1）招标书和工程量清单文件；
（2）国家颁发的《建设工程工程量清单计价规范》；
（3）本地区上级主管部门对工程量清单计价的管理办法；
（4）政府主管部门颁发的《装饰装修工程消耗量定额及统一基价表》；
（5）本企业制定的《装饰装修工程消耗量定额及基价表》；
（6）本地区主管部门发布的现行人工、材料、机械台班信息价及市场价格；
（7）工程施工现场的有关资料；
（8）本地区上级主管部门发布的有关文件等。
（二）仔细阅读招标文件，详细了解施工图纸
1. 仔细阅读招标文件
（1）对投标报价有何要求；
（2）工程量清单中总说明所涉及的范围；
（3）清单工程量的项目内容。
2. 详细了解施工图纸

五、设备分析

利用专业计价软件进行计算。

六、任务重点、难点分析

（1）重点在于单位工程投标报价汇总表的编制方法。
（2）难点在于单位工程投标报价汇总表的计算。

七、任务实施步骤

任务实施步骤：完成单位工程投标报价汇总表的填写。

单位工程投标报价汇总表

工程名称：活动中心装饰工程　　标段：　　第1页 共1页

序号	项目名称	金额	其中：暂估价（元）
1	分部分项工程	336793.11	
2	措施项目	9238.11	
2.1	安全文明施工 费	3846.05	
3	其他项目	27626.92	
3.1	暂列金额	27626.92	
3.2	专业工程暂估价		
3.3	计日工		
3.4	总承包服务费		
4	规费	15282.61	
5	税金	13379.56	
投标报价合计 =1+2+3+4+5		402320.31	0

注：本表适用于单位工程招标控制价或投标报价的汇总，如无单位工程划分，单项工程也只用本表汇总。

八、主要学习内容

参见基础技术篇。

九、学习要求

（1）学生能够掌握单位工程费用的内容构成。

（2）学生能够掌握单位工程费用的概念及其计算。

（3）学生能够查阅相关资料，能够独立完成单位工程投标报价汇总表的编制工作。

任务八　编制某活动中心装饰工程其他表格内容

一、任务描述

造价员通过对某活动中心装饰工程施工图及招标文件的分析思考，完成投标文件的其他表格内容的编制，任务成果是其他表格。

二、能力目标

（1）能够掌握其他表格的内容组成。
（2）能正确编制其他表格。

三、参考文献

（1）《建筑装饰装修工程计量与计价》；
（2）《建设工程工程量清单计价规范》；
（3）《建设工程工程量清单计价规范》宣贯辅导教材；
（4）《装饰装修工程消耗量定额》。

四、任务准备与分析

（一）准备与收集编制资料
1. 施工图纸
2. 有关文件资料
（1）招标书和工程量清单文件；
（2）国家颁发的《建设工程工程量清单计价规范》；
（3）本地区上级主管部门对工程量清单计价的管理办法；
（4）政府主管部门颁发的《装饰装修工程消耗量定额及统一基价表》；
（5）本企业制定的《装饰装修工程消耗量定额及基价表》；
（6）本地区主管部门发布的现行人工、材料、机械台班信息价及市场价格；
（7）工程施工现场的有关资料；
（8）本地区上级主管部门发布的有关文件等。
（二）仔细阅读招标文件，详细了解施工图纸
1. 仔细阅读招标文件
（1）对投标报价有何要求；
（2）工程量清单中总说明所涉及的范围；
（3）清单工程量的项目内容。
2. 详细了解施工图纸

五、设备分析

利用专业计价软件进行计算。

六、任务重点、难点分析

（1）重点在于其他表格的内容组成。
（2）难点在于其他表格的编制方法。

七、任务实施步骤

任务实施步骤一：完成投标总价的填写。

投 标 总 价

招　标　人：＿＿＿＿＿＿＿＿＿＿＿＿＿＿＿＿＿＿＿＿

工程名称：活动中心装饰工程

投标总价（小写）：402320.31

（大写）：肆拾万贰仟叁佰贰拾元叁角壹分

投　标　人：＿＿＿＿＿＿＿＿＿＿＿＿＿＿＿＿＿＿＿＿

（单位盖章）

法定代表人

或其授权人：＿＿＿＿＿＿＿＿＿＿＿＿＿＿＿＿＿＿＿＿

（签字或盖章）

编　制　人：＿＿＿＿＿＿＿＿＿＿＿＿＿＿＿＿＿＿＿＿

（造价人员签字盖专用章）

＿＿＿＿＿＿＿＿＿＿＿＿＿＿＿＿＿＿＿＿

编制时间：　　2009年3月6日

任务实施步骤二：完成编制说明的填写。

编制说明

活动中心装饰工程　　　　第1页　共1页

一、本投标按工程量清单文件内容编制
二、本工程量清单未包括下列项目：
1. 电气工程部分
2. 家具及辅助设施
3. 装饰画
4. 外窗制作及安装
5. 窗帘制作及安装

八、主要学习内容

参见基础技术篇。

九、学习要求

（1）学生能够掌握其他表格的内容组成。
（2）学生能够掌握其他表格的编制方法。
（3）学生能够查阅相关资料，能够独立完成其他表格的编制工作。

校友活动中心装饰工程

二层多功能厅

校友活动中心装饰工程　二层小会议室一
棚面石膏板
墙面柚木板
墙面石膏板造型
墙面石膏板拉缝
套装门
地面地砖

校友活动中心装饰工程

二层小会议室二

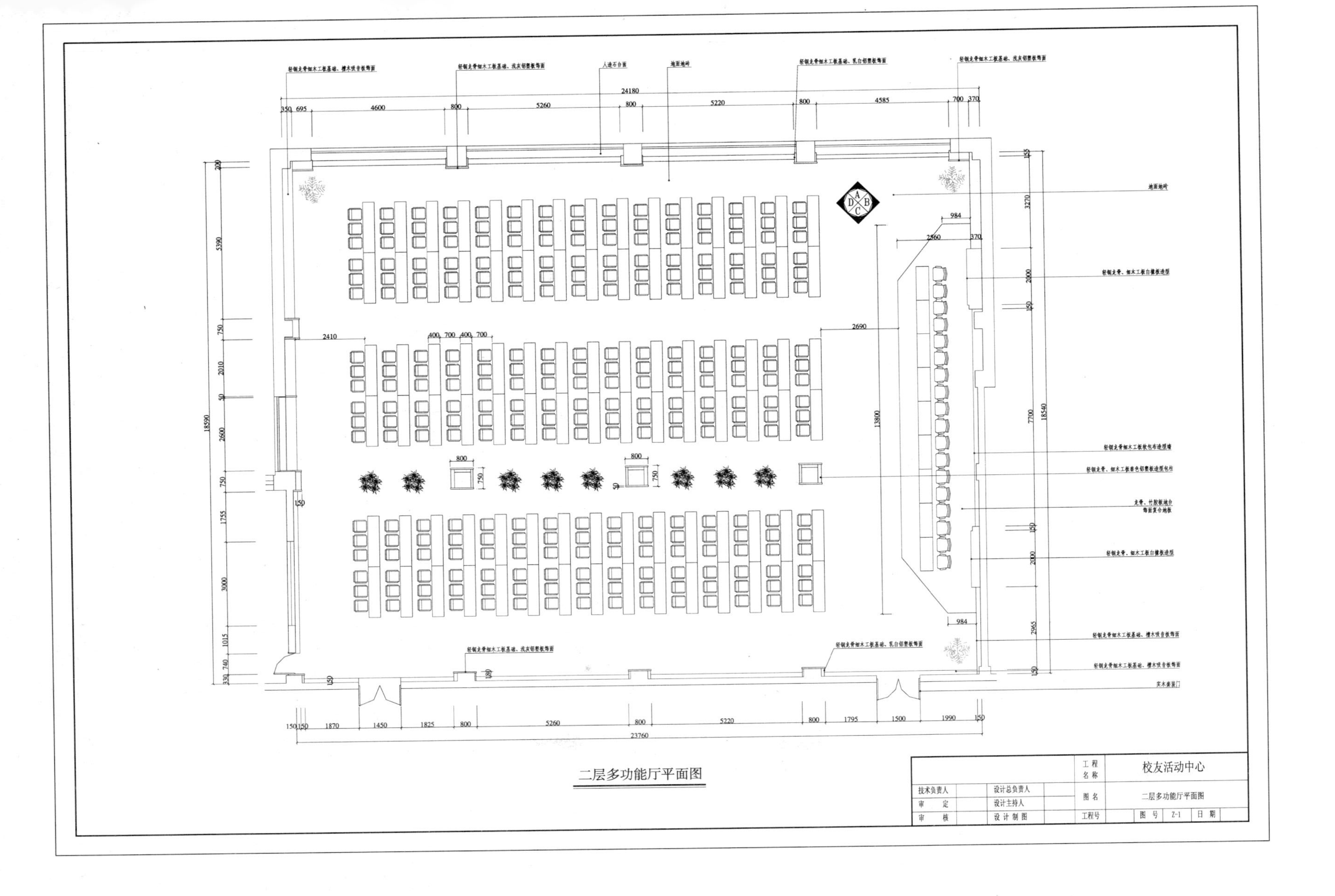
二层多功能厅平面图
工程名称
校友活动中心
技术负责人
审　　定
审　　核
设计总负责人
设计主持人
设 计 制 图
图 名
二层多功能厅平面图
工程号
图 号
Z-1
日 期

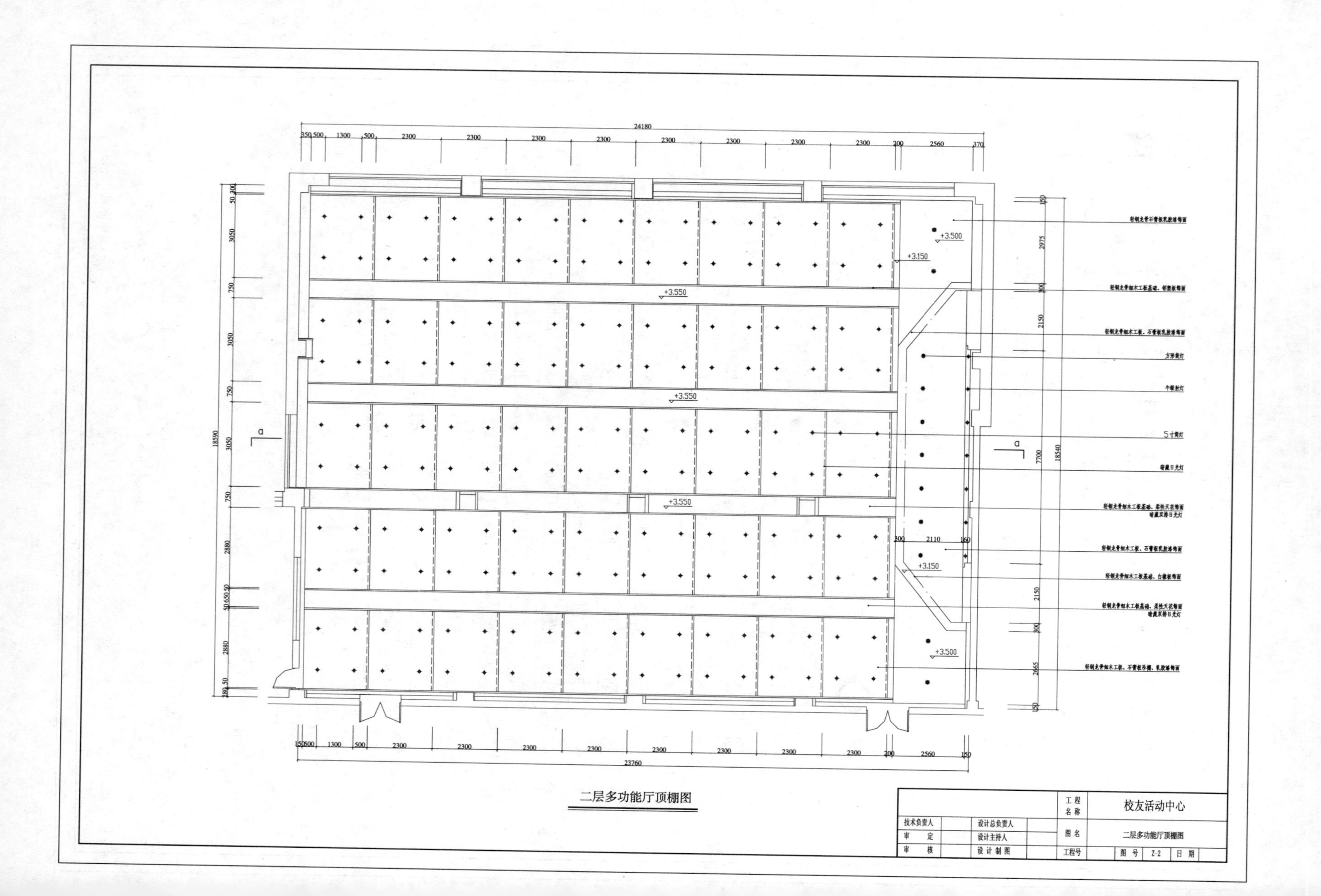

24180
23760
18590
18540
+3.500
+3.150
+3.550
轻钢龙骨石膏板乳胶漆饰面
轻钢龙骨细木工板基础、铝塑板饰面
轻钢龙骨细木工板、石膏板乳胶漆饰面
方形筒灯
牛眼射灯
5寸筒灯
暗藏日光灯
轻钢龙骨细木工板基础、柔性天花饰面
暗藏双排日光灯
轻钢龙骨细木工板、石膏板乳胶漆饰面
轻钢龙骨细木工板基础、白橡板饰面
轻钢龙骨细木工板基础、柔性天花饰面
暗藏双排日光灯
轻钢龙骨细木工板、石膏板吊棚、乳胶漆饰面
二层多功能厅顶棚图
技术负责人
审　定
审　核
设计总负责人
设计主持人
设计制图
工程名称
校友活动中心
图名
二层多功能厅顶棚图
工程号
图号
Z-2
日期

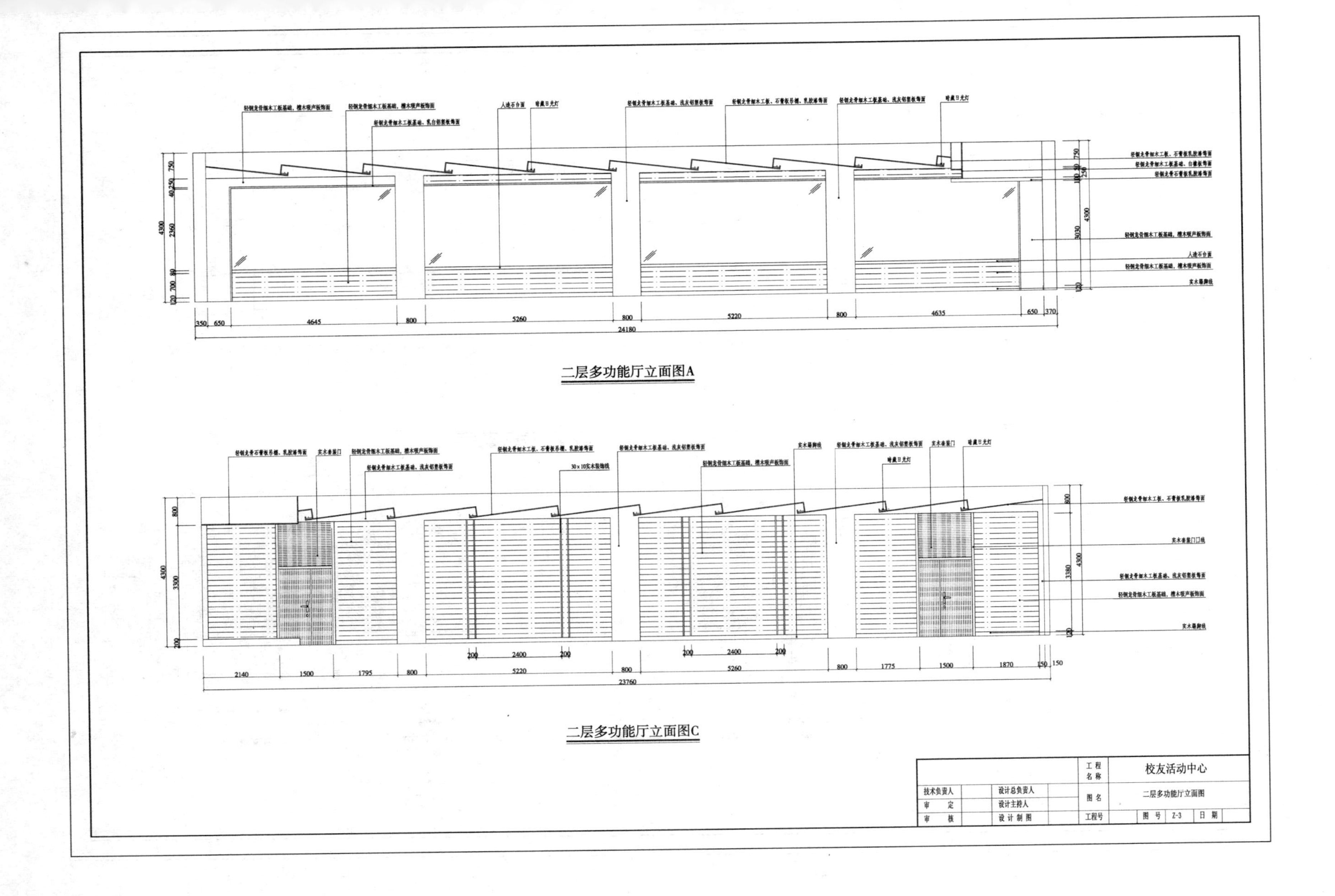

轻钢龙骨细木工板基础，槽木吸声板饰面
轻钢龙骨细木工板基础，乳白铝塑板饰面
人造石台面
暗藏日光灯
轻钢龙骨细木工板基础，浅灰铝塑板饰面
实木踢脚线
实木亲板门
30×10实木装饰线
实木亲板门口线
4645
5260
5220
4635
24180
2140
1500
1795
800
2400
1775
1870
23760
4300
二层多功能厅立面图A
二层多功能厅立面图C
工程名称
校友活动中心
技术负责人
设计总负责人
图名
二层多功能厅立面图
审定
设计主持人
审核
设计制图
工程号
图号
Z-3
日期

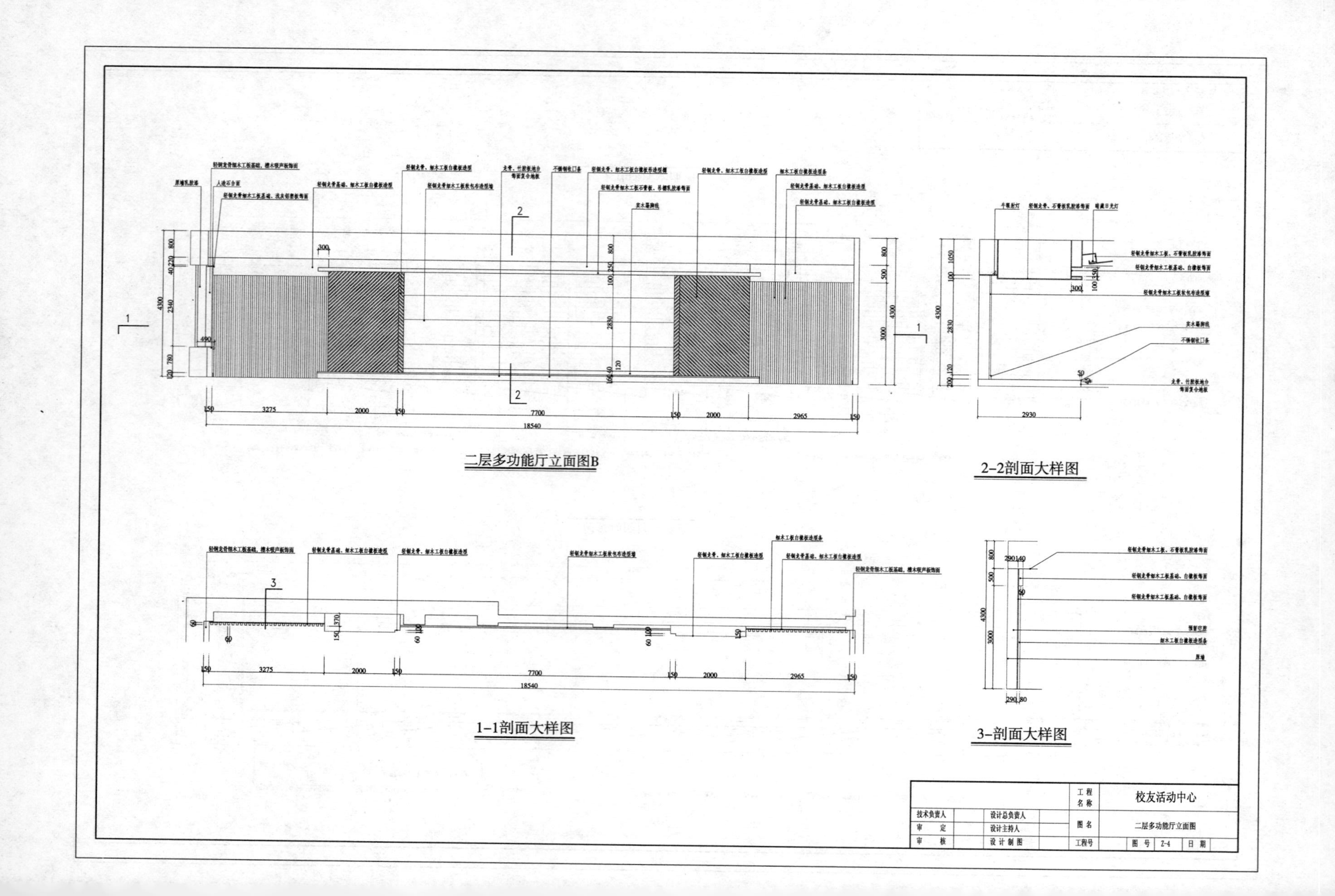

二层多功能厅立面图B
2-2剖面大样图
1-1剖面大样图
3-剖面大样图
18540
7700
工程名称
校友活动中心
技术负责人
设计总负责人
审　定
设计主持人
审　核
设计制图
图名
二层多功能厅立面图
工程号
图号
Z-4
日期

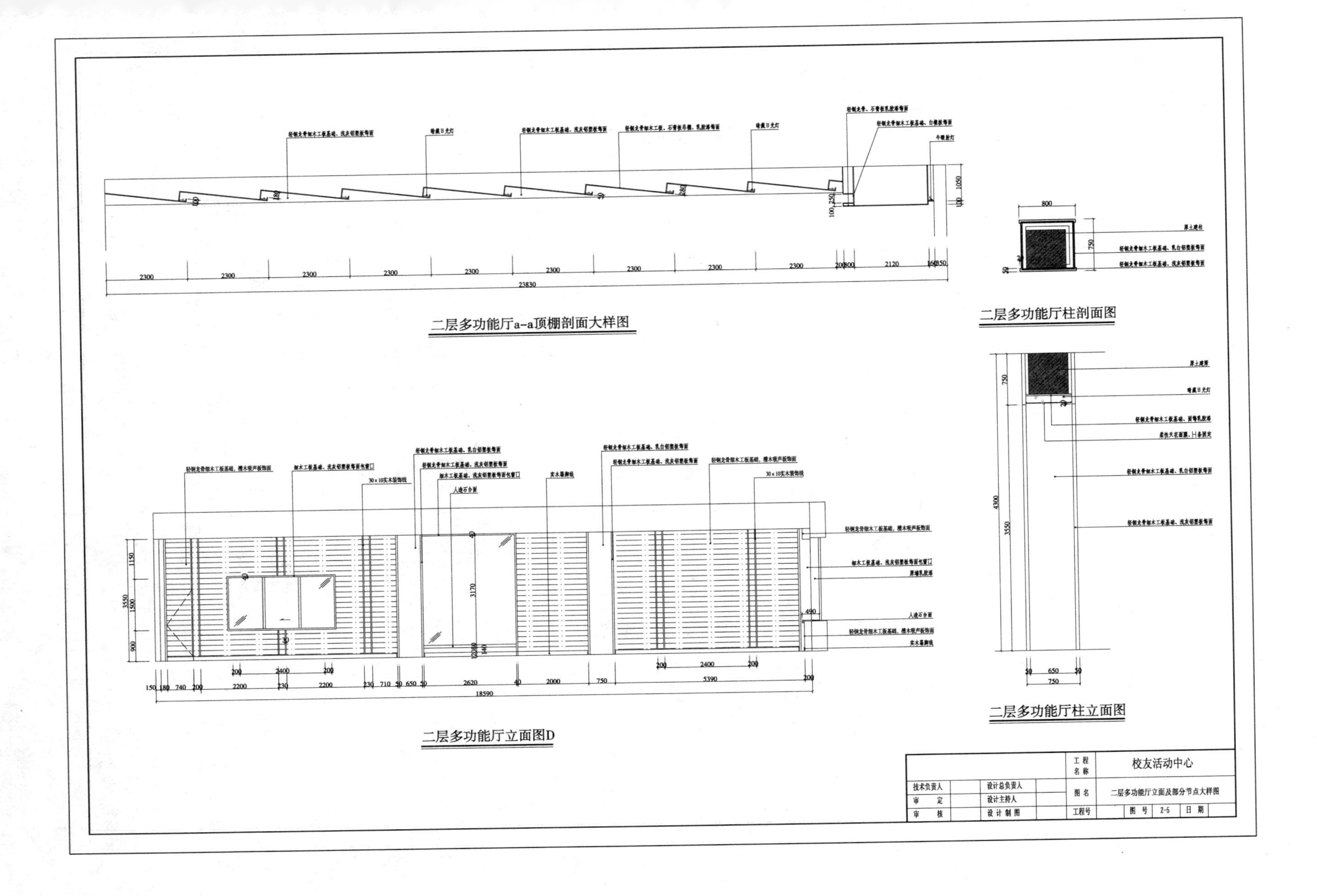
二层多功能厅a-a顶棚剖面大样图
二层多功能厅柱剖面图
二层多功能厅立面图D
二层多功能厅柱立面图
工程名称
校友活动中心
技术负责人
审　定
审　核
设计总负责人
设计主持人
设 计 制 图
图 名
二层多功能厅立面及部分节点大样图
工程号
图 号
Z-5
日 期

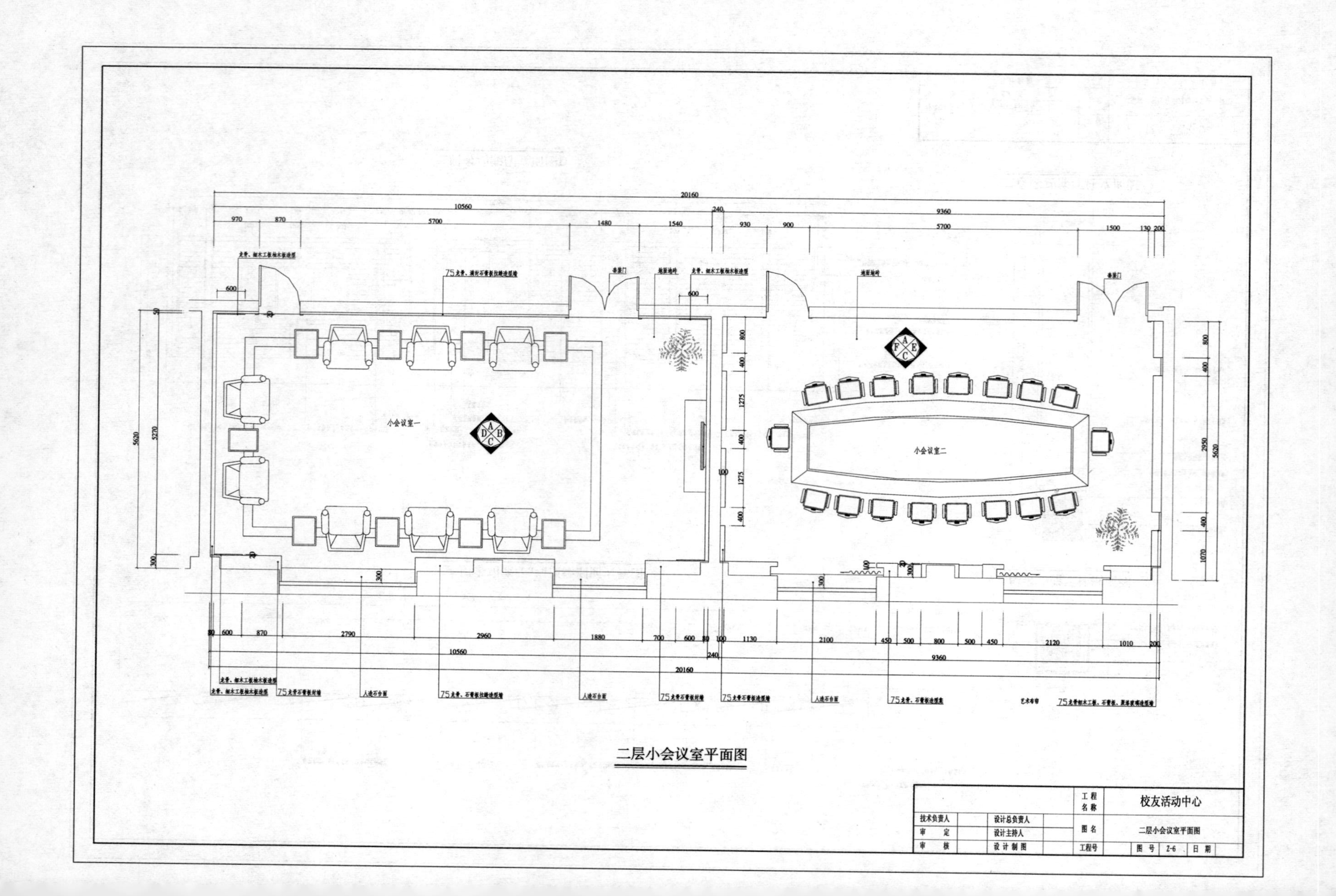

小会议室一
小会议室二
20160
10560
9360
5700
5620
5270
二层小会议室平面图
工程名称
校友活动中心
技术负责人
设计总负责人
审定
设计主持人
审核
设计制图
图名
二层小会议室平面图
工程号
图号
Z-6
日期

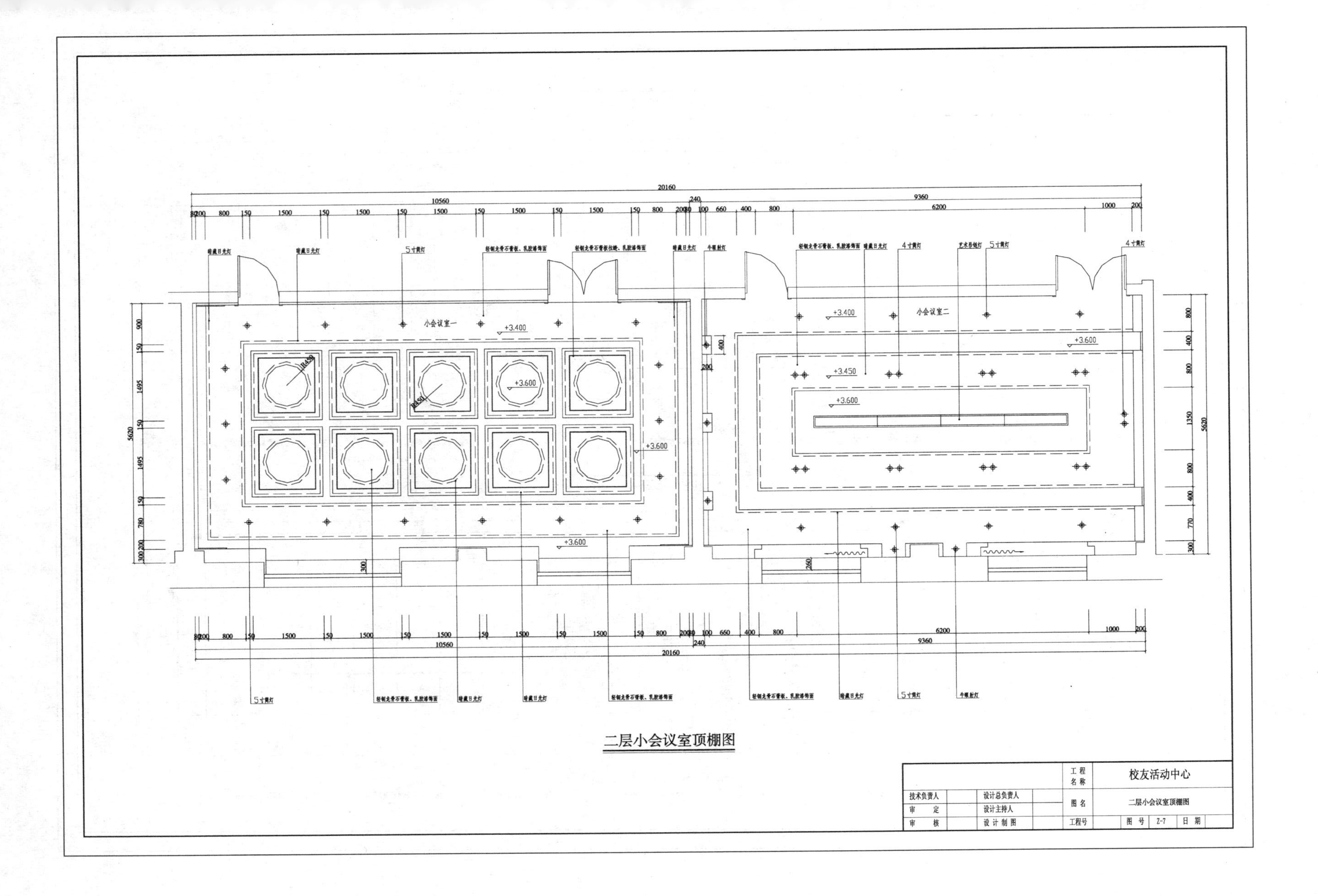
小会议室一
小会议室二
+3.400
+3.450
+3.600
5寸筒灯
4寸筒灯
暗藏日光灯
艺术吊链灯
牛眼射灯
轻钢龙骨石膏板、乳胶漆饰面
轻钢龙骨石膏板拉缝、乳胶漆饰面
R450
20160
10560
9360
6200
5620
工程名称
校友活动中心
技术负责人
设计总负责人
审定
设计主持人
审核
设计制图
图名
二层小会议室顶棚图
工程号
图号
Z-7
日期

二层小会议室顶棚图

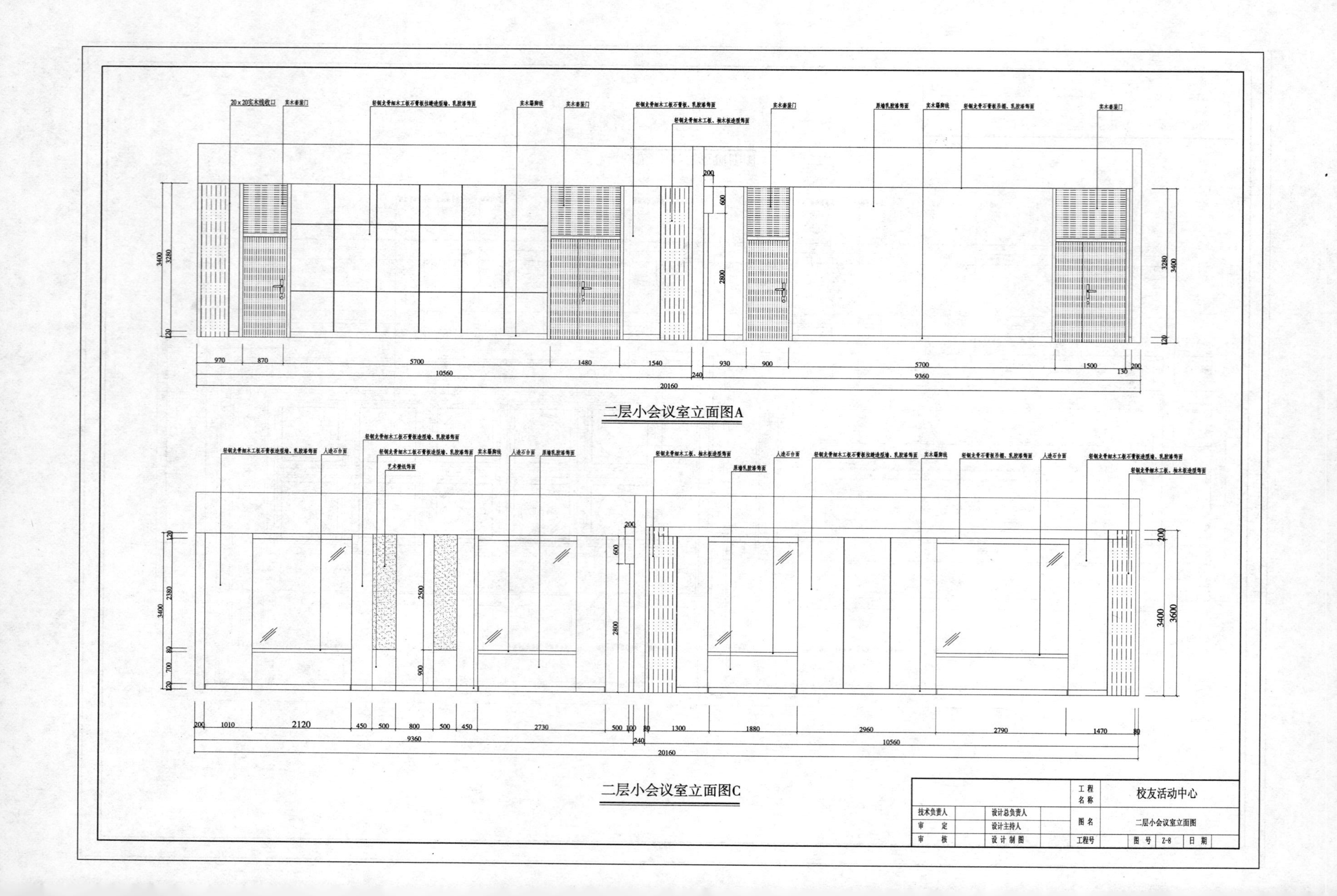

20×20实木线收口
实木套装门
轻钢龙骨细木工板石膏板拉缝造型墙、乳胶漆饰面
实木踢脚线
实木套装门
轻钢龙骨细木工板石膏板、乳胶漆饰面
轻钢龙骨细木工板、柚木板造型饰面
实木套装门
原墙乳胶漆饰面
实木踢脚线
轻钢龙骨石膏板吊棚、乳胶漆饰面
实木套装门
970
870
5700
1480
1540
930
900
5700
1500
130
200
10560
240
9360
20160
3400
3280
120
2800
600
200
二层小会议室立面图A
轻钢龙骨细木工板石膏板造型墙、乳胶漆饰面
人造石台面
轻钢龙骨细木工板石膏板造型墙、乳胶漆饰面
轻钢龙骨细木工板石膏板造型墙、乳胶漆饰面
艺术壁纸饰面
实木踢脚线
人造石台面
原墙乳胶漆饰面
轻钢龙骨细木工板、柚木板造型饰面
原墙乳胶漆饰面
人造石台面
轻钢龙骨细木工板石膏板拉缝造型墙、乳胶漆饰面
实木踢脚线
轻钢龙骨石膏板吊棚、乳胶漆饰面
人造石台面
轻钢龙骨细木工板石膏板造型墙、乳胶漆饰面
轻钢龙骨细木工板、柚木板造型饰面
200
1010
2120
450
500
800
500
450
2730
500
100
80
1300
1880
2960
2790
1470
80
9360
240
10560
20160
3400
2380
80
700
120
2500
900
2800
600
200
3600
二层小会议室立面图C
工程名称
校友活动中心
技术负责人
设计总负责人
审定
设计主持人
审核
设计制图
图名
二层小会议室立面图
工程号
图号
Z-8
日期

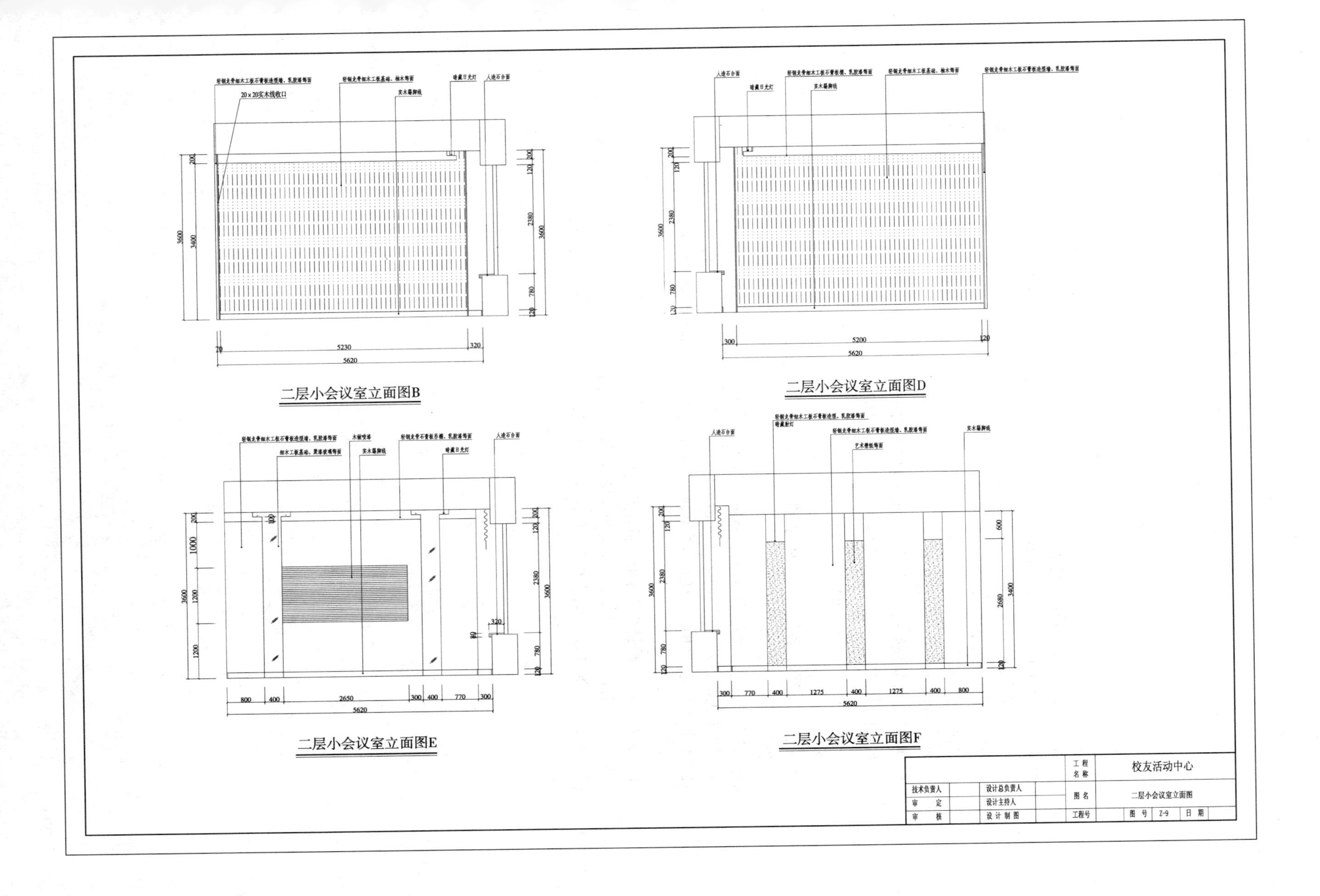

二层小会议室立面图B
二层小会议室立面图D
二层小会议室立面图E
二层小会议室立面图F
工程名称
校友活动中心
技术负责人
设计总负责人
审 定
设计主持人
审 核
设计 制 图
图 名
二层小会议室立面图
工程号
图 号
Z-9
日 期

参 考 文 献

[1] 郝书魁主编 . 建筑装饰材料基础 . 上海：同济大学出版社，1996.
[2] 上海市 2000 年建筑与装饰工程预算定额 . 上海：上海科学普及出版社，2001.
[3] 中华人民共和国住房和城乡建设部主编 . 建设工程工程量清单计价规范 GB 50500—2008. 北京：中国计划出版社，2008.
[4] 《建设工程工程量清单计价规范》编制组 .《建设工程工程量清单计价规范》宣贯辅导教材 . 北京：中国计划出版社，2008.
[5] 建设部标准定额研究所，湖南省建设工程造价管理总站 . 全国统一建筑装饰装修工程消耗量定额 GYD-901-2002. 北京：中国计划出版社，2002.
[6] 胡磊主编 . 全国统一建筑装饰装修工程消耗量定额应用手册 . 北京：中国建筑工业出版社，2003.
[7] 张允明，兰剑，曹仕雄等主编 . 工程量清单的编制与投标报价 . 北京：中国建筑工业出版社，2003.
[8] 向露霞主编 . 工程量清单计价基础知识 . 北京：中国建筑工业出版社，2004.
[9] 田永复主编 . 编制装饰装修工程量清单与定额 . 北京：中国建筑工业出版社，2004.
[10] 林毅辉主编 . 全国统一建筑装饰装修工程消耗量定额应用百例图解 . 济南：山东科学技术出版社，2004.
[11] 福昭主编 . 工程量清单计价编制与实例详解 . 北京：中国建材工业出版社，2004.
[12] 李宏扬主编 . 装饰装修工程量清单计价与投标报价 . 北京：中国建材工业出版社，2004.
[13] 本书编委会 . 建筑与装饰装修工程计价应用与案例 . 北京：中国建筑工业出版社，2004.